Martin Auroy

Carbonatation et transport d'eau dans les matériaux cimentaires

Martin Auroy

Carbonatation et transport d'eau dans les matériaux cimentaires

Application à la durabilité des matériaux cimentaires

Presses Académiques Francophones

Impressum / Mentions légales

Bibliografische Information der Deutschen Nationalbibliothek: Die Deutsche Nationalbibliothek verzeichnet diese Publikation in der Deutschen Nationalbibliografie; detaillierte bibliografische Daten sind im Internet über http://dnb.d-nb.de abrufbar.

Alle in diesem Buch genannten Marken und Produktnamen unterliegen warenzeichen-, marken- oder patentrechtlichem Schutz bzw. sind Warenzeichen oder eingetragene Warenzeichen der jeweiligen Inhaber. Die Wiedergabe von Marken, Produktnamen, Gebrauchsnamen, Handelsnamen, Warenbezeichnungen u.s.w. in diesem Werk berechtigt auch ohne besondere Kennzeichnung nicht zu der Annahme, dass solche Namen im Sinne der Warenzeichen- und Markenschutzgesetzgebung als frei zu betrachten wären und daher von jedermann benutzt werden dürften.

Information bibliographique publiée par la Deutsche Nationalbibliothek: La Deutsche Nationalbibliothek inscrit cette publication à la Deutsche Nationalbibliografie; des données bibliographiques détaillées sont disponibles sur internet à l'adresse http://dnb.d-nb.de.

Toutes marques et noms de produits mentionnés dans ce livre demeurent sous la protection des marques, des marques déposées et des brevets, et sont des marques ou des marques déposées de leurs détenteurs respectifs. L'utilisation des marques, noms de produits, noms communs, noms commerciaux, descriptions de produits, etc, même sans qu'ils soient mentionnés de façon particulière dans ce livre ne signifie en aucune façon que ces noms peuvent être utilisés sans restriction à l'égard de la législation pour la protection des marques et des marques déposées et pourraient donc être utilisés par quiconque.

Coverbild / Photo de couverture: www.ingimage.com

Verlag / Editeur:
Presses Académiques Francophones
ist ein Imprint der / est une marque déposée de
OmniScriptum GmbH & Co. KG
Heinrich-Böcking-Str. 6-8, 66121 Saarbrücken, Deutschland / Allemagne
Email: info@presses-academiques.com

Herstellung: siehe letzte Seite /
Impression: voir la dernière page
ISBN: 978-3-8381-4977-6

Zugl. / Agréé par: Marne-la-Vallée, Université Paris-Est, 2014

Table des matières

2

Chapitre 4 Matériaux carbonatés_____ 194

1. Suivi de carbonatation _____ 195

2. Minéralogie _____ 198

3. Microstructure _____ 225

Liste des Figures

10

11

12

13

16

17

Liste des Tableaux

21

24

26

Introduction Générale

La loi française du 28 juin 2006 a été définie en vue d'une gestion durable des matières et déchets radioactifs de toute nature, qu'ils proviennent de l'exploitation ou du démantèlement d'installations utilisant des sources radioactives. Les spécifications lui étant associées ont pour objectif d'assurer le respect de l'homme et de l'environnement. Une recherche dédiée est entreprise afin d'isoler les déchets et, limiter les charges potentielles auprès des générations futures. C'est à l'Agence Nationale de gestion des Déchets RAdioactifs (Andra) que sont confiées les missions de conception/exploitation du stockage des déchets radioactifs.

L'Andra doit concevoir et implanter en couche géologique argileuse profonde (500 mètres sous terre), en Meuse/Haute-Marne, un centre de stockage pour les déchets de haute activité et moyenne activité à vie longue (HA-MAVL). Le choix de ce site repose sur sa faible perméabilité et son faible gradient de charge hydraulique sans structures tectonique conductrices (hydrogéologie simple). De plus, à cette profondeur, on trouve une couche de roche argileuse (argilite du Callovo-Oxfordien) qui possède des caractéristiques physico-chimiques telles que la migration de radionucléides serait limitée. L'Andra doit également rechercher une solution pour les déchets de faible activité à vie longue (FAVL), radifères et graphites. Les enjeux qui se cachent derrière la problématique de gestion des déchets nécessitent une description des différentes classes leur étant associées. En France, les critères de classification reposent sur deux paramètres :

- le niveau de radioactivité, c'est-à-dire la quantité de rayonnements émis par les éléments radioactifs (radionucléides) contenus dans les déchets (exprimée en becquerel, Bq),
- la période de radioactivité, ou temps de demi-vie, traduisant la durée au bout de laquelle l'activité initiale d'un radionucléide est divisée par deux.

La classification des déchets radioactifs français est récapitulée dans le Tableau 1. Ce type de classification est propre à la France et n'est pas adopté par tous les pays. Par exemple, le Japon a fait le choix d'une classification par filière de production, tandis qu'en Allemagne, la classification porte principalement sur le caractère exothermique des déchets (dégagement de chaleur ou non).

Tableau 1 : Classification des déchets radioactifs français en fonction de leur mode de gestion [1].

ACTIVITÉ	PÉRIODE		
	Vie très courte (Période < 100 jours)	**Vie courte** (Période ≤ 31 ans)	**Vie longue** (Période > 31 ans)
Très faible activité (TFA)	*Gestion par décroissance radioactive sur le site de production puis évacuation dans les filières conventionnelles*	*Stockage de surface* (Centre industriel de regroupement, d'entreposage et de stockage - Cires)	
Faible activité (FA)		*Stockage de surface* (Centre de stockage de l'Aube - CSA)	*Stockage à faible profondeur* (à l'étude dans le cadre de la loi du 28 juin 2006)
Moyenne activité (MA)			
Haute activité (HA)		*Stockage réversible profond* (à l'étude dans le cadre de la loi du 28 juin 2006)	

90 % du volume des déchets radioactifs produits en France disposent d'une solution de gestion industrielle durable, incluant leur stockage définitif dans des installations spécialement aménagées en surface. Pour assurer une gestion complète, la prise en charge les déchets HA-MAVL produits par la France depuis plusieurs dizaines d'années est indispensable. Des programmes de R&D sont pilotés par l'Andra, en coopération avec notamment le Commissariat à l'Energie Atomique et aux énergies alternatives (CEA), au travers de 3 axes complémentaires :

- La séparation et la transmutation des éléments radioactifs à vie longue, axe d'étude conduit par le CEA afin de « transformer », à l'avenir, les déchets hautement radioactifs en déchets dont le niveau et la période de radioactivité seraient réduits. Le processus actuel de retraitement du combustible usé permet de séparer les matières recyclables (uranium et plutonium) des résidus radioactifs non réutilisables. La recherche s'oriente aujourd'hui sur la séparation individuelle de chacun des atomes radioactifs contenus dans les déchets.

- L'entreposage, où les déchets sont gérés par décroissance radioactive, ils sont entreposés au sein d'installations sur le lieu de production afin d'attendre que leur activité ait suffisamment décru pour qu'ils soient évacués. C'est une opération temporaire permettant une mise en attente, un regroupement et, un suivi en vue d'une solution de stockage définitif.

- Le stockage réversible[1] en couche géologique profonde, qui intègre les phases d'exploitation, de fermeture et d'après fermeture. La conception d'un site de stockage s'oriente de telle sorte à ce que la radioactivité présente dans les déchets puisse être confinée le temps nécessaire à sa décroissance, pour que son impact sur l'homme et l'environnement soit le plus faible possible (niveau inférieur à la radioactivité naturelle).

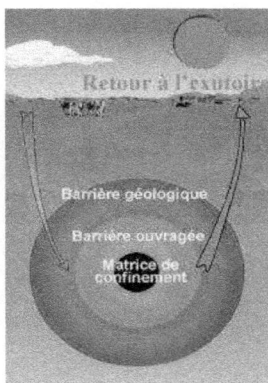

Figure 1 : Concept du stockage multi-barrières [2].

Au sein du concept de stockage, les principes de sureté reposent sur un confinement spécifique. Chaque composante du stockage a pour but d'endiguer le retour à l'exutoire intempestif des radionucléides et ce, de façon redondante. La sûreté du stockage repose sur 3 composantes (Figure 1) :

- la matrice de confinement (les colis qui contiennent les déchets),
- les ouvrages de stockage dans lesquels sont placés les colis,
- la géologie du site qui constitue une barrière naturelle.

Par exemple, pour les déchets HA, la matrice de confinement choisie est un verre. Elle est stable chimiquement et permet l'incorporation dans sa structure d'éléments radioactifs issus du retraitement. De plus, le processus d'élaboration des verres est viable à l'échelle industrielle et, pour un coût acceptable.

Chacun des composants du stockage est sensible aux conditions environnementales (température, pH, conditions redox, microorganismes, séismes, érosion, …). Le dispositif de confinement doit être efficace pendant toute la durée imposée par la période de décroissance radioactive des radionucléides contenus dans les déchets. Dans ce cadre, ce sont les matériaux cimentaires qui ont été retenus par l'Andra afin de composer à la fois les colis de stockage et les structures (alvéoles) relatives aux

---

[1] La notion de réversibilité vise au nouveau retraitement des déchets en cas de mise au point de procédés plus avancés.

29

déchets MAVL. Ce choix repose sur un compromis entre considérations scientifiques (durabilité), techniques et économiques.

Les propriétés de confinement des radionucléides font des matériaux cimentaires des candidats idéals. Leur résistance mécanique importante, leurs faibles propriétés de transport et, leur pouvoir tampon élevé sont autant d'atouts favorables à leur emploi. De plus, un fort retour d'expérience de l'Andra dans le domaine du génie civil et des sites de stockage en surface est disponible. D'un point de vue économique, les matériaux cimentaires sont disponibles à l'échelle industrielle.

L'emploi des matériaux cimentaires dans ce contexte n'est cependant pas exempt de tout inconvénient. Par exemple, les eaux souterraines du Callovo-Oxfordien (eaux faiblement alcalines et chargées) sont agressives vis-à-vis du milieu cimentaire et peuvent impacter ces caractéristiques physico-chimiques. L'apparition de fissures est également courante à l'échelle d'ouvrages massifs, ce qui peut induire une baisse des propriétés de transport (perméabilité et diffusivité notamment). La faisabilité de la construction de structures en béton en conditions souterraines spécifiques est également une tâche délicate et, constitue un challenge technologique.

Les colis de déchets MAVL peuvent être empilés (de par leur forme cubique) dans de grandes alvéoles (« disposal cells ») creusées dans la roche (environ 10 m de diamètre et 200 à 400 m de long), dont la conception découle essentiellement de considérations géotechniques (Figure 2). Les alvéoles s'enfoncent parallèlement dans la roche et sont desservis par une galerie d'accès. Pour faciliter les manutentions et la mise en place, les colis de déchets primaires (« disposal package ») sont regroupés à l'intérieur de surconteneurs en béton, dont le poids se situe entre 6 et 24 tonnes et les dimensions entre 1,2 à 3 m (Figure 2).

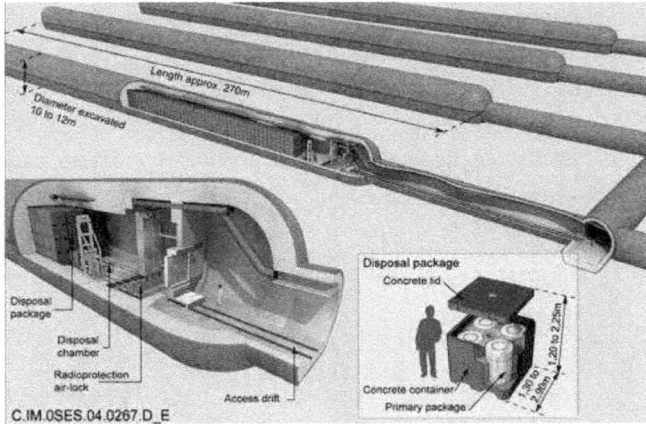

Figure 2 : Alvéole de stockage de déchets MAVL [3].

Les éléments en béton sont intégrés à l'architecture du stockage pour la constitution :

- des structures ;
- des colis de stockage des déchets MAVL ;
- des massifs d'appui des noyaux d'argile gonflante des scellements (galeries et puits).

Face aux autorités de sureté, l'Andra doit répondre à un cahier des charges précis et justifier de l'emploi des matériaux cimentaire. L'évaluation du comportement des structures et, *a fortiori*, la prédiction de leur durabilité à l'échelle séculaire, entre dans ce contexte.

Le présent travail, mené au LECBA[2] (CEA Saclay), se focalise sur le comportement de pâtes de ciment durcies dérivées des bétons de référence Andra, présupposés pour des applications liées au stockage, face à des contraintes spécifiques. L'exothermie de certains déchets radioactifs est à l'origine d'une élévation de la température dans l'alvéole, de plusieurs dizaines de degrés dans certains cas. Afin de dissiper les calories produites par les déchets, l'alvéole est ventilée *via* de l'air prélevé à l'extérieur. En conditions de service, le système de ventilation assurerait un approvisionnement constant de CO_2, soumettant le béton de structures à des phénomènes de séchage et de carbonatation.

---

[2] Laboratoire d'Etude du Comportement des Bétons et Argiles.

L'effet de la température et du séchage sur la carbonatation a été évalué par le passé [4]. Afin d'étendre et de compléter les données acquises à ce jour, une prise en compte des transferts hydriques simultanés à la carbonatation est indispensable. En effet, la durabilité des structures en béton armé est conditionnée par l'évolution de leur état hydrique tout au long de leur période de service : par exemple la cinétique de corrosion des armatures dans un enrobage carbonaté dépend significativement (sur plusieurs ordres de grandeur) de la quantité d'eau retenue dans la porosité interne [5] (Figure 3).

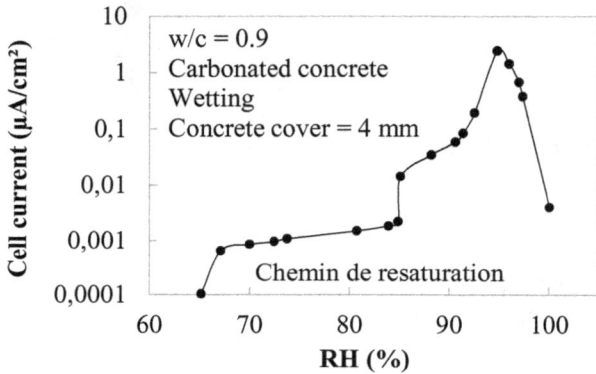

Figure 3 : Mesure du courant de corrosion dans un mortier carbonaté en fonction de l'humidité relative.

La carbonatation est une pathologie courante des ouvrages, très largement étudiée depuis les années 50, principalement car elle modifie les cinétiques de corrosion des armatures métalliques constituant le béton armé. Elle est à l'origine de différentes modifications à l'échelle du matériau cimentaire, notamment aux niveaux chimiques, minéralogiques et microstructurales. Il subsiste cependant un manque de données vis-à-vis des transferts hydriques au sein des matériaux carbonatés. D'autant plus que la littérature témoigne de résultats souvent contradictoires. Une description fine des conséquences de la carbonatation, en milieu insaturé, sur les propriétés relatives au transport d'eau (séchage) des matériaux cimentaires apparait impérative. L'acquisition d'un jeu de données expérimentales est indispensable : d'une part, à la prédiction fiable de la durabilité des ouvrages et des colis à l'échelle séculaire, d'autre part, pour enrichir notre compréhension phénoménologique de la carbonatation en créant des ponts à différentes échelles (minéralogie, microstructure et transport). Les données récoltées peuvent également servir de données d'entrée dans les modèles de carbonatation existant ou encore, de moyen de validation aux simulations numériques du comportement des bétons vis-à-vis du couplage carbonatation - transport d'eau.

Au vue de la problématique énoncée, le présent travail se focalise, à travers un objectif majeur, sur la caractérisation des propriétés de transport d'eau des pâtes de ciment d'intérêt pour l'Andra, carbonatées, au laboratoire, en condition accélérée (3% de CO_2). Un objectif sous-jacent vise à assurer la représentativité des résultats obtenus vis-à-vis des conditions de carbonatation naturelle (0,04% de CO_2) et, à étendre le niveau de connaissance actuel des processus de carbonatation.

La compréhension et l'interprétation des modifications minéralogiques et microstructurales induites par la carbonatation nécessite de décrire les principaux systèmes hydratés constituant la matrice cimentaire. Il est ensuite important de prendre en compte le couplage chimie-transport, prépondérant dans le processus de carbonatation. C'est l'objet de la synthèse bibliographique proposée au Chapitre 1 de ce manuscrit.

Le Chapitre 2 fournit le programme expérimental mis en place pour répondre à la problématique énoncée. Il consiste en plusieurs étapes, toutes dédiées à l'étude du transport d'eau sur pâtes de ciment carbonatées et à l'applicabilité des résultats acquis vis-à-vis des processus naturels. Il est dédié à la présentation des matériaux, aux spécifications des essais de carbonatation et à la présentation des méthodes et techniques mises en œuvre pour l'acquisition d'un jeu de données complet.

Le Chapitre 3 présente les résultats des caractérisations menées sur les matériaux, avant carbonatation, selon trois niveaux de description adjacents : minéralogie, microstructure et transport d'eau. Cette approche permet de mettre en évidence les différences de composition minéralogique initiale entre les matériaux et, ainsi d'évaluer son impact vis-à-vis de la microstructure et du transport d'eau.

La campagne expérimentale menée au Chapitre 4 est dédiée, dans un premier temps, à l'évaluation de l'état général de carbonatation des échantillons. Elle vise par la suite à appréhender le comportement des matériaux carbonatés selon un modèle identique à celui employé sur matériaux sains.

Le dernier chapitre de ce manuscrit est dédié à l'évaluation de la représentativité des essais de carbonatation accélérée vis-à-vis de la carbonatation naturelle. Pour cette application, les signatures minéralogiques acquises sur des matériaux après carbonatation accélérée sont comparées à celles obtenues sur des analogues carbonatés naturellement pendant plusieurs années.

Chapitre 1   Etat de l'art

Dans le but de comprendre et d'interpréter les modifications minéralogiques et microstructurales induites par la carbonatation d'un ciment à un autre, il convient de décrire les principales différences de compositions entre ciment Portland et ciments composés. C'est l'objet de la partie 1. La seconde (2) est focalisée sur l'identification et l'évolution de la chimie de la pâte de ciment au cours du processus de carbonatation à température ambiante. On y rappelle les principaux systèmes réactionnels formés lors de la carbonatation d'une pâte de ciment. Telles que définies, les réactions chimiques serviront à qualifier les modifications induites par la carbonatation à l'échelle de la minéralogie, de la microstructure et du transport. Dans la dernière partie de cette revue bibliographique (3), on rappelle que la durabilité d'une structure en béton est conditionnée par sa capacité à résister à la pénétration d'espèces agressives. Quel que soit le mécanisme de dégradation mis en jeu (attaque par le CO_2, les sulfates SO_4^{2-}, les chlorures Cl^-, …) un processus de transport d'eau et, éventuellement d'ions ou de gaz, intervient. Les transferts hydriques ont, au sein du processus de carbonatation, un rôle prépondérant :

- d'une part, le CO_2 se dissout dans les pores du matériau pour être transporté (sous la forme d'ions), par le mouvement de l'eau liquide, à travers la phase liquide interstitielle.
- d'autre part, le coefficient de diffusion du CO_2 gazeux est fonction de l'état de saturation en eau liquide qui règne au sein du milieu poreux.

De fait, une description fine des transferts hydriques est nécessaire.

1. Les ciments

Les ciments courants sont subdivisés en cinq types selon leur composition (norme « NF EN 197-1 », voir Annexe 1) : CEM I (ciment Portland), CEM II (ciment Portland composé), CEM III (ciment de haut fourneau), CEM IV (ciment pouzzolanique), CEM V (ciment composé).

1.1 CEM I

Le ciment Portland est obtenu par cuisson à haute température (1450°C) d'un mélange de calcaire (environ 80 %m) et d'argile (ou silicates d'alumine hydraté, environ 20 %m) suivi d'une trempe. Les constituants principaux du clinker sont regroupés dans le Tableau 2.

Tableau 2 : Les principaux constituants du clinker [7].

Nom du constituant	Formule chimique	Notation cimentière	Proportions moyennes (%)
Silicate tricalcique (alite)	$3CaO, SiO_2$	C_3S	60 à 65
Silicate bicalcique (bélite)	$2CaO, SiO_2$	C_2S	20 à 25
Aluminate tricalcique	$3CaO, Al_2O_3$	C_3A	8 à 12
Aluminoferrite tétracalcique	$4CaO, Al_2O_3, Fe_2O_3$	C_4AF	8 à 10

Les éléments décrits dans le Tableau 2 représentent plus de 90% en masse de la composition totale du ciment Portland, ils déterminent ces principales propriétés. Des éléments d'additions, visant à substituer des matières plus ou moins hydrauliques[3] à une partie du ciment, peuvent être ajoutés à la matrice cimentaire. L'intérêt de ces ajouts est décrit dans le paragraphe 1.2.

L'Annexe 2 récapitule la dénomination minéralogique utilisée tout au long de ce manuscrit.

---

[3] Ils forment, en présence d'eau, des hydrates qui précipitent et s'organisent en une structure mécaniquement résistante.

1.2 Ciments composés

Les éléments d'ajout sont utilisées depuis longtemps dans les matériaux cimentaires et leur utilisation est aujourd'hui devenue courante [8] [9]. Ces additions peuvent être d'origines naturelle ou artificielle et la majorité sont des sous-produits de l'industrie. Le rôle de ces constituants est de substituer une partie du clinker du ciment, et ce pour trois raisons principales :

(i) la première est d'ordre économique ; les éléments d'additions sont généralement moins couteux que le clinker ;

(ii) la seconde est technique ; divers travaux montrent que ces éléments peuvent améliorer les caractéristiques des matériaux cimentaires ;

(iii) La troisième est écologique ; les éléments d'addition permettent de réduire les émissions de CO_2 lors de la phase de fabrication du béton par exemple.

Chaque type de ciment composé est constitué d'un mélange de clinker, de gypse et d'éléments d'additions. Les différents éléments d'additions des ciments composés ainsi que leurs propriétés respectives sont présentés dans le Tableau 3.

Tableau 3 : Les éléments d'addition des ciments composés.

Nom et origine	Propriétés
Matériaux pouzzolaniques : Substances naturelles siliceuses ou silico-alumineuses, ou une combinaison de celles-ci.	Finement broyés, ils réagissent à température ambiante, en présence d'eau, avec l'hydroxyde de calcium dissous pour former des composés de silicates de calcium (C-S-H) et d'aluminates de calcium générateurs de résistance mécanique.
Laitiers de haut-fourneau : Obtenu par refroidissement brusque de la scorie fondue provenant du traitement des minerais de fer en haut fourneau (composés hydratés).	Propriétés hydrauliques latentes, activées par le clinker ou une base forte (Na, K) (augmentation du pH).
Cendres volantes : Issues des centrales thermiques, elles peuvent être de nature siliceuse ou calcique.	Propriétés hydrauliques / pouzzolaniques suivant leur nature silico-alumineuse ou silico-calcaire.
Fumées de silice : Sous-produits de l'industrie, elles sont issues de la réduction du quartz par du charbon dans les fours à arcs électriques. Elles sont formées de particules sphériques contenant au moins 85 % en masse de silice amorphe.	Rôle de filler et propriétés pouzzolaniques.
Fillers : Produits inertes ou actif du point de vue hydraulique ou pouzzolanique, obtenus par broyage fin de roche naturelle ou de matériau artificiel.	Accroit la maniabilité[4] et diminue la capillarité du ciment une fois hydraté.

---

[4] La maniabilité du béton caractérise son aptitude à remplir les coffrages et à enrober convenablement les armatures.

Les additions minérales d'un ciment, de nature « pouzzolanique » ou « hydraulique », ont pour effet d'enrichir le clinker en silice au dépend du calcium, comparativement à un ciment Portland ordinaire. Aussi, ces éléments d'addition (Tableau 3) peuvent dans certains cas contribuer à une durabilité accrue des ouvrages (par exemple augmentation de la résistance chimique). De la même manière, ils peuvent diminuer la chaleur d'hydratation [7], ce qui a pour effet de limiter les phénomènes de retrait thermique et de fissuration. Les produits d'hydratation seront différents d'un ciment Portland à un ciment composé. Cependant le mécanisme global d'hydratation est similaire quelle que soit la nature du ciment (seules la vitesse et l'intensité de la réaction d'hydratation peuvent varier entre les ciments [10]).

1.3 Hydratation du ciment

Les réactions d'hydratation correspondent à l'ensemble des réactions chimiques se produisant entre le ciment et l'eau. Le processus (réactions successives de dissolution/précipitation) est initié dès lors que ces deux phases sont en contact. Au cours de l'hydratation, les espèces du ciment anhydres (solubles dans l'eau) se transforment en phases hydratées (très peu solubles). Autrement dit, les phases du ciment anhydre passent en solution dans la phase aqueuse pour donner des ions :

- Ca^{2+} (calcium),
- OH^- (hydroxyle),
- SiO_4^{2-}, $SiO_4H_3^-$ (ions silicate),
- $Al(OH)_4^-$, AlO_2^- (ions aluminate),
- SO_4^{2-} (ions sulfate).

Les mécanismes fondamentaux d'hydratation des composés du ciment sont complexes, notamment à cause de la difficulté liée à l'identification des C-S-H (structure nanocristalline et composition chimique mal définie, §1.4). Aussi, le mécanisme qu'il faut retenir comme étant le plus cohérent, et systématiquement confirmé par les essais expérimentaux, est le mécanisme décrit par Le Chatelier au début du 20ème siècle [11]. Les principales phases formées consécutivement au processus d'hydratation sont présentées dans le Tableau 4.

Tableau 4 : Réactions d'hydratation des composés anhydres du ciment.

Composé anhydre		Composé hydraté
C_3S	$\longrightarrow$	C-S-H et CH
C_2S	$\longrightarrow$	C-S-H et CH
C_3A	$\longrightarrow$	C_4AH_{13} et C_3AH_6
C_3A + Gypse	$\longrightarrow$	$C_3A.3C\bar{s}.H_{32}$ et $C_3A.C\bar{s}.H_{12}$
C_4AF	$\longrightarrow$	$C_4(A,F)H_{13}$ et $C_3(A,F)H_6$
C_4AF + Gypse	$\longrightarrow$	$C_3(A,F).3C\bar{s}.H_{32}$ et $C_3(A,F).C\bar{s}.H_{12}$

Dans le Tableau 4, la portlandite s'écrit : « CH », les silicates de calcium hydratés : « C-S-H » et, l'ettringite : « $C_3A.3C\bar{s}.H_{32}$ » ou « $C_3(A,F).3C\bar{s}.H_{32}$ ».

L'hydratation des composés C_3S et C_3A se produit rapidement en comparaison des composés C_2S et C_4AF, qui s'hydratent pendant plusieurs mois, voire plusieurs années. Pour illustration, la vitesse d'attaque par l'eau d'un grain de C_2S est 10 fois plus lente que celle d'un grain de C_3S [7]. L'hydratation du ciment anhydre dépend donc essentiellement, dans les premiers temps, de celles du C_3S et du C_3A. Le rôle du gypse, ajouté au ciment à hauteur d'environ 5% en masse, est de ralentir l'hydratation du composé C_3A afin d'éviter le phénomène de prise rapide[5] empêchant la mise en place.

Dans le but de comprendre, *in fine*, l'effet de la carbonatation sur la durabilité des matériaux cimentaires, il convient de décrire les principaux systèmes hydratés constituant la matrice cimentaire, pour ensuite, traiter les processus de carbonatation mis en jeu.

1.4 La portlandite

La portlandite (CH) représente jusqu'à 25 % des produits d'hydratation (pourcentages massiques) pour une pâte de ciment durcie (pcd) (CEM I). Elle provient de l'hydratation de C_3S et de C_2S (Tableau 4).

---

[5] Raidissement très rapide de la pâte résultant d'un manque d'ions SO_4^{2-} dans la solution de gâchage.

La portlandite joue un rôle du point de vue de la durabilité. Elle se dissout[6] et précipite dans les pores du matériau cimentaire et contribue avec les alcalins (Na$_2$O et K$_2$O), à la basicité de la solution interstitielle du béton (pH élevé évoluant entre 13,5 et 12,5 au cours de l'hydratation à 25°C) (E-1). C'est cette basicité qui permet la passivation[7] des armatures métalliques du béton armé.

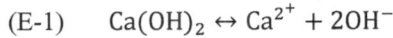

$$(E-1) \qquad Ca(OH)_2 \leftrightarrow Ca^{2+} + 2OH^-$$

La réserve en ions Ca^{2+} ainsi que la durée de passivation dépendent donc en partie de la quantité de portlandite présente au sein de la matrice cimentaire. Notons qu'il existe des ciments hydratés exempt de portlandite tel que le « Bas-pH » [12]. Il faut également garder à l'esprit que le maintien de l'état passif dépend de la réserve alcaline totale (Na, K, Ca(OH)$_2$, C-S-H).

L'observation de portlandite au microscope électronique à balayage montre qu'elle cristallise sous la forme de cristaux hexagonaux plus ou moins développés dans la pâte de ciment et dans les pores (Figure 4). La portlandite se forme par précipitation, en solution, dans l'espace poreux. Au cours de l'hydratation, les cristaux de portlandite croissent, rejoignent les grains de ciment recouverts de gel de C-S-H, et forment des ponts d'hydrates, facilitant ainsi la percolation des phases solides à court terme.

Figure 4 : Image en microscopie électronique à balayage de cristaux de portlandite [13].

---

[6] La solubilité de la portlandite dans l'eau pure, à 25°C, est de 2,16×10^{-2} mol.l^{-1}. Sa valeur diminue avec la température.
[7] Etat d'un métal ou d'un alliage dans lequel la vitesse de corrosion est notablement ralentie par la présence d'un film passif, naturel ou artificiel, par rapport à ce qu'elle serait en l'absence de ce film.

1.5 Les silicates de calcium hydratés

Les silicates de calcium hydratés (C-S-H) sont les principaux constituants de la pâte de ciment hydratée. Ils représentent jusqu'à 50 %m des produits d'hydratation pour une pcd (type CEM I). Ils proviennent de l'hydratation de C_3S et de C_2S (Tableau 4), ou de réactions pouzzolaniques.

Les C-S-H, éléments du système ternaire $CaO/SiO_2/H_2O$, sont à l'origine des principales propriétés de la pâte de ciment durcie, notamment de sa résistance mécanique. La composition de ces hydrates (et donc leur stœchiométrie) dépend de nombreux facteurs dont par exemple la composition chimique du ciment, et donc de leurs conditions de formation. En particulier, la valeur du rapport molaire C/S (notée x) évolue de manière non négligeable (d'environ 0,8 à 1,7) avec la composition de la solution chimique du milieu cimentaire en contact avec le solide [14]. Ainsi, à l'équilibre (E-2), le pH de la solution interstitielle évolue de 10 à 12,5 avec la valeur de x.

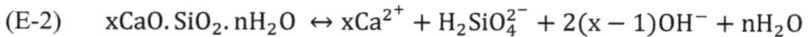

$$(E-2) \quad xCaO.SiO_2.nH_2O \leftrightarrow xCa^{2+} + H_2SiO_4^{2-} + 2(x-1)OH^- + nH_2O$$

Morphologiquement, les C-S-H sont souvent associés à un gel, i.e. à des composés amorphes. Ce sont, en réalité, des composés nanocristallins constitués de particules nanométriques agrégées les unes aux autres [15]. Ils sont mal structurés et de stœchiométrie variable. C'est ce qui les distingue, dans la pcd, des autres hydrates cristallins, tels que la portlandite. Dans une pcd, ils présentent une morphologie fibreuse (Figure 5) qui est visible principalement aux premiers âges de l'hydratation. Il peut s'agir d'un film colloïdal de particules qui se serait enroulé lors du séchage préalable de l'échantillon [7]. Les C-S-H présentent également une structure lamellaire. Leur structure en feuillet, dérivée d'un autre silicate de calcium hydraté naturel : la tobermorite [16], correspond à une couche d'ions calcium intercalée entre des chaines linéaires de silicates [17] [18]. Ces particules mesurent typiquement $60 \times 30 \times 5$ nm^3 [19].

Figure 5 : Vue au microscope électronique à balayage de C-S-H dans une pâte de ciment hydratée [20].

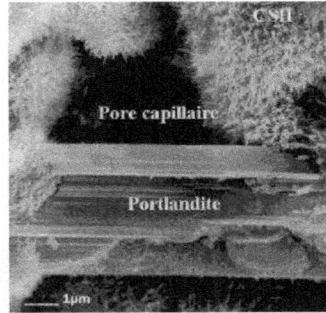

Figure 6 : Image en microscopie électronique à balayage de C-S-H poussant à la surface de grains d'alite (à gauche) [20].

De manière générale, au cours de l'hydratation, les C-S-H recouvrent progressivement les grains de ciment anhydres et remplissent peu à peu l'espace intergranulaire. Ce phénomène est illustré par la micrographie de la Figure 6.

Les tétraèdres de silicium (SiO_4) constituent des unités élémentaires de l'architecture des silicates. On les note Q_n, où Q représente un tétraèdre de silicium et n son degré de connectivité, c'est-à-dire le nombre d'autres unités Q liées au tétraèdre considéré. Ces unités sont connectées, les unes aux autres, selon différents agencements. Les différents types de connections possibles entre les tétraèdres de SiO_4 sont présentés sur la Figure 7. Notons que selon Klur [21], si la structure des C-S-H est assimilée à celle de la tobermorite, alors les silicates peuvent occuper quatre positions différentes au sein de ces hydrates : Q_1, Q_2, Q_2^p et Q_3.

43

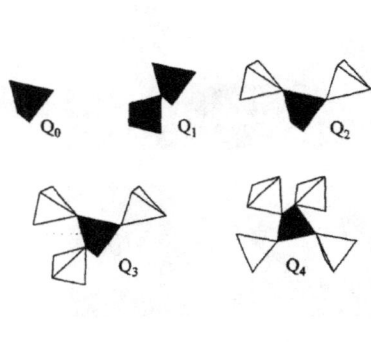

Q_0 : tétraèdres isolés (monomères).

Q_1 : tétraèdres connectés à un seul autre tétraèdre (silicate de bout de chaîne).

Q_2 : tétraèdres à l'intérieur d'une chaine (silicate non pontant dans une chaîne). On parle également de Q_2^p : silicate pontant (jonction de deux Q_2) dans une chaîne.

Q_3 : tétraèdres partageant 3 sommets avec d'autres tétraèdres.

Q_4 : tétraèdres liés à 4 autres tétraèdres.

Figure 7 : Agencement des tétraèdres de SiO₄ les uns avec les autres au sein des structures C-S-H [21].

Les C-S-H forment alors une chaine silicatée (Figure 8).

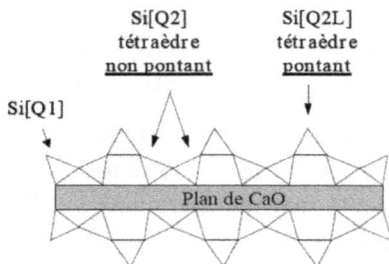

Figure 8 : Schéma simplifié de la structure d'un C-S-H, illustrant les trois types de tétraèdres de silicium [22].

La dénomination [Q1], [Q2] et [Q2L] fait référence à la nomenclature usuellement utilisé en RMN du silicium (^{29}Si). Pratiquement, la RMN sonde l'environnement local d'un noyau. La technique consiste à exciter, par champ radiofréquence proche de sa fréquence de Larmor ω_0 (proportionnelle à l'intensité du champ magnétique (B_0) et donnée par la relation (E-3)), l'espèce à étudier et à mesurer sa réponse.

$$(E-3) \qquad \omega_0 = -\gamma B_0$$

où γ est le facteur gyromagnétique du noyau considéré.

L'intérêt vient du fait que le champ magnétique ressenti par le noyau est perturbé par l'environnement local et, déplace très légèrement la fréquence de résonance : on peut alors discriminer, pour une même espèce d'atome, les différents environnements existants si la résolution du spectre est suffisante. En modulant en phase et en

44

amplitude le champ radiofréquence, on sélectionne les informations que l'on veut recueillir : distances entre noyaux voisins, existence de mouvements, ... Chaque raie d'un spectre RMN est caractérisée par 3 paramètres : son déplacement chimique (défini par sa position), son intensité (définie par sa surface) et sa largeur (définie par le pic à mi-hauteur). Ces paramètres sont directement reliés à la structure et à la composition chimique. Klur définit des plages de déplacements chimiques des tétraèdres de SiO_4 selon leur degré de connectivité (de 0 à 4, Figure 9, a). La gamme de déplacements chimiques des silicates en phase solide se situe typiquement entre -60 et -120 ppm par rapport au tétraméthylsilane (TMS, composé de référence) [23]. Cette nomenclature est illustrée sur la Figure 9.

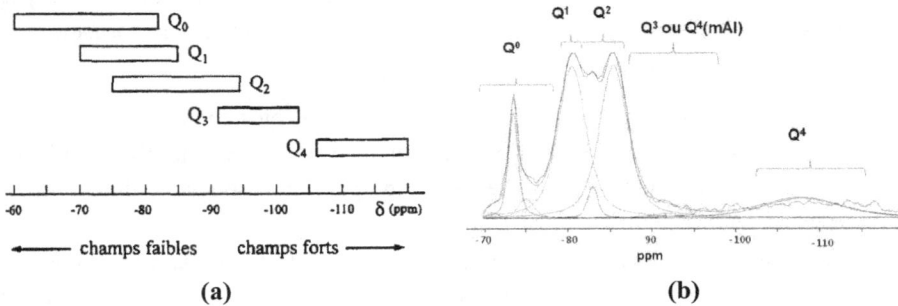

Figure 9 : (a) Plages de déplacements chimiques des tétraèdres en fonction de leur connectivité [21] et, (b) un exemple de spectre RMN ^{29}Si d'une pâte de ciment saine CEM I, après 91 jours de cure sous eau. Superposition de la courbe expérimentale (en bleu) et des courbes de décomposition selon l'espèce considérée (autres couleurs) [24].

Ce type d'expérimentation permet de déterminer la longueur des chaines silicatées [22]. La structure silicatée des C-S-H fait apparaitre un motif de trois tétraèdres de silice qui se répète, qualifié de « dreierketten » [16]. Deux de ces tétraèdres (Q2, Figure 8) partagent chacun deux atomes d'oxygène avec un atome de calcium. Le troisième tétraèdre, dit « pontant » (Q2L, Figure 8), présente deux atomes d'oxygène non partagés. Leur charge est compensée par des protons ou des ions calcium qui procurent aux C-S-H une certaine capacité d'échange ionique [22]. Précisons que cette dernière est variable selon qu'il s'agisse d'anions ou de cations. Cette dernière est très variable et dépend de la nature des ions (anions ou cations) [25]. A noter que la longueur des chaines des silicates du C-S-H varie avec les conditions imposées, en particulier la concentration en hydroxyde de calcium de la solution d'équilibre [26]. Aussi, la carbonatation a un impact certain sur la structure des C-S-H.

45

1.6 Les aluminates et sulfo-aluminates de calcium

L'hydratation des aluminates (C_3A, Tableau 4) est très rapide et exothermique (parmi les plus exothermiques de toutes les réactions d'hydratation). Par conséquent, elle intervient dans les premiers instants de l'hydratation. Les hydrates formés peuvent être C_2AH_8, C_3AH_6, et C_4AH_{13}. Ils précipitent immédiatement autour des grains de ciment et perturbent, par conséquent, l'hydratation des silicates en limitant la surface de dissolution. Une inhibition de la dissolution des autres phases est également relevée. Ce fait entraine également une fragilisation prématurée du matériau en limitant les quantités de C-S-H et de portlandite formées [27]. Pour limiter ce phénomène, des sulfates sont ajoutés aux aluminates par l'intermédiaire de gypse [28]. Ainsi, l'hydratation de C_3A en présence de gypse conduit à la formation de sulfo-aluminates de calcium (Tableau 4) :

- le trisulfoaluminate de calcium hydraté (phase AFt) plus communément appelé ettringite ($C_3A.3C\bar{S}.H_{32}$) ; lorsqu'il n'y a plus suffisamment d'ions sulfates provenant du gypse, l'ettringite se décompose en monosulfoaluminate de calcium hydraté,
- le monosulfoaluminate de calcium hydraté (phase AFm) ($C_3A.3C\bar{S}.H_{12}$). Parmi ces phases, l'ion SO_4^{2-} peut se trouver substitué par l'ion $H_2SiO_4^{2-}$ et entrainer la formation de nouvelles phases telle que la gehlenite hydratée ($2CaO.Al_2O_3.SiO_4.8H_2O$ (C_2ASH_8)) [14],
- l'aluminate tétracalcique hydraté (C_4AH_{13}).

Ces phases stables du système $CaO/Al_2O_3/SO_3/H_2O$, à 25°C, correspondent aux hydrates minoritaires constitutifs de la pcd (i.e. seulement 10 % de son pourcentage massique total).

1.7 Les aluminoferrites

L'aluminoferrite tétracalcique C_4AF donne, par réaction avec l'eau, les mêmes produits que le C_3A excepté qu'il substitue aux aluminates des aluminoferrites (Tableau 4). Les phases aluminates et aluminoferrites de calcium hydratés jouent un rôle mineur sur la microstructure par rapport aux C-S-H et à la portlandite.

1.8 Conclusion

L'hydratation des ciments mène à la formation de plusieurs phases hydratées (Tableau 4). Ces phases sont différentes les unes des autres, notamment en termes de composition, de minéralogie et de morphologie. Ces différences témoignent de la complexité des mécanismes mis en jeu au cours de l'hydratation. De plus, ces différences se complexifient d'avantage lorsque sont comparées les phases hydratées d'un ciment Portland à celles de ciments composés (différences de composition des C-S-H et effet des éléments Al, Fe et Mg impactant le cortège minéralogique). Cette diversification importante dans la structure du matériau cimentaire nécessite une description complète des matériaux hydratés. Ces données sont indispensables pour comprendre finement le comportement du matériau carbonaté. Dans ce cadre, l'intérêt de la partie suivante est porté sur l'extraction des données de la littérature relatives à la carbonatation des matériaux cimentaires.

2. Description et impact du processus de carbonatation

2.1 Phénoménologie du processus

La carbonatation est un phénomène naturel dû à la dissolution du dioxyde de carbone de l'air dans la solution interstitielle du matériau cimentaire (milieu poreux plus ou moins saturé en eau). L'effet du CO_2 apparait pour de faibles concentrations (comme celles que l'on retrouve dans l'atmosphère, où la fraction volumique en CO_2 est de l'ordre de 0,04% et peut atteindre jusqu'à 1% dans certains lieux très mal ventilés [29]). Suivant l'état de saturation du matériau, le CO_2 diffuse sous forme dissoute (matériau saturé à 100%), ou sous forme gazeuse (matériau insaturé ou faiblement saturé) [4]. Le passage en solution du CO_2 entraine une chute du pH de la solution interstitielle. Il s'en suit une réaction acide-base[8] avec les composés basiques tels que la portlandite et les C-S-H menant à des modifications minéralogiques et microstructurales ; i.e. les principaux hydrates de la pcd se dissolvent et des carbonates de calcium précipitent [30]. Ces réactions chimiques sont à l'origine de la modification des propriétés de la zone carbonatée pouvant impacter directement la

---

[8] La réaction de neutralisation des hydrates (bases) par le CO_2 (acide) constitue l'un des effets de la réaction de carbonatation

durabilité de la structure vis-à-vis de son environnement. Ainsi, depuis des dizaines d'années, la carbonatation est un phénomène largement étudié. Notamment, parce qu'elle conduit à la corrosion des armatures métalliques constituant le béton armé. La neutralisation du matériau cimentaire modifie les conditions physicochimiques et entraine une dépassivation des aciers et, par conséquent une accélération des vitesses de corrosion. L'acier, placé initialement dans son domaine de passivation[9] se retrouve dans son domaine de corrosion active lorsque le pH chute d'environ 13,5 à une valeur inférieure à 10. L'accumulation des produits de corrosion contribue, à terme, à la fissuration du béton.

2.2 Systèmes réactionnels

2.2.1 Dissolution du CO_2

Dans les pores, au contact de l'eau, le gaz carbonique se dissout[10] pour former l'acide carbonique (H_2CO_3) (E-4) qui lui-même réagit pour former l'ion hydrogénocarbonate (couramment appelé ion bicarbonate) (HCO_3^-) (E-5) et l'ion carbonate (CO_3^{2-}) (E-6) [31].

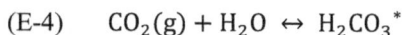

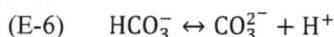

$$(E\text{-}4) \quad CO_2(g) + H_2O \leftrightarrow H_2CO_3{}^*$$

$$(E\text{-}5) \quad H_2CO_3{}^* \leftrightarrow HCO_3^- + H^+$$

$$(E\text{-}6) \quad HCO_3^- \leftrightarrow CO_3^{2-} + H^+$$

L'acide carbonique n'existe aux conditions usuelles sous la forme indiquée qu'en concentration très faible. De plus, lorsqu'il se dissout, le CO_2 réagit plus ou moins avec l'eau. La formulation fournie (H_2CO_3) est donc une simplification d'écriture. Pour écrire la concentration en CO_2 dissous on utilisera la notation $[H_2CO_3]^*$ avec $[H_2CO_3]^* = CO_2^{aqueux} + H_2CO_3$ [32].

Dans l'eau, l'acide carbonique se comporte comme un diacide faible dont les constantes de dissociations K_{a1} et K_{a2}, associées respectivement à (E-5) et (E-6), sont

---

[9] La portlandite et les alcalins (Na, K) présents au sein de la matrice cimentaire maintiennent la solution interstitielle à un pH basique (évoluant de 12,45 à 13,5 au cours de l'hydratation, i.e. dans le domaine de passivation de l'acier).
[10] La dissolution du CO_2 est régie par la loi de Henry (« à température constante et à saturation, la quantité de gaz dissous dans un liquide est proportionnelle à la pression partielle qu'exerce ce gaz sur le liquide ») dans la mesure où le temps de contact eau/CO_2 est suffisamment long.

données par leurs pK (pour la température de 25°C). Les valeurs de pK_{a1} et pK_{a2} sont fournies dans le Tableau 5.

Tableau 5 : Constantes d'équilibres à 25°C et à 1 atm [33].

Température (°C)	pK_{a1} (CO_2, H_2O/HCO_3^-)	pK_{a2} (HCO_3^-/CO_3^{2-})
25	6,37	10,33

A l'équilibre, les acidités des espèces $H_2CO_3^*$ (E-4), HCO_3^- (E-5) et CO_3^{2-} (E-6) ont des domaines de prédominance différents que l'on peut tracer en fonction du pH (Figure 10). Pour cela, il suffit d'exprimer les concentrations des espèces [HCO_3^-], [CO_3^{2-}] et [$H_2CO_3^*$] en fonction de la concentration totale en CO_2.

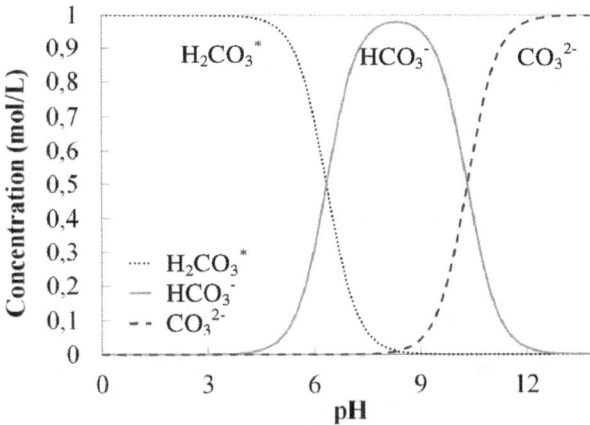

Figure 10 : Spéciation du système des carbonates en fonction du pH.

Pendant la carbonatation des bétons, le pH de la solution porale évolue d'une valeur fortement basique (environ 13,5) à une valeur proche de 9. On peut considérer, compte tenu du pH élevé de la solution porale, que l'espèce CO_3^{2-} est l'espèce carbonatée dissoute majoritaire présente dans la pâte de ciment carbonatée.

2.2.2 Carbonatation de la portlandite

Le processus réactionnel de carbonatation de la portlandite peut être décrit de manière simplifiée par l'équation bilan (E-7).

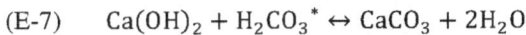

$$(E-7) \quad Ca(OH)_2 + H_2CO_3^* \leftrightarrow CaCO_3 + 2H_2O$$

49

Le mécanisme de carbonatation de la portlandite est illustré par le schéma de la Figure 11, associé aux réactions (E-8) à (E-12).

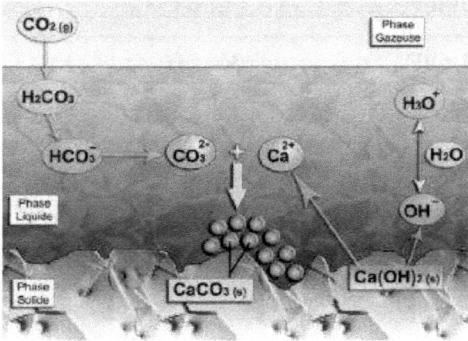

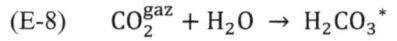

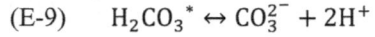

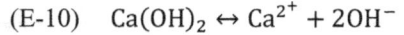

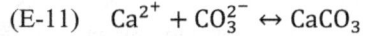

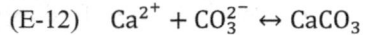

(E-8)	$CO_2^{gaz} + H_2O \rightarrow H_2CO_3{}^*$
(E-9)	$H_2CO_3{}^* \leftrightarrow CO_3^{2-} + 2H^+$
(E-10)	$Ca(OH)_2 \leftrightarrow Ca^{2+} + 2OH^-$
(E-11)	$Ca^{2+} + CO_3^{2-} \leftrightarrow CaCO_3$
(E-12)	$Ca^{2+} + CO_3^{2-} \leftrightarrow CaCO_3$

Figure 11 : Illustration du mécanisme de carbonatation de la portlandite [29].

De manière plus précise, la dissolution de la portlandite selon l'équation (E-1) provoque le relargage des ions calcium (Ca^{2+}) et hydroxyle (OH^-). Les hydroxyles neutralisent le CO_2 dissout pour former des carbonates. Les ions calcium libérés précipitent avec les ions carbonates pour former des carbonates de calcium selon la réaction (E-13).

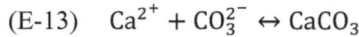

$$(E\text{-}13) \quad Ca^{2+} + CO_3^{2-} \leftrightarrow CaCO_3$$

Certains auteurs identifient la présence de portlandite résiduelle (i.e. dissolution incomplète de la portlandite) malgré une échéance de carbonatation avancée. Ce fait est attribué à la présence d'une gangue protectrice de carbonates de calcium formée à la surface des cristaux de portlandite [34] [35].

2.2.3 Carbonatation des C-S-H

Par rapport à la portlandite, les C-S-H ont un pouvoir tampon limité. Cependant, ils constituent un réservoir de calcium et de silicates important et représentent la phase hydratée majoritaire de la pcd (§1.4). La carbonatation des C-S-H entraine la formation de carbonates de calcium et d'un gel siliceux amorphe plus ou moins riche en calcium, tout en libérant éventuellement de l'eau (E-14) [35] [36] [37].

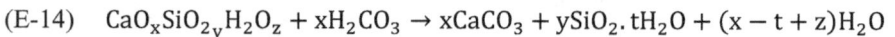

$$(E\text{-}14) \quad CaO_xSiO_{2y}H_2O_z + xH_2CO_3 \rightarrow xCaCO_3 + ySiO_2.tH_2O + (x - t + z)H_2O$$

Selon Suzuki et al. [36] le processus de carbonatation des C-S-H s'effectue selon un mécanisme spécifique. Deux phénomènes majeurs concomitants sont observés :

- d'une part, l'avancement de la carbonatation est lié à la diminution de la concentration en ions calcium (Ca^{2+}), dû à la précipitation de carbonate de calcium,
- d'autre part, le CO_2 est à l'origine de la décalcification des C-S-H, provoquant un relargage d'anions silicates ($Si_xO_y^{n-}$), menant à la polymérisation d'un gel de silice, conséquence majeure de la carbonatation des C-S-H.

Les résultats de Slegers & Rouxhet [38] permettent d'étayer ce second point. Ils ont analysé les produits d'hydratation de la phase pure C_3S, obtenus à différentes échéances d'hydratation. Les échantillons ont ensuite été conservés en laboratoire durant deux ans et demi (carbonatation atmosphérique). Les spectres infrarouges obtenus sur les échantillons de C_3S hydraté à différentes échéances ont été superposés. Les spectres correspondants sont établis pour les matériaux sains (après hydratation) et carbonatés (après hydratation et conservation durant deux ans et demi en laboratoire) (Figure 12).

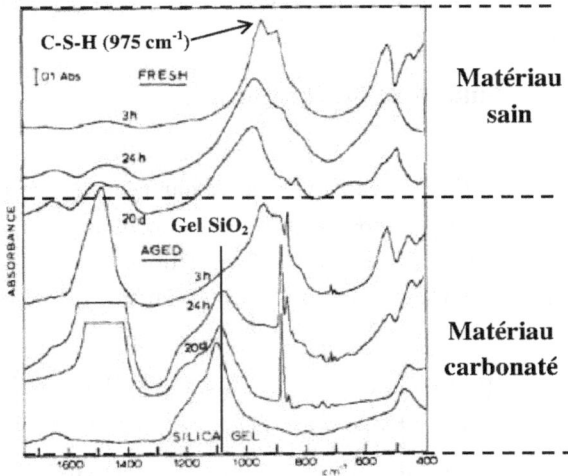

Figure 12 : Spectres infrarouges des produits obtenus après hydratation (à 3h, 24h et 20 jours) de C_3S pour les même échantillons à l'état sain et à l'état carbonaté et d'un gel de silice ordinaire [38].

Ils mettent en évidence que quel que soit le degré d'hydratation, les C-S-H ne sont pratiquement, voire plus, présents dans le matériau carbonaté (pic à 975 cm^{-1}). Par ailleurs, des analyses par diffraction des rayons X sur ces mêmes échantillons ont montré que la portlandite subsistait dans le matériau carbonaté [38]. En corrélant ces deux résultats, les auteurs concluent que les C-S-H réagissent préférentiellement avec le CO_2 comparativement à la portlandite. La Figure 12 montre également qu'après carbonatation, les C-S-H affichent une structure similaire à celle d'un gel de silice ordinaire (pic à 1080 cm^{-1}). Ce résultat corrobore ceux de plusieurs auteurs [39] [40] qui tendent à montrer que le produit final de carbonatation des C-S-H est un gel siliceux amorphe. Plus spécifiquement, la littérature [18] [37] [41] stipule que les anions silicates libérés au cours de la carbonatation se condensent avec d'autres anions silicate dans les C-S-H. Les produits formés sont des espèces intermédiaires de plus haut poids moléculaire. Elles continuent de se polymériser pour, à leur tour, se condenser sur d'autres anions silicate. A ce stade, un réarrangement de la structure cristalline des silicates sous une forme tridimensionnelle est mis en évidence par Slegers & Rouxhet [38]. Finalement, la polymérisation des silicates, i.e. l'augmentation de la longueur des chaines, conduit à l'obtention d'un matériau qui n'est plus représentatif de la structure initiale des C-S-H et s'apparente à de la silice amorphe. Cependant, il est nécessaire de préciser que la nature du produit formé lors de la carbonatation des C-S-H dépend des conditions environnementales et notamment de la teneur en CO_2 (voir §2.6.1).

2.2.4 Carbonatation des aluminates

D'après Sauman & Lach [42], la carbonatation des aluminates et hydrogrenats entrainent la formation de carbonate de calcium, de gel d'alumine[11] ($Al(OH)_3$) et d'eau. Concernant la carbonatation des sulfoaluminates, la décomposition de l'ettringite (trisulfoaluminate de calcium hydraté, phase AFt, §1.6) forme des carbonates de calcium, du gypse et un gel d'alumine [43] selon l'équation bilan (E-15).

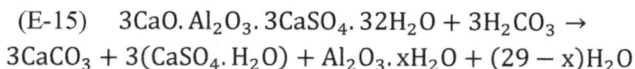

$$(E\text{-}15) \quad 3CaO.Al_2O_3.3CaSO_4.32H_2O + 3H_2CO_3 \rightarrow$$
$$3CaCO_3 + 3(CaSO_4.H_2O) + Al_2O_3.xH_2O + (29 - x)H_2O$$

Le monosulfoaluminate de calcium hydraté (phase AFm, §1.6) se décompose en gypse [29]. Les phases AFt et AFm contribuent donc toutes les deux à la formation de gypse, minéral soluble dans l'eau. Ainsi, si les produits de carbonatation se

---

[11] La carbonatation de la phase hydratée C_3AH_6 donne naissance au monocarboaluminate de calcium qui se décompose ensuite en hydroxyde d'aluminium.

trouvent en présence de portlandite et d'eau, alors le gypse et les aluminates formés à partir de la carbonatation peuvent reformer de l'ettringite [29].

Par ailleurs, nous avons vu au paragraphe précédent que la RMN [29]Si est un outil adapté à l'observation du réseau des C-S-H [23]. Elle permet notamment d'approcher le rapport C/S et la longueur moyenne des chaînes silicatées, ce qui est pertinent puisque ces derniers évoluent au cours de la carbonatation [44]. Cependant, outre les C-S-H, les phases aluminates (AFt et AFm) contiennent également du calcium et sont directement sujettes à la carbonatation. Elles sont donc sujettes à des modifications structurales notables. Dans ce sens, la RMN [27]Al est adaptée à l'identification des modifications minéralogiques induites par la carbonatation des aluminates. Elle permet notamment d'observer la formation éventuelle d'un gel d'alumine et/ou de déterminer un taux d'incorporation de l'aluminium dans le réseau des C-S-H par corrélation directe des RMN ^{29}Si et RMN [27]Al [45]. Pour ce type d'essais, le déplacement chimique constitue le paramètre clé dans la mesure où il reflète l'environnement structural des noyaux sondés. Notons que différents auteurs [23] [46] relèvent que dans les C-A-S-H, les déplacements chimiques des silicates directement voisins des aluminates sont modifiés (substitution d'un tétraèdre de SiO_4 par celui d'un AlO_4) :

- augmentation de 3 à 5 ppm du déplacement chimique d'un silicate voisin d'un aluminate, qui est alors noté $Q_n(1Al)$,
- augmentation de 10 ppm environ du déplacement chimique d'un silicate voisin de deux aluminates, qui est alors noté $Q_n(2Al)$.

Les localisations des silicates dans les C-A-S-H sont visibles sur la Figure 13. Le Tableau 6 dresse la synthèse des déplacements chimiques des principales phases aluminates potentiellement présentes dans les matériaux cimentaires [47].

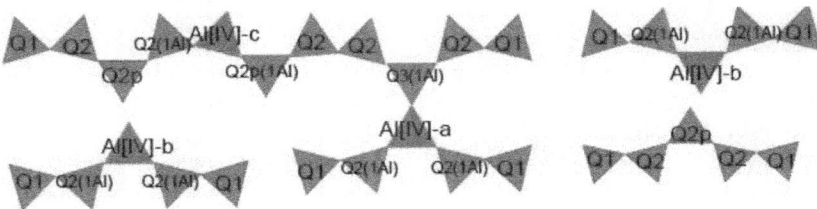

Figure 13 : Chaînes d'aluminosilicates finies dans une structure de C-A-S-H [46].

Tableau 6 : Synthèse des déplacements chimiques de l'aluminium dans les matériaux cimentaires - Extrait des travaux de thèse de Bach [47].

Phase	Déplacement chimique (ppm)	Type de site
Al dans alite et bélite	86	[48]
Al dans C_3A	81	[49]
C-A-S-H	72	$Al(IV)^{12}$ en Q_2 [46] ou $Al(IV)$ en Q_2^p avec compensation par $Al(V)^{13}$ ou $Al(VI)$ dans l'interfeuillet [50]
	67	$Al(IV)$ en Q_2^p avec compensation de charge par Ca^{2+} dans l'interfeuillet - site tétraédrique
	60	$Al(IV)$ en Q_3 - Site tétraédrique
	33	$Al(V)$ - faible intensité - site pentaédrique
	9,5	$Al(VI)$ - site octaédrique (correspondant à une phase AFm [46])
	3,5	$Al(VI)$ - site octaédrique
Mullite	56	Site tétraédrique [51]
	-2	Site octaédrique
Ettringite	13	[49]
Katoïte silicatée	12	Signal principal [52]
	4	/
Monosulfoaluminate de calcium hydraté ou autres phases AFm	10,2	Site octaédrique [49]

---

[12] Aluminium substitué au silicium dans les C-S-H ou dans le ciment anhydre.
[13] Aluminium substitué au calcium entre les couches de C-S-H.

Hydroxyde d'aluminium amorphe ou aluminate de calcium hydraté produit comme phase séparée ou comme précipité nanostructuré à la surface des C-S-H	5	Dégradation vers 70 - 90°C [53]

2.2.5 Conclusion

Les systèmes réactionnels définis ci-dessus témoignent de la complexité de la minéralogie de la zone carbonatée. L'ensemble des composés, anhydres ou hydratés, peuvent en effet réagir et, se carbonater. Le système résultant s'apparente alors à un assemblage minéralogique constitué de carbonates de calcium et de gel de silice (à base de calcium) [37]. Précisons que la synthèse des données bibliographiques relatives à l'utilisation et à l'apport de la RMN (^{29}Si et ^{27}Al) constitue une base de référence pour l'exploitation de nos spectres.

2.3 Abondance polymorphique des carbonates de calcium

D'après la littérature [54] [55] [56], la nature des polymorphes de carbonate de calcium est influencée par de nombreux facteurs tels que la température et le pH (§2.3.1), la nature des réactifs (§2.3.3), la concentration en calcium ou encore la teneur en CO_2 et l'humidité relative (§2.3.2). Ainsi, les carbonates de calcium existent sous trois formes allotropiques distinctes :

- La calcite, phase cristalline de carbonate de calcium la plus stable thermodynamiquement en conditions standards de température et de pression [57]. Elle se développe dans un réseau rhomboédrique et ses précipités sont caractérisés par des cristaux cubiques (Figure 14).
- La vatérite, se développant dans un réseau hexagonal, elle n'existe pas dans la nature.
- L'aragonite, cristallisant dans un réseau orthorhombique, elle existe dans la nature.

Généralement, les précipités de vatérite et d'aragonite sont des microcristaux de taille plus petite que ceux de calcite et de forme plutôt sphérique, morphologie visible sur les clichés MEB[14] de la Figure 14.

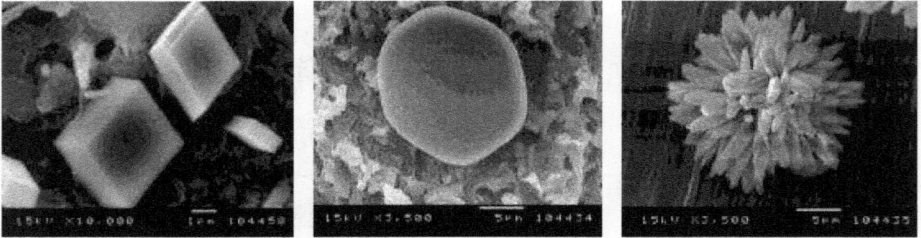

Figure 14 : Micrographies MEB de cristaux de calcite (à gauche), de vatérite (au centre) et, de cristaux d'aragonite (à droite) [58].

Ces deux formes de carbonate de calcium (vatérite et aragonite) sont systématiquement identifiées en carbonatation accélérée et naturelle mais, en quantités variables [29] [31] [59] [60]. Une étude approfondie de l'abondance polymorphique des carbonates de calcium est nécessaire à la compréhension de l'effet de la carbonatation sur la microstructure. Une première approche a été entreprise avec la thèse de Drouet [4].

Au-delà des trois formes classiques (calcite, aragonite et vatérite), le carbonate de calcium se présente également sous trois autres variétés allotropiques sous formes hydratées :

- le carbonate de calcium amorphe, phase la plus instable, elle se présente sous la forme de petites sphère de diamètre inférieure à 1 µm. Dès sa précipitation, elle évolue vers un système cristallin. C'est un précurseur indispensable à la germination des carbonates de calcium dans des solution calco-carbonique fortement saturées [61]. Lorsque son produit de solubilité est dépassé, la germination du carbonate de calcium se déclenche [62]
- le carbonate de calcium monohydraté, cette phase cristallise dans le système hexagonal sous forme de sphérulites, c'est un précurseur indispensable à la germination du carbonate de calcium à faible sursaturation [63]
- le carbonate de calcium hexahydratée (ikaïte), forme la plus rare de carbonate amorphe, s'obtient par double décomposition d'un mélange de chlorure de calcium et de carbonate de sodium à 0°C. Dès 6°C, elle se décompose en une des formes anhydre classique [64].

---

[14] Microscope Electronique à Balayage.

2.3.1 Impact du pH et de la température

Selon plusieurs auteurs [54] [65] [66] [67], les principaux paramètres impactant la distribution polymorphique sont le pH de la solution, la température et très certainement le précurseur (support à la cristallisation). Dans ce cadre, ils montrent qu'à 24°C la calcite précipite pour un pH supérieur à 11 alors que les autres formes (vatérite et aragonite) se forment pour un pH inférieur (Figure 15, a). L'influence de la température est également manifeste. En effet, lorsque la température augmente, l'aragonite devient le produit majoritaire pour un pH inférieur à 11. Par ailleurs, la calcite prédomine toujours pour un pH supérieur à 12 (Figure 15, b).

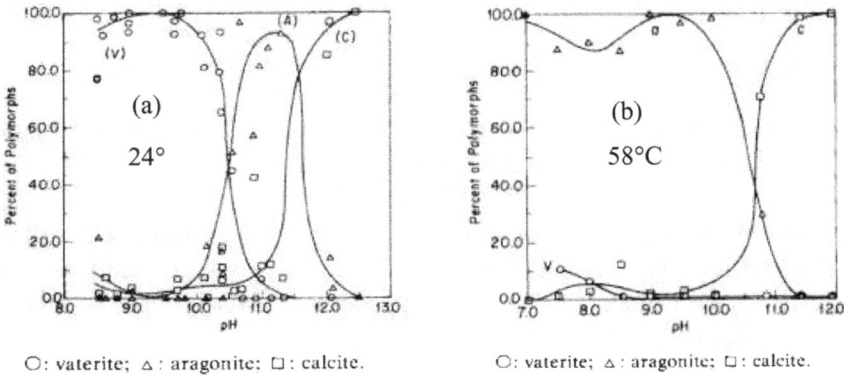

O : vaterite; △ : aragonite; □ : calcite.

Figure 15 : (a) Effet du pH sur l'abondance polymorphique des carbonates de calcium à 24°C [54] et, (b) Effet du pH sur l'abondance polymorphique des carbonates de calcium à 58°C, mise en évidence de l'effet de la température [54].

Par ailleurs, la littérature [39][29][68] identifie trois modes de décomposition des carbonates de calcium dans les bétons (I, II et III), correspondant à trois plages de température distinctes en ATG (Figure 16).

Ainsi, le mode I s'étend de 750 à 950°C. Il est attribué à la calcite, phase cristalline de carbonate de calcium la plus stable chimiquement. Tandis que les modes II et III (entre 530 et 760°C) sont attribués aux phases métastables, aragonite et vatérite et à une phase amorphe de carbonate de calcium mais sans parvenir à les distinguer entre elles. Il est important de préciser que ces plages de températures sont données à titre indicatif. Elles dépendent entres autres de la nature de l'échantillon (masse, compacité,…) et du niveau de carbonatation (ces plages sont notamment décalées vers les plus basses températures au cours de la carbonatation) [29].

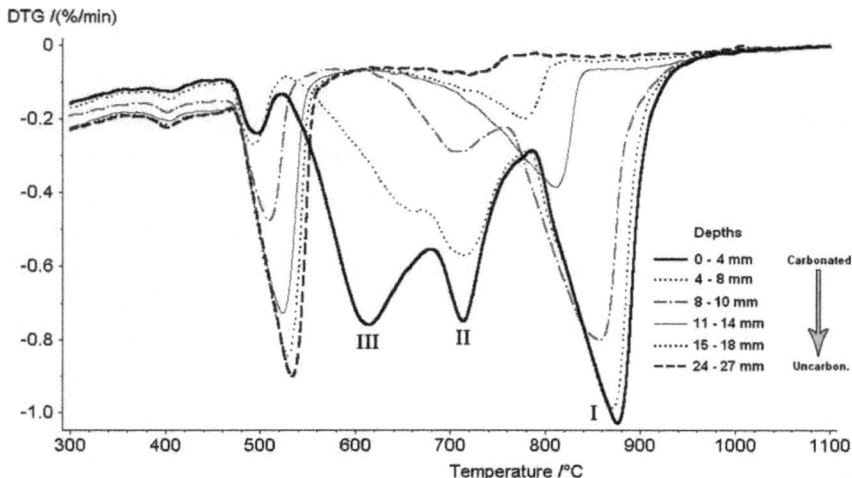

Figure 16 : Courbes ATG (DTG) d'échantillons de pâte de ciment carbonatés (P_{CO2} = 45% ± 5%, à HR = 53% ± 5%, durant 14 jours) prélevés à différentes profondeurs [68].

Précisons que les températures de transitions des phases des matériaux cimentaires identifiées en ATG varient selon l'appareil de mesure (vitesse de chauffage, temps d'acquisition, ...). De fait, les plages de températures identifiées dans la littérature sont nombreuses [14] [29] [68] [69] [70] [71] [72] [73] [74] [75].

2.3.2 Impact de la teneur en CO_2 et de l'humidité relative

De manière générale, la présence des trois formes allotropiques de carbonates de calcium est mise en évidence quelle que soit la teneur en CO_2 [59]. Par ailleurs, il est remarqué par Matsushita et al. [60], sur des bétons autoclavés constitués majoritairement de C-S-H, qu'au-delà d'un certain degré de carbonatation D_c = 30%, exprimé selon (E-16), la quantité de vatérite augmente significativement.

$$(E-16) \quad Dc = \left[\frac{(C-C_0)}{(C_{max}-C_0)} \times 100 \right]$$

Où C est la concentration de CO_2 fixée, déterminée par analyses thermogravimétriques et ou C_{max} et C_0 sont respectivement les concentrations maximale et initiale mesurées.

Les analyses par diffraction des rayons X d'Anstice et al. [55], réalisées sur des échantillons de pâte de CEM I, montrent la dépendance de l'abondance polymorphique des carbonates de calcium vis-à-vis de la teneur en CO_2. Les résultats DRX obtenus sont récapitulés dans le Tableau 7. Ils indiquent, que pour une pression partielle de CO_2 élevée, la transformation (portlandite → carbonates de calcium) mène majoritairement à la formation de calcite (les quantités de vatérite et d'aragonite sont très faibles). L'aragonite semble, quand-à-elle, se former à faible P_{CO2}. D'après Saùman [59], la formation de la vatérite est inversement proportionnelle à la teneur en CO_2. Ce résultat n'est pas en accord avec les données d'Anstice [55] (Tableau 7).

Tableau 7 : Résultats de diffraction des rayons X sur des pâtes de ciment hydratées après carbonatation dans différents environnements [55].

HR (%) régulée par des solutions salines	P_{CO2} (%)	Abondance polymorphique		
		Calcite	Vatérite	Aragonite
75	100	4	2	1
65	100	4	2	0
62	100	4	2	0
53	100	4	2	1
75	50	4	2	0
65	50	4	1	0
62	50	4	1	0
53	50	4	2	1
75	0,03	3	2	2
65	0,03	4	2	2
62	0,03	4	1	2
53	0,03	3/2	2	2

4 : Abondance Très Forte

3 : Abondance Forte

2 : Abondance Moyenne

1 : Faible Abondance

0 : Non Détecté

La littérature relève également des différences dans la nature des carbonates de calcium en fonction de l'HR. Selon plusieurs auteurs [76] [59], la vatérite se formerait préférentiellement pour une HR proche de 65%, lorsqu'un film d'eau très fin recouvre la surface des hydrates [77]. Pour Sauman [59], la formation de la vatérite est inversement proportionnelle à l'HR. D'après Drouet [4], les formes vatérite et aragonite, à l'état métastable de carbonatation, seraient plus abondantes aux faibles HR qu'aux fortes. Les réactions de dissolution-précipitation mises en jeu dans la transformation polymorphique (des états métastables vers la calcite) sont inhibées à faible HR, par manque d'eau (i.e. manque de milieu réactionnel). L'observation d'aragonite est quand-à-elle rare [76] [37] [59]. L'aragonite pourrait être assimilée à un intermédiaire réactionnel lors de la transformation (vatérite $\rightarrow$ calcite) [59] (Figure 17). Quelles que soient les conditions environnementales, la calcite est le polymorphe de carbonate de calcium le plus abondant. Par ailleurs, il apparait que son identification est d'autant plus remarquée que l'HR est élevée [76] [59].

2.3.3 Impact de la nature des réactifs

Plusieurs auteurs [68] [78] [29] montrent que la formation de calcite proviendrait préférentiellement de la carbonatation de la portlandite. Les deux autres formes allotropiques de carbonates de calcium (vatérite et aragonite) seraient issues de la carbonatation des C-S-H [38]. Ce résultat peut être corrélé à ceux de Sauman [59] qui a réalisé des expériences de diffraction des rayons X (DRX) et d'analyses thermogravimétriques (ATG) sur du gel de C-S-H et des échantillons de tobermorite (C-S-H naturel de rapport C/S $\approx$ 0,83) carbonatés à 1, 10 et 30% de pression partielle en CO_2. Le mécanisme réactionnel résultant est illustré par le schéma de la Figure 17.

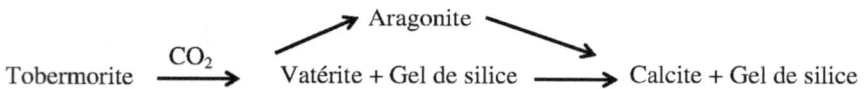

Figure 17 : Schéma illustrant le mécanisme réactionnel de carbonatation de la tobermorite [59].

Le schéma de la Figure 17 montre que sous l'effet du CO_2, la tobermorite se décompose dans un premier temps en vatérite. Par la suite, le produit formé est progressivement converti en calcite. L'aragonite quant à elle est présente en très faible quantité [59]. Períc J. et al. [56] fournissent les valeurs des énergies d'activation des transformations polymorphiques correspondantes ($E_{Aragonite \rightarrow Calcite} = 230$ kJ.mol^{-1} et $E_{Vatérite \rightarrow Calcite} = 250$ kJ.mol^{-1}).

Les données de la littérature concernant cette thématique sont nombreuses et divergent souvent. En particulier, concernant la quantité d'aragonite formée par carbonatation des C-S-H. Dans ce cadre, Black et al. [79] carbonatent des phases pures de C-S-H à l'air et détectent, par spectroscopie Raman, la présence d'aragonite en quantité significative. Ce résultat est confirmé par Borges et al. [74]. La décalcification des C-S-H, menant à la formation d'un gel siliceux amorphe, semble conduire à la précipitation d'aragonite en tant que produit de carbonatation majoritaire.

On peut également citer les résultats de Goni & Guerrero [80] qui montrent que la carbonatation de la katoïte[15] mène principalement à la formation de la forme allotropique de carbonate de calcium aragonite. Les données plus récentes de Fernández et al. [81] indiquent que les produits d'hydratation minoritaires tels que la katoïte, les AFm ou encore la stratlingite[16], réagissent totalement avec le CO_2 pour former de la vatérite et l'aragonite. La corrélation des résultats de Nishikawa et al. [43], de Zhou & Glasser [82] et de Glasser [83] montre que la carbonatation de l'ettringite mène à la production de cristaux de vatérite principalement mais également d'aragonite.

2.3.4 Conclusion

Les discordances entre les résultats de la littérature témoignent de la difficulté à comprendre et à traiter l'abondance polymorphique des carbonates de calcium. Cela s'explique en partie par la dépendance des différentes formes allotropiques de carbonates vis-à-vis de nombreux paramètres (pH, HR, P_{CO2}, nature du réactif). Finalement, la compétition entre ces paramètres n'est, à ce jour, pas clairement définie.

2.4 Effet de la carbonatation sur la microstructure

2.4.1 Modification de la porosité et de la distribution poreuse

La carbonatation des phases hydratées composant le matériau cimentaire est à l'origine d'une augmentation du volume de la phase solide. La réaction relative à la transformation d'une mole de portlandite en une mole de carbonate de calcium induit un accroissement du volume de la phase solide et, par conséquent, une diminution de l'espace poreux (de 2 $cm^3.mol^{-1}$ pour la calcite). Les valeurs des volumes molaires de

---

[15] C_3AH_6 en notation cimentière.
[16] C_2ASH_8 en notation cimentière.

la portlandite et des polymorphes de carbonates de calcium sont compilées dans le Tableau 8.

Tableau 8 : Volume molaire (cm^3.mol^{-1}) des phases minérales portlandite, calcite, vatérite et aragonite.

Phase minérale	Volume molaire (cm^3.mol^{-1})
Portlandite	33
Calcite	35
Vatérite	38
Aragonite	34

Plusieurs auteurs [84] [85] mesurent, par porosimétrie par intrusion de mercure, sur des pâtes de ciment carbonatées à base de CEM I (0,3 < E/C < 0,8), des baisses de porosité (colmatage) allant de 10% à 15%.

La distribution poreuse est fortement impactée par la carbonatation, fait couramment rapporté [29] [86] [85] [87] [88] [89] [90]. Dans ce cadre, Pihlajavaara [91] montre, par porosimétrie par intrusion de mercure, que la réduction de la porosité affecte le plus souvent les pores de diamètre inférieur à 100 nm, tandis que les pores de diamètre supérieur ne sont pas impactés. Bier [87] relève, dans le cas d'un CEM I, une diminution du volume poreux dans le cas des micropores (diamètre d'accès < 100 nm). Les conclusions de plusieurs auteurs [10] [92] [93] montrent que cette baisse du volume microporeux est directement reliée à l'apparition d'une macroporosité de rayon d'accès supérieur à 100 nm. Ce fait est corroboré par plusieurs auteurs [29] [94] qui montrent que, pour un degré de carbonatation avancé, une macroporosité apparait entre 80 et 100 nm. Miragliotta [93] complète ces données en mettant en évidence deux modes de macroporosité distincts :

- un mode localisé autour de 800 nm. Il peut être dû à la formation d'un gel de silice issu de la carbonatation des C-S-H [87]. En effet, la porosité du gel de silice est localisée autour d'un large rayon d'accès aux pores (supérieur à 200 nm).
- l'autre mode localisé autour de 8 μm. Ce mode peut être issu du retrait de carbonatation des C-S-H [95] [96] (§2.4.2). L'apparition de microfissures [93] [97] peut expliquer la présence de ces pores.

Il est également parfois relevé dans la littérature que l'augmentation de la teneur en CO_2, lors des essais de carbonatation accélérée, induit une redistribution poreuse vers des pores de rayons d'accès plus large [55] [87]. Dans ce cadre, Papadakis et al. [98] remarquent une augmentation du volume molaire des C-S-H (de 12 à 16 cm^3/mol) et par conséquent une réduction de la porosité capillaire avec le taux de CO_2. Thiéry et al. [99] confirment cette évolution. Ce résultat s'explique par une densification de la pâte de ciment induite par un degré de carbonatation important.

A noter que la nature du ciment intervient dans la variation de la porosité [10] [85]. Cette dernière est généralement plus faible pour des matériaux à base de CEM III et plus forte pour des matériaux à base de CEM I (Tableau 9). Ce phénomène peut être associé à la nature des hydrates formés par réactions pouzzolaniques (à partir des additions minérales : cendres volantes, laitier de haut fourneau, ...), différents des hydrates formés lors de l'hydratation d'un CEM I (portlandite et C-S-H). Il est également rapporté que la variation de la porosité est plus forte sur des pâtes de ciment comparativement aux mortiers et bétons ([100]). Une teneur élevée en portlandite tend également à maximiser cette chute de porosité.

Tableau 9 : Comparaison des moyennes des porosités totales des mortiers obtenus par gamma densimétrie avant et après carbonatation [10].

Mortier	Moyenne de la porosité totale		
	Avant carbonatation	Après carbonatation	Variation de porosité
CEM I	21,6 %	12,2 %	-9,4%
CEM II	21,7 %	12,1 %	-9,6%
CEM III	22,6 %	16,2 %	-6,4%

2.4.2 Retrait de carbonatation

La carbonatation des matériaux cimentaires entraine une augmentation de volume des phases solides de 12% à 19% selon la nature polymorphique des carbonates de calcium formés [88]. Cependant, les différentes expériences témoignent toutes d'un retrait lié à la carbonatation. Selon Powers [101], ce retrait est imputable à la dissolution des cristaux de portlandite dans l'eau, alors que ceux-ci sont soumis à des contraintes de compression. Au cours du processus de carbonatation, les ions Ca^{2+} se remobiliseraient dans les pores partiellement désaturés du matériau cimentaire (transfert des régions sous contraintes). Les carbonates de calcium pourraient alors se développer librement sans exercer de contraintes sur la pâte de ciment. Il en résulterait une augmentation de la compressibilité[17] de la pâte, proportionnelle au retrait de carbonatation (à HR constante). Ce réarrangement microstructural de la pâte de ciment pourrait expliquer l'origine de ce retrait [29].

D'autres expériences sur des matériaux dépourvus de portlandite, tels que des bétons cellulaires [101], témoignent de l'existence d'un retrait de carbonatation. Autrement dit, ce phénomène de retrait n'est pas uniquement lié à la portlandite. D'autres phases hydratées sont mises en jeu. Dans ce cadre, la diminution de la quantité d'eau chimiquement liée aux C-S-H est proposée comme origine du retrait de carbonatation [102]. D'après Swenson & Sereda [95], le retrait de carbonatation s'explique par la déshydratation et par la polymérisation du gel de silice formé après carbonatation des C-S-H. Groves et al. [35] complètent ces données en observant au microscope électronique à transmission (MET) les modifications microstructurales, induites par la carbonatation, dans le cas d'échantillons de pâte de C_3S (E/C = 0,5). Ainsi, le remplissage des vides de la zone externe des C-S-H par des microcristaux de carbonates de calcium permet d'expliquer la perte globale de calcium de la zone interne des C-S-H. Ce phénomène peut conduire à un retrait dans ces zones, ce qui expliquerait le retrait de carbonatation. En fait, la remobilisation de la couche de calcium est à l'origine de la perte de cohésion des C-S-H. Ce réarrangement provoque une densification des C-S-H et induit une force motrice au retrait. Il est important de rappeler que la carbonatation mène à la précipitation d'un gel siliceux amorphe lorsque la décalcification des C-S-H est fortement avancée. Dans ce cadre, il se produit un réarrangement de la structure cristalline des silicates sous une forme tridimensionnelle [38] alors que la polymérisation des C-S-H est associée à une structure bidimensionnelle. Le retrait de carbonatation résultant est significatif. Cette explication semble la plus probante. Elle est corroborée par plusieurs auteurs dont Chen et al. [96]. Ils ont réalisé des essais de lixiviation de pâtes de CEM I (nitrate d'ammonium concentré), montrant que la décalcification des C-S-H et leur polymérisation en gel de silice, sont à l'origine d'un retrait pouvant atteindre jusqu'à 1%.

Il apparait évident que la modification de la microstructure induite par la

---

[17] Caractéristique d'un corps, définissant sa variation relative de volume sous l'effet d'une pression appliquée.

carbonatation contribue, en partie, au retrait de carbonatation. Cependant, à la vue des travaux de la littérature évoqués ci-dessus, il s'avère que c'est un processus complexe dont l'origine et le mécanisme ne sont pas totalement compris et méritent d'être clarifiés.

2.5 Modification des propriétés de transport

La précipitation de carbonates de calcium est à l'origine du colmatage de la porosité totale. Groves et al. [35] rapportent une diminution de la vitesse de progression du front de carbonatation due à la formation d'une gangue de carbonates de calcium à la surface des hydrates. Aussi, ces modifications microstructurales modifient fortement les propriétés de transfert dans les matériaux cimentaires, notamment en termes de diffusion et de perméabilité. Dans ce cadre, Hyvert [10] a mesuré les coefficients de diffusion des chlorures sur des échantillon de mortier sains et carbonatés (E/L = 0,5) (Figure 18). Le colmatage des pores, induit par la précipitation de carbonate de calcium, entraine une baisse logique du coefficient de diffusion aux chlorures.

Par ailleurs, certains auteurs [85] [92] relèvent une augmentation de la porosité capillaire dans les matériaux carbonatés. Dans ce cadre, Ngala & Page [85] ont représenté l'évolution du coefficient de diffusion des chlorures dans des pâtes de ciment sains et carbonatées en fonction de la porosité capillaire (Figure 19). Dans ce cas précis, la carbonatation entraine une augmentation des coefficients de diffusion. Ce résultat va à l'encontre des conclusions faites par Hyvert [10]. D'après Ngala & Page [85], l'augmentation des propriétés de transport observée dans les matériaux carbonatés serait directement reliée à l'ouverture du réseau poreux et à l'augmentation de la porosité capillaire.

Villain & Thiéry [103] ont déterminé les diffusivité hydrique et perméabilité à l'eau liquide et à la vapeur d'eau de bétons à base de CEM I, plus ou moins poreux (0,5 < E/C < 0,8), à l'état sain et carbonaté. Ils observent, dans le cas des bétons carbonatés les plus poreux (E/C = 0,8) une augmentation de l'ensemble des propriétés de transport. La cinétique de séchage d'un matériau carbonaté est alors plus rapide que celle d'un matériau sain. Pour une humidité relative donnée, la baisse de porosité qui accompagne le processus de carbonatation mène à un échantillon contenant moins d'eau liquide que le même matériau à l'état non carbonaté, observation fréquemment confirmée dans la littérature [104] [30] [10]. Cependant, tous les auteurs ne s'accordent pas sur ce point. Par exemple, Thiéry et al. [105] relèvent que la carbonatation n'influencerait pas les isothermes de désorption de la vapeur d'eau de pâtes de ciment et béton à base de CEM I.

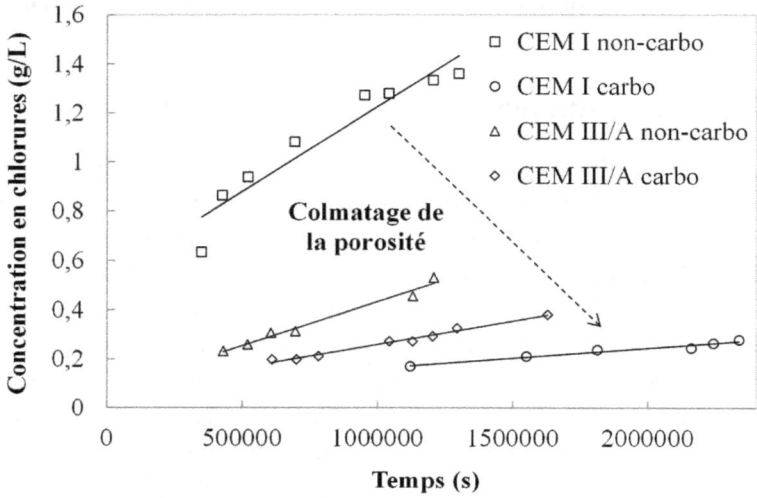

Figure 18 : Essais de diffusions des chlorures sous champs électriques sur des mortiers à l'état sain et à l'état carbonaté (pente des droites proportionnelle au coefficient de diffusion) [10].

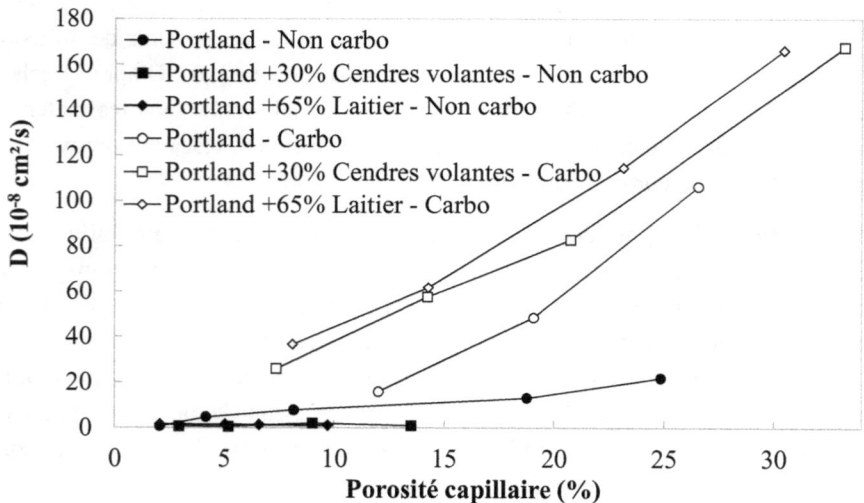

Figure 19 : Coefficient de diffusion des chlorures dans des pâtes de ciment saines et carbonatées [85].

Villain & Thiéry [103] relèvent une augmentation de la perméabilité à l'eau liquide et une diminution de la perméabilité au gaz, sous l'effet de la carbonatation de bétons (E/C = 0,6). Cette observation corrobore celles faites par Hyvert (colmatage des pores fins à l'origine de la baisse du coefficient de diffusion) [10].

Les évolutions des propriétés de transport observées dans les matériaux carbonatés diffèrent d'un auteur à l'autre. A la vue des résultats présentés, il semblerait que ce soit la distribution des tailles de pore qui conditionne les propriétés de transfert. En effet, il apparait que les matériaux les moins poreux voient leurs coefficients de transport diminuer sous l'effet du colmatage des pores les plus fins. Au contraire, les matériaux aux pores plus larges voient leurs propriétés de transport augmenter en raison de l'ouverture de la porosité capillaire [85] [103].

2.6 Paramètre impactant la carbonatation

Plusieurs paramètres impactent le processus de carbonatation, dont notamment :

- la teneur en gaz carbonique dans l'air (§2.6.1),
- l'humidité relative de l'air (§2.6.2),
- la température (§2.6.3),
- la compacité, le dosage et la nature du ciment (§2.6.4),
- le rapport eau sur ciment (E/C) (§2.6.5),
- la cure (§2.6.6),

2.6.1 La teneur en CO_2

2.6.1.1 Cinétique

Les épaisseurs carbonatées sont d'autant plus importantes que la teneur en CO_2 est élevée [106] [107]. Au niveau macroscopique, la carbonatation est un phénomène diffusif [10] [72] [77] [98] [108] (évolution en racine carrée du temps) qui s'exprime selon (E-17) :

$$(E\text{-}17) \quad x_c(t) = a\sqrt{t}$$

Où x_c est l'épaisseur carbonatée (mm), a est une constante (déterminée à partir d'expériences et/ou de modèles prédictifs) qui dépend de différents facteurs liés au matériau et à l'environnement.

L'impact de la teneur en CO_2 sur la profondeur carbonatée mesurée par pulvérisation de phénolphtaléine sur des échantillons de béton (non préconditionnés) à base de CEM I est représenté sur la Figure 20. La tendance observée est confirmée par Hyvert et al. [109] sur une plus large gamme de pression partielle de CO_2 (comprise entre 0,03% et 50%).

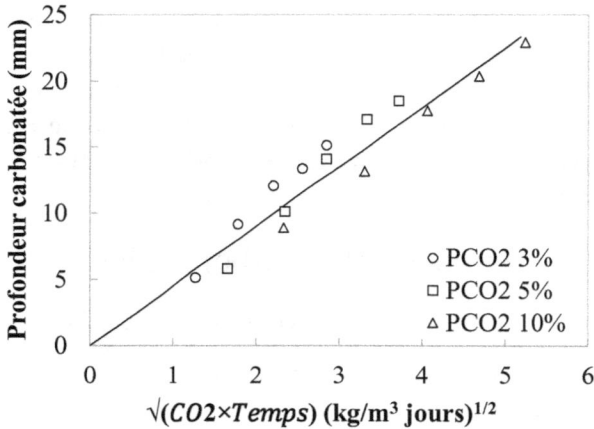

Figure 20 : Evolution de la profondeur carbonatée (en mm) d'un béton à base de CEM I (20°C, 65% HR) en fonction du temps et de la concentration en dioxyde de carbone [108].

2.6.1.2 *Représentativité des essais de carbonatation accélérée*

Si les résultats de la littérature s'accordent sur la tendance précédente, ils sont contradictoires lorsqu'il s'agit de décrire l'impact de la teneur en CO_2 sur le degré de carbonatation. Or la cohérence de données acquises au cours d'essais de carbonatation accélérée dépend de leur représentativité vis-à-vis de la réalité. Plusieurs auteurs se sont attelés à la comparaison des évolutions minéralogiques et microstructurales des matériaux cimentaires consécutivement à leur carbonatation à différentes teneurs en CO_2.

Par exemple, Hyvert et al. [109] montrent, *via* des analyses DRX, sur une gamme de teneur en CO_2 allant de 0,03% (conditions atmosphérique) à 50% (conditions accélérées), que la portlandite a totalement disparue dans la zone carbonatée. Parrott et Killoh [110] confirment ce résultat. Au contraire, d'après Thiéry [29], de la portlandite résiduelle subsiste dans une pâte de ciment carbonatée à 50% de CO_2. Ce résultat peut être corrélé avec ceux de Groves et al. [35], pour qui la présence d'une gangue de carbonate se formant autour des grains de portlandite, inhiberait leur dissolution. Les résultats de Castellote et al. [111] rapportent, quant à eux, la présence de portlandite résiduelle uniquement dans le cas de la carbonatation atmosphérique ($P_{CO2} \approx 0,03\%$) ; la portlandite serait complètement carbonatée dans le cas d'essais accélérés ($P_{CO2} > 3\%$) [111]. Anstice et al. [55] confirment par DRX, que le degré de carbonatation dépend directement de la concentration en CO_2.

Les résultats d'Hyvert et al. [109] et de Castellote et al. [111] s'accordent sur la dépendance du taux de carbonatation des C-S-H avec la P_{CO2}. En effet, il semble que le degré de carbonatation des C-S-H augmente avec la teneur en CO_2 (au-delà de 3%). Les essais de carbonatation accélérée, conduits traditionnellement à 50% de CO_2, sont à l'origine de l'apparition de fissures [4] [88] [93]. Il semble également que les modifications minéralogiques induites au niveau des C-S-H ne soient plus représentatives des évolutions minéralogiques identifiées en carbonatation naturelle [111] [112]. Pour des teneurs en CO_2 de l'ordre de 3%, un gel de C-S-H avec un rapport C/S quasi-identique à celui mesuré en carbonatation naturelle subsiste [111]. Tandis que pour une teneur en CO_2 supérieure à 3%, le gel de C-S-H a complètement disparu (décalcification forte et polymérisation des chaines de silicates) [111]. Groves et al. [35] confirment ces résultats en mettant en évidence la présence d'un gel siliceux amorphe à base de calcium à l'issue d'essais de carbonatation accélérée réalisés avec du CO_2 pur. Par ailleurs, ces même auteurs stipulent qu'en conditions de carbonatation atmosphérique ($P_{CO2} \approx 0,04\%$), les C-S-H continueraient à se polymériser mais, sans former de gel de silice. La formation de C-S-H décalcifiés, induite par la carbonatation, est corrélée à la diminution du rapport molaire C/S, résultat notamment mis en évidence par Kobayashi et al. [113]. A noter que l'augmentation de la teneur en carbonates de calcium avec la P_{CO2} semble liée à la carbonatation des C-S-H [109]. Il est intéressant de noter qu'à 50% de CO_2, des phénomènes de fissuration ont été observés [4] [88] [93]

Malgré le manque de données relatives à l'évaluation de la représentativité des essais de carbonatation accélérée, les auteurs préconisent l'emploi d'une teneur en CO_2 n'excédant pas 3% [111] [112].

2.6.2 L'humidité relative

Il est fréquemment montré que l'humidité relative (HR) de l'air avec lequel le matériau cimentaire est en équilibre, impacte fortement la cinétique de carbonatation (Figure 21) [114] [86] [29] [98]. L'optimum d'HR relevé sur la Figure 21 traduit :

- un chemin désaturé percolant dans les pores pour permettre au CO_2 de pénétrer dans le réseau poreux (par diffusion),
- une phase liquide suffisante pour permettre la solubilisation du CO_2 et par conséquent les réactions de carbonatation.

La vitesse maximale de carbonatation à 20°C pour les bétons traditionnels est obtenue pour une humidité relative comprise entre 40 et 60 %. Ces conditions optimales sont définies pour un béton durci où les transferts hydriques à l'intérieur du matériau sont en équilibre avec l'hygrométrie extérieure [114]. Par ailleurs, en comparant plusieurs résultats de la littérature [86] [114] [98], on relève des vitesses de carbonatation maximales pour des optimums d'HR différents (Figure 21).

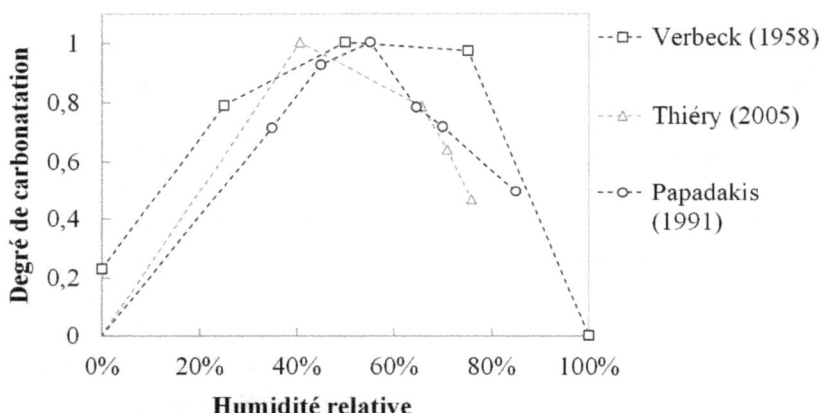

Figure 21 : Degré de carbonatation, à 20°C, en fonction de l'HR mesurés par différents auteurs [29] [98] [114] [115].

Les écarts observés sur la Figure 21 entre les résultats de la littérature proviennent des modes opératoires qui diffèrent d'une étude à l'autre. Les échantillons propres à chaque auteur (rapports E/C différents) n'ont pas été soumis aux mêmes conditions environnementales (taux de CO_2, température et HR), ni aux mêmes durées d'exposition, ... Par conséquent, les degrés de saturation varient d'un matériau à l'autre.

2.6.3 La température

Selon Chaussadent [116], l'élévation de la température induit une baisse de la vitesse de carbonatation des bétons. Pour cela, il s'appuie sur la solubilité du dioxyde de carbone dans l'eau et sur les travaux de Dheilly & Tudo [117]. Ces derniers montrent, à partir d'essais menés à 20°C et 40°C, sur de la poudre de portlandite que celle-ci se dégrade plus rapidement lorsque la température diminue, mettant alors en évidence l'effet de la solubilité rétrograde des réactifs (réactions de surface). Au contraire, plusieurs auteurs constatent une thermoactivation du processus de carbonatation [118] [119] [120]. Une augmentation de température favorise le séchage des pores, facilitant la diffusion du CO_2 gazeux au sein du réseau poreux. La température impacte le transport d'eau, en diminuant notamment le degré de saturation du matériau [121]. Les travaux récents de Drouet [4] ont permis de montrer, à partir d'essais conduits à 20, 50 et 80°C sur des échantillons de CEM I, que la thermoactivation du transport est le facteur prédominant dans l'effet de la température vis-à-vis de la solubilité rétrograde des réactifs. Cette conclusion n'est cependant pas applicable aux ciments composés (CEM V et mélange Bas-pH) où les profondeurs carbonatées maximales sont mesurées pour une température médiane de 50°C. L'auteur en conclut alors qu'il existe une température de carbonatation optimale et qu'il est probable qu'au-delà d'une certaine température, la diminution de la solubilité des hydrates est telle que leur solubilité rétrograde devient le facteur limitant.

2.6.4 Le dosage et la nature du ciment

Duval [122] observe une diminution des épaisseurs carbonatées lorsque la teneur en ciment augmente. Deux explications concomitantes à la diminution de la vitesse de carbonatation sont relevées dans la littérature [122] [123] :

- D'une part, la quantité de chaux à carbonater par unité de volume augmente avec le dosage en ciment. La durée de carbonatation est alors plus longue, la vitesse de carbonatation diminue. A noter que l'amplitude et la profondeur de carbonatation diminue également.
- D'autre part, la compacité du matériau a tendance à augmenter avec le dosage en ciment. La diminution de la quantité d'eau de gâchage, induite par un dosage en ciment plus important, réduit la porosité du ciment, freinant alors la pénétration du CO_2 dans le réseau poreux. Par conséquent, la vitesse de carbonatation diminue.

Hormis le dosage en ciment, un point majeur influençant le degré de carbonatation est la nature du ciment. Les ciments composés, substituant une partie du ciment Portland par des additions minérales (cendres volantes, laitier de haut fourneau, fumée de silice, etc.), se carbonatent différemment selon leurs compositions. Aussi, une brève synthèse des travaux relatant de l'effet des additions minérales sur la

71

vitesse de carbonatation est proposée. Seules les additions minérales entrant dans la composition des ciments étudiés pour cette étude sont prises en compte.

❖ Les cendres volantes et le laitier de haut fourneau

En conditions de carbonatation atmosphérique, la profondeur de carbonatation augmente avec le taux de substitution du ciment Portland par des cendres volantes [94] [124]. D'après Khan & Lynsdale [124], qui ont réalisé des essais en carbonatation naturelle (2 ans, 20°C ± 3°C et 65 ± 5% d'HR), pour chaque augmentation de 10% du taux de substitution, la profondeur carbonatée augmente d'une épaisseur de l'ordre de 0,3 mm. Pour Parrott [125], qui a conduit des essais en carbonatation naturelle (18 mois à 20°C et 60% d'HR), la substitution d'une partie du clinker avec 19% ou plus de calcaire ou de laitier de haut fourneau augmente la profondeur de carbonatation. Par ailleurs, Ati [126] montre qu'à 50% de substitution, l'effet contraire se manifeste. Les profondeurs de carbonatation entre ciment Portland et ciment composé (taux de substitution par des cendres volantes de 50%) sont alors comparables. Ces travaux vont également à l'encontre des résultats de Sisomphon et Franke [127] pour qui des bétons à 25% et 50% de substitution de cendres volantes se carbonatent, en conditions accélérées ou naturelles, plus rapidement qu'un béton au ciment Portland. Ainsi, les valeurs des taux de substitution à partir desquelles l'effet du laitier de haut fourneau devient significatif restent controversées.

❖ La fumée de silice

D'après Khan & Lynsdale [124], la fumée de silice ne modifie pas significativement la profondeur de carbonatation. D'autres résultats, dont ceux de Richardson et al. [128], tendent vers une diminution de la profondeur carbonatée avec l'ajout de fumées de silice. Les résultats de Cabrera & Claisse [129] tendent également vers cette conclusion. D'après ces derniers, la fumée de silice peut être utilisée pour rendre le matériau pratiquement imperméable à l'oxygène. Dans ce cas, la diffusion du CO_2 serait ralentie. Au contraire, les résultats de Yamato et al. [130] montrent une augmentation de la profondeur carbonatée avec l'ajout de fumées de silice. A la vue de ces résultats, l'effet de l'ajout de fumées de silice reste, à ce jour, très controversé.

De manière générale, les travaux de la littérature [127] [131] [132] montrent tous clairement que les ajouts pouzzolaniques diminuent la résistance à la carbonatation. La raison de ce phénomène est simple : en substituant une partie du clinker par des pouzzolanes, la teneur en portlandite diminue, ce qui a pour effet d'abaisser le pouvoir tampon de la solution interstitielle, et ce malgré la baisse du coefficient de diffusion du CO_2.

2.6.5 Le rapport E/C

Plus le rapport E/C est élevé et plus la profondeur carbonatée est importante [133] [134] [135] [136] [137]. Cette tendance s'explique par l'accroissement de la porosité du béton et du coefficient de diffusion du CO_2 avec le rapport E/C (§2.4.1). L'eau en excès crée des vides (porosité capillaire généralement percolante) favorisant la diffusion du CO_2.

2.6.6 La cure

L'influence de la durée de cure sur le degré de carbonatation a été mise en évidence par de nombreux auteurs [87] [138] [139] [140] [141] [142] [143]. Il ressort de ces résultats une évolution de la profondeur de carbonatation en fonction de la racine carrée du temps de cure [139] [141]. D'après Fattuhi [138] [139], le taux de carbonatation diminue avec l'augmentation de la durée de cure. La cure favorise l'hydratation et donc une quantité d'hydrates susceptibles de se carbonater importante [139] [142]. De manière concomitante, l'augmentation de la durée de cure mène à la réduction de la porosité et donc à la diminution du coefficient de diffusion du CO_2 dans le réseau poreux [138]. A noter qu'à temps de cure égal, les matériaux curés sous eau affichent des profondeurs de carbonatation plus faibles que celles des matériaux curés sous air [141].

Par exemple, Gruyaert et al. [143] montrent qu'une période de cure supérieure à 1 mois améliore significativement les propriétés de durabilité des ciments au laitier. L'effet de la cure est plus appréciable pour un ciment au laitier en raison de sa cinétique d'hydratation plus lente [144] [145]. Cependant, pour une durée de cure supérieure à 3 mois, la résistance à la carbonatation n'est plus modifiée significativement. Par ailleurs, il semble qu'augmenter la période de cure n'a pas le même effet dans le cas d'un ciment Portland ou dans le cas d'un ciment composé [140]. Les résultats de Lo & Lee [141] tendent également vers ce résultat. Selon plusieurs auteurs [125] [140], l'effet de la cure sur la carbonatation serait minime devant l'effet de la nature du ciment.

3. Les transferts hydriques dans les matériaux cimentaires

3.1 Définition du matériau cimentaire

Un matériau cimentaire peut être assimilé à un milieu poreux dans lequel 3 phases distinctes sont en équilibre (Figure 22) :

- la phase solide (V_s), qui correspond à la matrice minérale poreuse solide,
- la phase liquide (V_l), qui est contenue dans les pores du matériau cimentaire sous la forme d'eau capillaire et d'eau adsorbée (§3.2),
- la phase gazeuse (V_g), qui est contenue dans les pores du matériau sous forme d'air sec et de vapeur d'eau.

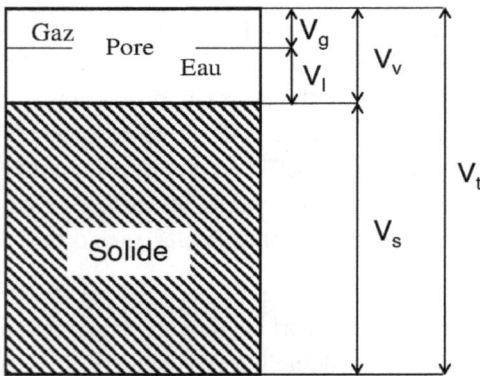

Avec :

$$V_t = V_s + V_v = V_s + V_l + V_g$$

Le volume total (V_t) d'un échantillon correspond à la somme des volumes de vide (V_v) et de solide (V_s). Le volume de vide étant lui-même composé des phases gazeuses (V_g) et liquide (V_l).

Figure 22 : Schématisation du matériau cimentaire en tant que milieu poreux.

De cette définition découlent plusieurs propriétés caractéristiques des matériaux cimentaires : (1) la porosité, (2) la saturation en eau et, (3) la teneur en eau massique.

(1) La porosité du matériau cimentaire, notée Ø, est le rapport du volume des vides sur le volume total de l'échantillon. Elle s'exprime selon (E-18) :

$$(E\text{-}18) \quad \emptyset = \frac{V_v}{V_t}$$

On relève deux types de porosité :

- la porosité « fermée » où les vides ne communiquent pas entre eux,

- la porosité « ouverte » (ou interconnectée) où les vides communiquent les uns avec les autres. C'est cette porosité à laquelle nous nous intéresserons au cours de l'étude.

On caractérise la quantité d'eau contenue dans le matériau cimentaire (V_l, m_l) par sa saturation en eau S_l (2) et sa teneur en eau massique w (3) :

(2) La saturation en eau, notée S_l, est le rapport du volume d'eau (V_l) contenue dans le matériau cimentaire sur le volume d'eau qu'il peut contenir (V_l). Elle s'exprime selon (E-19) :

$$(E\text{-}19) \quad S_l = \frac{V_l}{V_v}$$

Cette grandeur permet de rendre compte, physiquement, du niveau de remplissage des pores par l'eau liquide.

(3) La teneur en eau massique, notée w, correspond au rapport de la masse d'eau (m_l) contenue dans le matériau cimentaire sur la masse du matériau sec (m_s). Elle s'exprime selon (E-20) :

$$(E\text{-}20) \quad w = \frac{m_l}{m_s} = \frac{\rho_l}{\rho_s} \emptyset = \frac{\rho_l}{\rho_s} S_l \emptyset$$

où ρ_l et ρ_s sont respectivement les masses volumiques du matériau sec et de l'eau. S_l est la saturation en eau.

3.2 L'eau dans un matériau cimentaire

L'eau est présente sous forme évaporable et non évaporable [7] [146] [147]. L'eau chimiquement liée est non évaporable. C'est l'eau qui est combinée aux hydrates. Dans ce cas, une liaison forte (covalente ou ionique, par transfert d'électrons) s'établie entre le solide et les molécules de vapeur d'eau. Par exemple l'eau de la portlandite $Ca(OH)_2$. Les énergies mises en jeux sont importantes, de l'ordre de 100 à 400 kJ.mol^{-1} (soit plusieurs fois l'enthalpie de condensation de l'eau égale à environ 44 kJ.mol^{-1}).

Dans le cas de l'eau évaporable, on distingue deux formes d'eau :

- L'eau adsorbée physiquement, elle est adsorbée sur la surface interne des particules de C-S-H et entre les feuillets des particules (« eau interfeuillet ») sous l'action des forces intermoléculaires de Van Der Waals (adsorption physique pure) et des forces électrostatiques (liaisons hydrogène d'énergie intermédiaire comprises entre celles de physi- et chimi-sorption (environ 20 à

30 kJ.mol^{-1}), décrites par les théories polaires. Par conséquent, ce type d'eau adsorbée est soumise à des champs de forces superficiels qui émanent du solide [7].

- L'eau capillaire, elle est contenue dans les pores capillaires du matériau cimentaire. Elle est constituée de la phase condensée qui remplit le volume poreux au-delà de la couche adsorbée et, séparée de la phase gazeuse par des ménisques. Elle obéit aux lois de la capillarité (lois de Jurin, Kelvin-Laplace, …).

3.3 Transport d'eau

Les transferts hydriques dans les matériaux poreux sont associés aux phénomènes d'adsorption et de désorption de la vapeur d'eau (§3.4.2). Dans le cas de l'adsorption, les molécules de gaz (adsorbat) sont attirées à la surface des pores (adsorbant) par des forces de types Van der Waals et/ou électrostatiques. Il résulte de ce processus une augmentation de la masse du matériau. On distingue différents types d'adsorption selon les conditions de température et d'HR (pression partielle de vapeur d'eau) dans lesquelles se trouve le matériau. En effet, lorsque l'humidité relative du milieu, et donc la pression de gaz, augmente, l'adsorption des molécules d'eau, initialement de type monomoléculaire, devient multimoléculaire puis, aux très hautes HR, les molécules d'eau condensent (voir §3.3.2). Ce processus est illustré sur le schéma de la Figure 23.

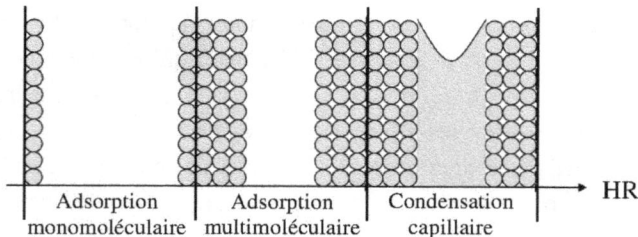

| Adsorption | Adsorption | Condensation | HR |
| monomoléculaire | multimoléculaire | capillaire | |

Figure 23 : Modes d'adsorption identifiés dans un pore cylindrique en fonction du degré de saturation du matériau.

La désorption est, quant-à-elle, le processus inverse de l'adsorption. Elle correspond au détachement des molécules adsorbées à la surface du solide après vidange de l'eau capillaire. Ce processus prend place lorsque le matériau est soumis à une ambiance où règne une humidité relative inférieure à celle de son humidité relative interne. Dans le cas des matériaux cimentaires, la désorption est assimilable à leur séchage.

Ainsi, ces phénomènes, liés à la modification de l'état de saturation du matériau, génèrent un transfert de masse au sein du réseau poreux sous forme d'eau liquide et/ou de vapeur. Dans ce cadre, on identifie 4 modes de transport de l'humidité selon l'HR de l'air ambiant (Figure 24). Précisons que cette approche est purement qualitative. Il existe en effet dans les matériaux cimentaires presque toujours un chemin saturé percolant où le transport est piloté par perméation.

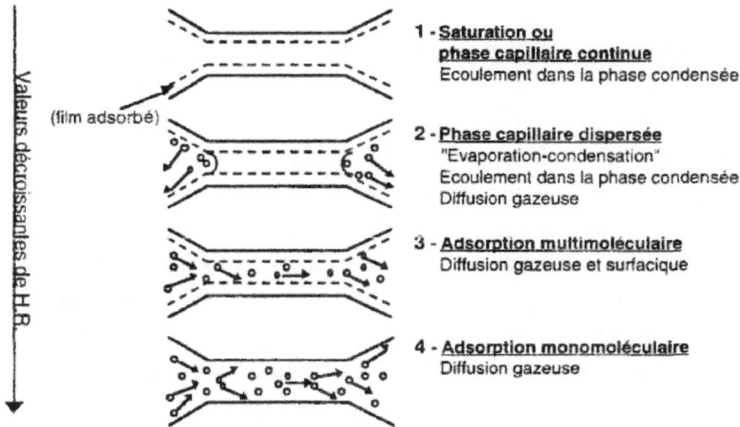

Figure 24 : Schématisation du processus de transport d'eau dans un fragment de réseau poreux en fonction de l'HR ambiante [7].

Les différents modes de transport d'eau (Figure 24), en fonction de l'humidité relative de l'air ambiant, sont décrits aux paragraphes 3.3.1 et 3.3.2.

3.3.1 En milieu saturé

A saturation (HR = 100%), le réseau poreux est rempli d'eau liquide et la phase capillaire est continue (mode 1, Figure 24). Considérant le matériau cimentaire comme faiblement poreux, la vitesse des fluides à travers le réseau poreux est très faible. L'application d'un gradient de pression d'eau sur un milieu poreux complètement saturé par l'eau suppose un écoulement laminaire[18] par les pores connectés. Ainsi, d'après la loi de Darcy, la vitesse moyenne d'écoulement de l'eau est proportionnelle au gradient hydraulique. Elle s'exprime selon (E-21).

---

[18] C'est une des hypothèses de Darcy liée au fait que les pores sont considérés parfaitement cylindriques.

77

$$(E\text{-}21) \quad \rho_l \vec{v_l} = -\rho_l \frac{K_l}{\eta_l} \overrightarrow{grad}(P_l)$$

Où v_l est la vitesse de l'eau liquide, ρ_l et η_l sont respectivement la densité et la viscosité de l'eau liquide, K_l est la perméabilité intrinsèque du matériau et P_l est la pression d'eau liquide.

3.3.2 En milieu insaturé

<u>Aux hautes HR</u>, la vapeur d'eau se condense (mode 2, Figure 24). Ce phénomène engendre un gradient de pression d'eau liquide entre la surface et le cœur du matériau. L'eau condensée n'est plus soumise à la pression hydrostatique mais à la pression capillaire. Si le milieu reste suffisamment perméable à l'eau liquide et que la continuité de la phase capillaire est assurée, c'est la pression capillaire P_c (ou perméation de la phase liquide) qui détermine le mouvement de l'eau. Rappelons cependant que, dans la mesure où le matériau n'est pas totalement saturé, on relève une activation de la diffusion (diffusion surfacique liquide et diffusion de la vapeur d'eau) en plus de la perméation. La loi de Kelvin-Laplace permet d'exprimer la pression capillaire en fonction de l'humidité relative selon (E-22).

$$(E\text{-}22) \quad P_c(h) = P_{atm} - P_l = -\rho_l \frac{RT}{M_l} \ln(h) \text{ et } h = \frac{P_v}{P_{vs}}$$

Où P_{atm} est la pression atmosphérique, R la constante des gaz parfaits, T la température, M_l la masse molaire de l'eau, h l'humidité relative définie comme le rapport de la pression de vapeur P_v sur la pression de vapeur saturante P_{vs}.

<u>Aux HR intermédiaires,</u> les phases gazeuse et liquide coexistent (mode 3, Figure 24). Les pores se vident progressivement et la phase liquide devient discontinue. Le film d'eau capillaire formé par adsorption multimoléculaire n'est plus assez épais pour occuper toute la section du pore et être soumis à la pression capillaire. Aussi, le transfert d'eau est activé (diffusion de la vapeur d'eau et diffusion surfacique de l'eau adsorbée). Le flux de vapeur d'eau, proportionnel au gradient de concentration, s'écrit phénoménologiquement selon la première loi de Fick selon (E-23).

$$(E\text{-}23) \quad \vec{v_l} = -D_l \overrightarrow{grad}(C_l)$$

où v_l est le flux d'eau liquide, D_l est le coefficient de diffusion de l'eau liquide dans le matériau et C_l la concentration de l'eau dans la multicouche.

78

Aux basses HR, le mode de transfert par diffusion gazeuse est activé dans les pores désaturés (mode 4, Figure 24). En fait l'eau condensée est présente sous la forme d'une couche monomoléculaire adsorbée. Le transfert d'eau se fait par diffusion de la vapeur d'eau uniquement (la pression de la phase est gazeuse est supposée constante). Elle s'exprime d'après la loi de Fick selon (E-24).

$$(E\text{-}24) \quad \vec{v_g} = -D_g \, \overrightarrow{grad}(C_g)$$

Où v_g est le flux de vapeur d'eau, D_g est le coefficient de diffusion de la vapeur d'eau dans le matériau et C_g la concentration de la vapeur d'eau dans la phase gazeuse.

3.4 Description simplifiée du transport d'eau

Plusieurs auteurs proposent une modélisation complète du séchage où les transferts d'humidité sont décrits par les mouvements de la phase gazeuse (air sec et vapeur d'eau) et de l'eau liquide [148] [149] [150] [151]. La modélisation se fait à pression de gaz non constante afin de rendre compte des cinétiques de séchage observées expérimentalement. Le modèle correspondant s'avère compliqué à mettre en œuvre de par ses nombreux couplages et non-linéarités rendant les calculs complexes. De plus, beaucoup de données d'entrée sont nécessaires. Aussi, plusieurs modèles simplifiés relatifs au séchage des matériaux cimentaires ont été développés [152] [153] [154].

L'approche simplifiée sélectionnée pour la modélisation du séchage est celle proposée par Mainguy et al. [150], consistant à prendre en compte le mouvement de l'eau liquide seul par perméation et à négliger les autres modes de transport. La validité de cette approche repose sur l'analyse complète effectuée par ces auteurs [150] et s'avère justifié dans le cas de matériaux faiblement perméables. Par exemple, cette analyse révèle que la perte de masse, au cours du séchage de matériaux poreux présentant une perméabilité de l'ordre de 10^{-21} m², résulte essentiellement du transport d'eau sous forme liquide. Coussy quant à lui impose que la valeur de la perméabilité intrinsèque soit inférieure à 10^{-19} m² [155]. Ce modèle simplifié consiste alors en une seule équation de diffusion où le coefficient de transport $D(S_l)$ rend compte du transport d'eau sous forme liquide uniquement (E-25).

$$(E\text{-}25) \quad \emptyset D(S_l) = -\frac{K_l}{\eta_l} k_{rl}(S_l) \frac{dP_c}{dS_l}$$

Où k_{rl} est la perméabilité relative à l'eau liquide, elle varie de 0 à 1 selon l'état de saturation du matériau.

Mainguy et al. [150] montrent que, lors du séchage de matériaux cimentaires peu perméables, la diffusion de vapeur ne joue pas un rôle significatif dans le transport de l'humidité. Le transport de l'humidité prend en compte le mouvement de l'eau liquide seul par perméation et son évaporation au niveau de la surface asséchée. Ainsi, l'expression (E-25) néglige la pression du gaz dans l'expression de la dépression capillaire en raison de l'existence d'une surpression du mélange gazeux. Le mouvement de diffusion de vapeur (de type fickien) à travers le matériau jusqu'à l'atmosphère ambiante est accompagné d'un mouvement de diffusion inverse de l'air sec vers le cœur du matériau. Ce phénomène de « diffusion inverse » crée alors une uniformisation de la phase gazeuse bloquant alors le transport d'humidité sous forme vapeur. Cela justifie que seul le transport d'eau sous forme liquide contribue au transport d'humidité.

Thiéry et al. [156] modélisent l'évolution du rapport du flux d'eau liquide sur le flux d'eau total, pour trois bétons de perméabilités différentes ($K_{BH}\#10^{-22}$ m², $K_{BO}\#10^{-21}$ m², $K_{M25}\#10^{-20}$ m²), en fonction de l'HR imposée à l'extérieur (Figure 25). Ils montrent alors que le rapport entre le flux massique d'eau liquide et flux massique total d'eau tend très rapidement vers 1. Le transport par perméation d'eau liquide est donc prépondérant devant les autres modes de transfert d'eau. L'utilisation de ce modèle simplifié semble particulièrement efficace pour les matériaux « peu perméables ». Le domaine de validité de ce modèle varie avec les propriétés des matériaux concernés, dans la limite d'une erreur relative sur la perte de masse d'au plus 10% et, selon l'humidité relative externe :

- HR > 20% pour un béton à haute performance ($K_{BH}\#10^{-22}$ m², BH Figure 25),
- HR > 45% pour un béton ordinaire ($K_{BO}\#10^{-21}$ m², BO Figure 25),
- HR > 65% pour un béton de mauvaise qualité ($K_{M25}\#10^{-20}$ m², M25 Figure 25).

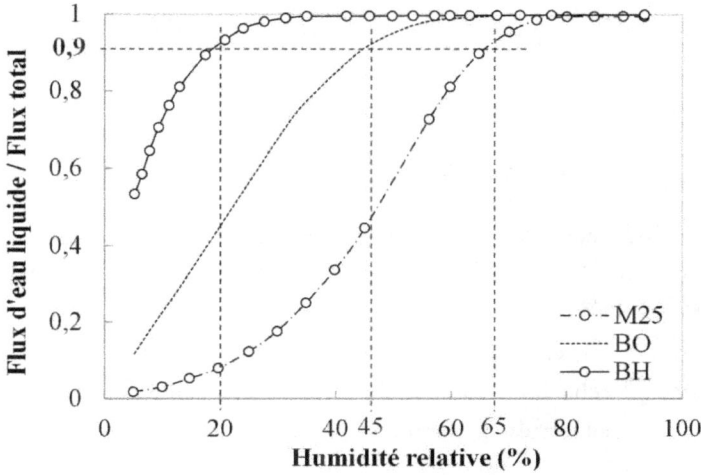

Figure 25 : Flux d'eau liquide (calculée *via* le modèle de séchage simplifié) sur le flux total (calculé *via* le modèle de séchage complet), pour un temps infini (1000 jours de séchage), en fonction de l'humidité relative imposée à l'extérieur [156].

Thiéry et al. [156] concluent que le modèle simplifié (reposant sur le transport de l'eau liquide seule) est satisfaisant pour décrire les cinétiques expérimentales de séchage (Figure 25). Sur la base de description simplifiée du transport d'eau présenté et, en considérant que la pression de gaz P_g, en équilibre avec l'air ambiant, est négligeable devant la pression d'eau liquide P_l, la pression capillaire P_c peut être identifiée à l'opposé de P_l (E-26).

$$(E-26) \quad \overrightarrow{\text{grad}P_l} \approx -\overrightarrow{\text{grad}P_c}$$

Pour un écoulement dans un milieu poreux, la perméabilité à l'eau liquide est réduite par un facteur, soit k_{rl} la perméabilité relative à l'eau liquide. La loi de Darcy s'exprime alors selon (E-27).

$$(E-27) \quad \rho_l \overrightarrow{v_l} = -\rho_l \frac{K_l k_{rl}}{\eta_l} \overrightarrow{\text{grad}}(P_l)$$

En combinant l'équation de Darcy étendue en milieu insaturé (E-27) avec l'équation de continuité (E-28), on obtient l'équation (E-29). Puis, par simplification selon (E-30), l'équation dite de « Richards » [157] est exprimée en termes de gradient de pression d'eau liquide P_l selon (E-31).

$$(E-28) \quad \frac{\partial m_l}{\partial t} = -\text{div}(\rho_l \overrightarrow{v_l}) \text{ Avec } m_l = \rho_l \emptyset S_l$$

81

$$(E-29) \quad \frac{\partial}{\partial t}(\rho_l \emptyset S_l) = -\text{div}(\rho_l \overrightarrow{v_l}) = \text{div}\left[\rho_l \frac{K_l k_{rl}}{\eta_l} \overrightarrow{\text{grad}}(P_l)\right]$$

$$(E-30) \quad \frac{\partial S_l}{\partial t} = \frac{\partial S_l}{\partial P_l} \times \frac{\partial P_l}{\partial t}$$

$$(E-31) \quad \emptyset \frac{\partial S_l}{\partial P_l} \times \frac{\partial P_l}{\partial t} = \text{div}\left[\frac{K_l k_{rl}}{\eta_l} \overrightarrow{\text{grad}}(P_l)\right]$$

La résolution de l'équation de Richards (E-31) est essentielle pour la description simplifiée des transferts hydriques. Sa résolution nécessite la connaissance de 4 paramètres physiques :

- la porosité totale $\emptyset$ (définie au §3.1),
- le terme $\frac{\partial S_l}{\partial P_l}$ relie les variations de pression capillaire et de saturation, il est déduit des isothermes de sorption (§3.4.2) ou courbes de pression capillaire (§3.4.1),
- la perméabilité relative à l'eau liquide k_{rl} (§0),
- la perméabilité intrinsèque K_l (§3.4.4),

3.4.1 La courbe de pression capillaire

L'étendue du spectre poreux est telle que l'on considère que, quelle que soit l'humidité relative du milieu, l'eau se condense. La présence d'un ménisque[19] dans les pores du matériau génère une pression capillaire. L'eau condensée n'est plus soumise à la pression hydrostatique mais, à un différentiel de pression entre la phase gazeuse et liquide. Aussi, les pressions d'eau liquide P_l et de gaz P_g sont liées à la pression capillaire P_c qui est fonction de l'humidité relative (loi de Kelvin-Laplace, (E-22)). Les isothermes de sorption permettent d'exprimer la pression capillaire P_c en fonction du degré de saturation en eau liquide S_l suivant (E-32) :

$$(E-32) \quad S_l = S_l(HR) \text{ où } HR = \exp\left(-\frac{MP_C}{\rho RT}\right) \text{ d'où } S_l = S_l(P_C)$$

Pour exemple, Baroghel-Bouny et al. [158] déduisent des isothermes de désorption les courbes de pression capillaire (Figure 26) sur une pâte de ciment durcie ordinaire (CO) et sur une pâte de ciment durcie avec des additions de fumée de silice (CH).

---

[19] L'apparition d'un ménisque dans un pore nécessite la présence de plus d'une dizaine de molécules d'eau sur un diamètre (en HR, cela se traduit par des valeurs de l'ordre de 20 à 30%)

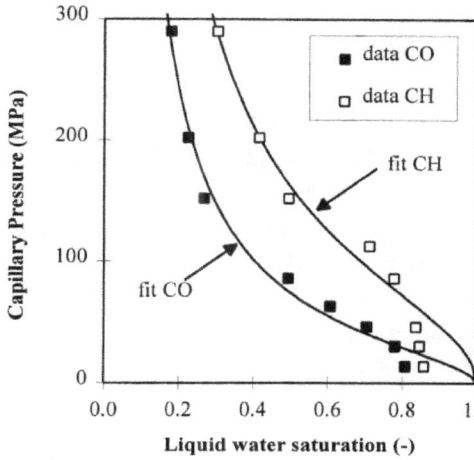

Figure 26 : Courbe de pression capillaire Pc en fonction de la saturation liquide S_l obtenue pour une pâte de ciment durcie ordinaire (CO) et une pâte de ciment durcie avec des additions de fumée de silice (CH) [158].

van Genuchten [159] propose une équation de cette courbe pour les sols dans laquelle a et m sont les paramètres de calage du modèle. a est assimilable à une pression qui s'étend d'environ 10 à 100 MPa, mais peut être plus faible dans le cas de bétons ordinaires, et m est un exposant sans unité dont les valeurs usuelles sont comprises entre 0,4 et 0,5. Ces paramètres sont obtenus par ajustement (méthode des moindres carrés) de la courbe de pression capillaire définie par l'équation (E-33).

$$(E-33) \quad P_c(S_l) = a(S_l^{-\frac{1}{m}} - 1)^{1-m} \text{ Avec } 0 < m < 1$$

3.4.2 Les isothermes d'adsorption-désorption

3.4.2.1 Définition et classification

Les isothermes de sorption $S_l = S_l(h)$ représentent, à une température donnée et, à l'équilibre thermodynamique (dans le réseau poreux), la quantité d'eau retenue dans le réseau poreux (S_l ou w) en fonction de l'humidité relative de l'environnement extérieur. Expérimentalement, les isothermes de désorption sont obtenues pour des humidités relatives décroissantes alors que l'isotherme d'adsorption est obtenue pour des humidités relatives croissantes.

Soulignons qu'au cours des cycles adsorption-désorption, des phénomènes d'hystérésis sont susceptibles d'apparaitre [160] (Figure 27). Plusieurs types d'hystérésis existent. Leurs origines ont et, font encore l'objet de différentes théories. Aligizaki [161] a répertorié ces hystérésis dans des classes sur la base de travaux de la littérature. Selon Mc Bain [162], l'hystérésis est due à la présence de pores en forme de « bouteille d'encre ». La partie large des pores serait remplie aux fortes HR mais ne pourrait être vidée au cours de la désorption que lorsque la partie étroite serait elle-même vidée aux faibles HR. Plus récemment, Espinosa & Franke [163] associent l'hystérésis à la condensation capillaire dans une structure poreuse complexe (les rayons de pores concernés par la condensation capillaire et la désorption ne sont pas les mêmes pour une valeur d'HR donnée).

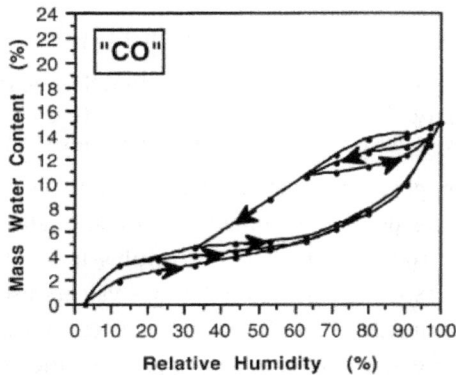

Figure 27 : Isothermes d'adsorption et de désorption de la vapeur d'eau pour une pâte de ciment ordinaire [158].

Les isothermes d'adsorption ont été classifiées par Brunauer et al. [164] et, plus récemment par l'I.U.P.A.C [165] selon 6 formes distinctes (Figure 28).

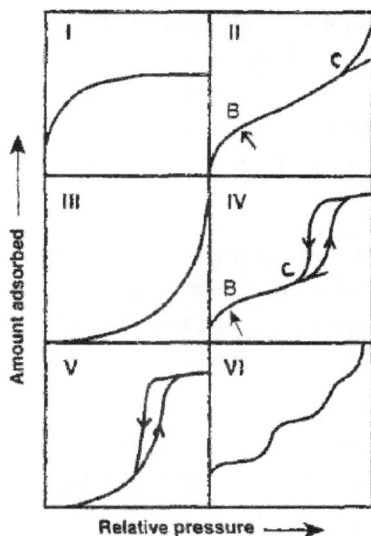

Figure 28 : Représentation des six types d'isotherme d'adsorption selon les recommandations de l'I.U.P.A.C [165].

L'isotherme de type I (isotherme de Langmuir) est dans un premier temps proposée pour expliquer l'adsorption par sites. Elle s'applique bien à la chimisorption (ions par exemple), mais peut également s'appliquer à la physisorption pour des solides microporeux ($r_a < 20$ Å). La surface solide est recouverte d'une seule couche de molécules (adsorption monomoléculaire, §3.3.2). Elle s'applique notamment aux matériaux type charbons actifs et zéolithes.

L'isotherme de type II correspond à la forme « classique » de l'isotherme dans le cas d'adsorbant non poreux ou macroporeux ($r_a > 500$ Å). Elle est caractérisée par le passage de l'adsorption monomoléculaire à l'adsorption multimoléculaire. Le point B (Figure 28) marque le début de la partie quasi-linéaire de l'isotherme. Il indique l'étape où l'édification de la monocouche est achevée et, où celui de la multicouche commence. Ce type d'isotherme est adaptée, par exemple, au kaolin[20].

L'isotherme de type III est de forme convexe sur toute la gamme pression relative (Figure 28). Plus le nombre de sites augmente et plus l'adsorption est favorisée. Notons que le point B n'apparait pas ici. Ce type d'isotherme, dérivé du type II, est

---

[20] Argiles blanches, friables et réfractaires, composées principalement de kaolinite, soit des silicates d'aluminium.

85

peu commun. Il correspond à la faible interaction entre adsorbant et adsorbat (par rapport à l'interaction des molécules de gaz entres elles). L'adsorption est donc minime aux faibles pressions relatives (faible énergie d'adsorption). Dans un tel cas, la condensation est atteinte pour sa pression saturante alors que l'adsorption sur la surface est encore limitée. C'est le cas par exemple de l'adsorption de l'eau sur le graphite [166].

L'isotherme de type IV est caractérisée par son hystérésis, associée à la condensation capillaire dans les mésopores (20 Å $< r_a <$ 500 Å). L'adsorption est limitée aux hautes pressions relatives. Cette isotherme est appliquée aux gels et oxydes.

L'isotherme de type V est très rarement rencontrée. Elle est dérivée de l'isotherme de type III et IV, mais pour laquelle les interactions adsorbant-adsorbat sont très faibles (faibles chaleurs d'adsorption). Elle s'applique notamment à l'adsorption d'eau sur charbon de bois.

L'isotherme de type VI est également peu commune. Elle correspond à une adsorption de type multimoléculaire et se traduit par une adsorption couche par couche : « adsorption en marches » (Figure 28).

Il est important de préciser que les isothermes réelles, obtenues expérimentalement, ne sont généralement pas directement attribuable à un seul type d'isotherme. Aussi, il est nécessaire de décrire finement chaque zone de l'isotherme pour décrire globalement l'isotherme réelle.

Les isothermes d'adsorption-désorption de la vapeur d'eau dans un matériau cimentaire peuvent être dissociées selon 3 zones distinctes (Figure 29), chacune de ces zones correspondant à un mode d'adsorption spécifique de l'adsorbat (eau) sur l'adsorbant (matériau cimentaire).

Teneur en eau massique (%)

monocouche

multicouche

eau liquide

1   2   3

HR (%)

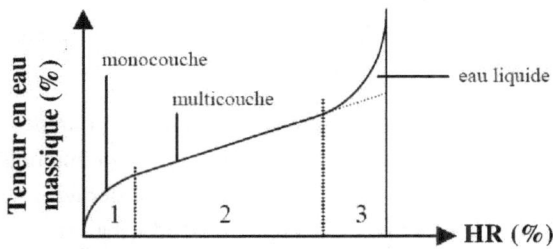

La **zone 1** correspond à **l'édification de la couche monomoléculaire à la surface de l'adsorbant**. Cette zone est liée à l'action des forces de Van der Waals entre les groupements hydrophiles et les molécules d'eau. Les molécules d'eau s'adsorbent progressivement jusqu'à former une monocouche recouvrant toute la surface externe des pores de l'adsorbant. Le passage à la zone 2 se fait lorsque l'ensemble de la surface est saturée.

La **zone 2** se caractérise par **l'adsorption des molécules d'eau sur la monocouche déjà formée** (zone 1). Cette seconde zone est caractérisée par l'évolution linéaire de l'isotherme et la présence d'eau dans un état intermédiaire (entre solide et liquide).

La singularité de la **zone 3** réside dans la **présence d'eau sous forme liquide dans le réseau poreux** du matériau. Il y a, en effet, suffisamment d'eau adsorbée pour que l'eau soit présente sous forme liquide dans les pores du matériau.

Figure 29 : Représentation des différentes zones de l'isotherme de sorption [167].

Dans le cas des bétons, une chute significative de la teneur en eau est parfois relevée entre 100% et 98% d'HR. Plusieurs auteurs, tels que Brue et al. [168] ou Chen et al. [169], attribuent ce fait à la présence de larges pores, eux même dus à une incorporation de bulles d'air lors du gâchage des matériaux et/ou à une microfissuration à l'interface granulats/pâte (retrait de dessiccation). Dans le présent travail, on se focalise uniquement sur des pâtes de ciment, on s'attend donc à ne pas observer ce type de comportement.

3.4.2.2 Description des isothermes

L'acquisition des isothermes de première désorption permet d'accéder, en plus du degré de saturation S_l (ou de la teneur massique en eau w) du matériau en fonction de l'HR environnante, aux caractéristiques texturales du matériau. Il est notamment possible de tirer des informations relatives à la surface spécifique (*via* la méthode B.E.T. [164]), à la porosité volumique totale et à la distribution des tailles de pores (*via* la méthode B.J.H. par exemple [170]).

Les isothermes constituent également une donnée d'entrée pour l'évaluation par analyse inverse de la perméabilité intrinsèque (voir §3.4.4). Plusieurs modèles, basés sur diverses théories physiques et, applicables aux matériaux cimentaires, sont utilisés pour lisser les isothermes. Une synthèse de différents modèles utilisables dans ce cadre est fournie dans le Tableau 10.

Plus de 70 modèles liés à la description des isothermes de sorption et, pour des applications diverses, sont référencés dans la littérature [171]. On peut notamment citer une extension du modèle B.E.T. : le modèle d'Aranovitch [172]. Ce dernier est intéressant dans la mesure où il prend en compte les vacances d'adsorbat sur la surface (adsorption hétérogène). Il existe également des modèles empiriques tenant compte de l'influence de la température sur l'équilibre hygroscopique : Chung-Pfost modifié [173] [174], Henderson modifié [175] ou encore Oswin modifié [171]. Ces derniers présentent l'avantage de décrire la totalité des isothermes (zones 1, 2 et 3, Figure 29). Notons par ailleurs qu'ils sont appliqués au domaine de l'alimentaire (pas adaptés aux bétons) et, sont adaptés à la description d'essais en température. Aussi, ces modèles ne sont pas utilisés pour le présent travail.

Au vue de cette analyse, plusieurs modèles de description apparaissent adaptés au contexte de notre étude :

- Le modèle B.E.T. [164] d'une part, car il offre une description de l'adsorption en couches multimoléculaires sur des solides non poreux. Même s'il n'est pas à adapté pour décrire le phénomène de condensation capillaire (apparaissant dans le cas des pâtes de ciment à partir d'environ 50% d'HR [176]), il reste le plus utilisé aujourd'hui et, donne accès à des paramètres physiques tels que la surface spécifique ou l'énergie de liaison des molécules d'eau. Dans un cadre similaire, le modèle de Pickett [177] est intéressant. Il permet de compléter le modèle B.E.T. d'un point de vue purement descriptif (meilleure description des données expérimentale).
- Le modèle de van Genuchten [159] d'autre part, car il propose un jeu de fonctions mathématiques adapté à la description de la rétention et du transport d'eau dans les matériaux cimentaires [178]. De plus, c'est l'un des modèles les plus utilisés pour ce type de modélisation. Spécifiquement, il permet la dérivation analytique de la perméabilité relative à l'eau liquide dans le modèle de Mualem [179], condition nécessaire à la résolution de l'équation de Richards (E-31). Ne reposant pas sur la physique d'adsorption, il ne permet cependant pas une description réaliste des isothermes expérimentales.

Tableau 10 : Modèles de description des isothermes.

Modèle	Théorie	Equation	Domaine (Figure 29)	Limite
Langmuir [180]	Adsorption d'une seule couche monomoléculaire.	$$W_{Langmuir}(h) = \frac{CW_m h}{1 + Ch}$$ Où W_m est la teneur en eau, h est l'humidité relative et C est la constante BET.	Zone 1	La description rend compte uniquement des isothermes de type I.
B.E.T. [164]	Adsorption multimoléculaire en absence de condensation capillaire. Cette théorie est couramment utilisée pour la mesure de la surface spécifique.	$$W_{BET}(h) = \frac{CW_m h}{(1-h)[1+(C-1)h]}$$ Où W_m est la teneur en eau nécessaire au recouvrement d'une couche moléculaire à la surface de l'adsorbant, h est l'humidité relative et C est la constante BET.	Zone 1 et Zone 2	La théorie est valable uniquement aux faibles humidités relative (HR<35%). Le modèle ne prend pas en compte les interactions latérales entre les molécules adsorbées et les hétérogénéités de surface.
G.A.B. [181] [182] [183]	Evolution du modèle B.E.T., il est basé sur les phénomènes physiques d'adsorption. Il considère les mêmes hypothèses que le modèle B.E.T. avec, en plus, une extension du domaine d'utilisation (en HR).	$$W_{GAB}(h) = \frac{CkW_m h}{(1-kh)+[1+(C-}$$ Où les paramètres C, k et W_m sont déterminés par la méthode des moindres carrés afin que l'équation modélise les données expérimentales.	Zone 1, Zone 2 et Zone 3	La prise en compte des effets de surface est faite uniquement sur les couches 2 à 9.

Pickett [177]	Affinement du modèle B.E.T., il est fondé sur l'hypothèse d'un nombre de couches adsorbées limite. Comme le modèle G.A.B., il permet une extension du domaine d'utilisation (en HR) par rapport au modèle B.E.T., avec en plus une description des isothermes de type IV (sans condensation capillaire).	$$W_{\text{Pickett}}(h) = \frac{CW_m h(1 - h^n) + bnh}{(1 - h)(1 - h) + C(h}$$ Où W_m est la teneur en eau, h est l'humidité relative, C, b et n sont des constantes réelles. Les paramètres sont ajustées pour minimiser l'écart quadratique entres les valeurs expérimentales et celles obtenues *via* le modèle.	Zone 1, Zone 2 et Zone 3	La description des isothermes de type IV nécessite de poser l'hypothèse simplificatrice que la taille des pores capillaires est invariante.
van Genuchten [159]	Ce modèle permet de décrire les isothermes de types II, III et IV. Il permet une dérivation analytique simple de l'isotherme et, de k_{rl} *via* le modèle de Mualem [179], ce qui, à terme, permet la description du séchage des matériaux.	$$W_{\text{van Genuchten}}(P_c) = \frac{W_{sat}}{\left[1 + \left(\frac{P_c}{a}\right)^{\frac{1}{1-m}}\right]^m}$$ Où P_c est la pression capillaire, a (MPa), m et W_{sat} sont les paramètres de calage.	Zone 1, Zone 2 et Zone 3	Ce modèle utilise des fondements mathématiques et non physiques pour décrire les isothermes de sorption.

3.4.3 La perméabilité relative à l'eau liquide

La perméabilité relative à l'eau liquide k_{rl} permet de tenir compte de l'influence de l'état hydrique du matériau sur les propriétés de transport. Il décrit la baisse de perméabilité induite par la désaturation et la dépercolation du réseau poreux. Sa caractérisation expérimentale est difficile, c'est pourquoi, elle est couramment approchée en utilisant le modèle de Mualem [179]. Ce dernier permet de créer un lien entre la courbe de pression capillaire (déduite des isothermes de sorption) et k_{rl}. Il est basé sur un réseau virtuel de pores cylindriques interconnectés, décrit à partir de lois de puissance et, permet d'estimer k_{rl} sous une forme intégrale simple (E-34).

$$(\text{E-34}) \quad k_{rl}(S) = S^p \left[\frac{\int_0^S \frac{1}{P(u)} du}{\int_0^1 \frac{1}{P(u)} du} \right]^2$$

Le facteur d'interaction de pore p est une constante qui décrit l'effet de la discontinuité et de la tortuosité du réseau poreux. Il est pris égal à +0,5 par défaut dans le modèle de Mualem [184]. La littérature fait référence à d'autres valeurs de p, que ce soit pour les sols [185] [186] ou les matériaux cimentaires [187] [188] [189].

Une fois l'équation de van Genuchten [159], proposée pour décrire les isothermes de sorption, introduite dans le modèle de Mualem [179], on obtient une relation analytique simple reliant la perméabilité relative k_{rl} à la saturation en eau liquide S_l (déduite des isothermes) (E-35).

$$(\text{E-35}) \quad k_{rl}(S_l) = S_l^p \left[1 - \left(1 - S_l^{\frac{1}{m}} \right)^m \right]^2$$

Cette approche a été validée par Savage & Janssen [178] en confrontant les données expérimentales et les simulations. Ils reproduisent avec une bonne fidélité les courbes expérimentales de perte de masse pour des échantillons de pâtes de ciment durcie. Plus récemment, Leech et al. [189] ont validé l'expression (E-35) en comparant les profils hydriques obtenus par RMN et, par résolution semi-analytique de l'équation de diffusion modélisant le flux hydrique, sur 3 bétons différents (E/L = 0,40 ; E/L = 0,55 et E/L = 0,62). C'est donc avec confiance que le modèle de Mualem - van Genuchten peut être utilisé.

91

3.4.4 La perméabilité intrinsèque à l'eau liquide

La perméabilité intrinsèque à l'eau liquide d'un matériau K_l se décrit, au sens de Darcy, comme son aptitude à se laisser traverser par un liquide sous l'effet d'un gradient de pression totale. Sa mesure directe est possible *via* l'utilisation d'un perméamètre [190]. Le principe général de cet essai consiste à saturer un échantillon, puis à le soumettre à un gradient de pression liquide constant. Ainsi, la mesure du débit en sortie du matériau permet, en régime permanent, d'estimer la perméabilité intrinsèque à l'eau liquide. Cependant, cette mesure est difficile à mettre en œuvre pour deux raisons majeures : d'une part, saturer l'échantillon s'avère être une tâche compliquée et, d'autre part, la pression d'eau liquide à injecter en entrée doit être considérable afin d'obtenir un débit mesurable en sortie. Ces constats sont d'autant plus vrais que les matériaux correspondant sont peu perméables. Les essais sont donc longs et fastidieux. De plus, les valeurs obtenues sont impropres aux simulations du transport d'eau en insaturé ; elles apparaissent systématiquement trop élevées, ce qui mène à une surestimation des cinétiques de séchage [191].

Classiquement, la perméabilité intrinsèque à l'eau liquide est mesurée indirectement *via* une méthode expérimentale basée sur la connaissance de la cinétique de séchage isotherme et sur l'utilisation d'un modèle numérique [150] [192] [193]. Plus spécifiquement, le calage des courbes de pertes de masse numérique par rapport à la courbe expérimentale se fait en modifiant la valeur de K_l jusqu'à déterminer la valeur qui minimise l'écart entre les cinétiques expérimentales et simulées. Par ailleurs, les paramètres de séchage (la pression capillaire P_c déduite des isothermes de sorption, la perméabilité relative à l'eau liquide k_{rl} et la porosité Ø) étant connus, il suffit d'utiliser l'équation de Richards (E-31) pour prédire la cinétique de perte de masse et, ainsi évaluer la perméabilité du milieu continu (K_l).

4. Bilan de l'étude bibliographique

L'analyse des données de la littérature a permis :

- De décrire les systèmes hydratés constituant la matrice cimentaire, étape nécessaire à la bonne compréhension des différentes modifications induites par la carbonatation ;
- De traiter le couplage chimie-transport, prépondérant dans le phénomène de carbonatation et, de détailler les conséquences du processus sur la minéralogie, la microstructure et les propriétés de transport des matériaux cimentaires. Les

principaux facteurs impactant le degré de carbonatation ont également été relevés et analysés ;

- D'identifier les différents modes de transport mis en jeu dans les milieux poreux et, intervenant dans le processus de carbonatation. Ainsi, il apparait que l'approche simplifiée proposée par Mainguy [150], basée sur le transport de l'eau liquide seule, apporte une description représentative des phénomènes de séchage.

La synthèse bibliographique démontre la nécessité de prendre en compte les transferts hydriques conjointement au processus de carbonatation. En parallèle, se pose de manière récurrente, la question de la représentativité des données acquises en laboratoire à l'échelle réelle. D'un point de vue opérationnel, la fiabilité des résultats obtenus repose sur leur applicabilité à des ouvrages et structures existants. Dans ce sens, la prédiction de la durabilité des structures requiert la confrontation d'échantillons de laboratoire avec des analogues anciens, i.e. carbonatés naturellement. Pour répondre à ces problématiques intimement liées, un programme expérimental associé à des méthodes de caractérisation a été défini. C'est l'objet du *0*

Programme expérimental.

Chapitre 2   Programme expérimental

Le programme expérimental proposé consiste en différentes étapes, toutes dédiées à l'étude du transport d'eau sur pâtes de ciment carbonatées et à l'applicabilité des résultats acquis vis-à-vis des processus naturels. Aussi, le premier volet de ce chapitre (§1) est dédié à la présentation des matériaux : pâtes de ciment durcie, analogues naturels (bétons et pâtes de ciment) et minéraux modèles. La seconde partie se focalise sur les conditions de carbonatation accélérée et atmosphérique de nos matériaux (§2). Les méthodes et techniques mise en œuvres pour la caractérisation et la description du cortège minéralogique, de la microstructure et du transport d'eau sont définies aux §3 et §4.

1. Matériaux

1.1 Pâte de ciments dédiées à l'étude du transport d'eau

Les pâtes de ciment durcies sont élaborées à partir de ciments d'origine commerciale CEM I, CEM III/A, CEM V/A et d'un liant Bas-pH (mélange T1, en référence aux travaux de Codina [12]). Les fiches produit des ciments correspondants sont disponibles en Annexe 1. Ils sont respectivement désignés par PI, PIII, PV et PBP. Le Tableau 11 présente les compositions de chacune des formulations étudiées. Les matériaux PI et PV ont été sélectionnés par l'Andra pour les études de R&D dans le cadre des structure et des colis de stockage. La formulation PIII a été sélectionnée par l'Andra pour d'autres applications relatives à la gestion des déchets radioactifs. La formulation dite « Bas-pH (T1) » est un mélange ternaire, non commercial, à base de ciment CEM I (Lafarge, Usine Le Teil), de cendres volantes (EdF, Centrale de Cordemais), de fumée de silice (Condensil S95DM, voir Annexe 3) et de superplastifiant (Chrysofluid Optima 175, voir Annexe 3). Elle a été formulée par le CEA [12] [194], dans le cadre des études sur le scellement des alvéoles de stockage, afin de limiter les interactions chimiques béton/argile[21] qui pourraient affecter l'efficacité du scellement. A noter que les formulations PI, PV et PBP ont déjà été étudiées au cours d'une précédente étude [4]. Aussi, les propriétés de transport d'eau des matériaux non carbonatés sont connues. Le retour d'expérience est donc intéressant.

Les formulations décrites dans le Tableau 11 sont élaborées avec un rapport Eau/Liant de 0,4. Cette valeur a été choisie car elle procure à la pâte fraiche les propriétés escomptées, i.e. bonne maniabilité, pas de ségrégation apparente de la pâte et pas de ressuage.

---

[21] L'argile correspondante est de la bentonite. C'est une argile gonflante à pH neutre.

Tableau 11 : Formulation des pâtes de ciment (% en masse).

	PI	PIII	PV	PBP
CEM I (%)	99 + 1 filler calcaire (+4% gypse)	39	56 (+3% gypse)	37,5 (+2,8% gypse)
Laitier (%)	-	61	22	-
Cendres volantes (%)	-	-	22	30
Fumées de silice (%)	-	-	-	32,5
Superplastifiant (% par rapport au liant)	-	-	-	1
Rapport E_{eff}/Liant	0,4	0,4	0,4	0,4

1.1.1 Gâchage des échantillons

Les échantillons ont été coulés dans des moules cylindriques en polypropylène de 100 mm de hauteur et 50 mm de diamètre (Figure 30). Notons que les moules ont été remplis à hauteur de 90 mm. A l'issue du coulage, les échantillons ont immédiatement été placés sur une table de vibration afin d'en évacuer les bulles d'air résiduelles.

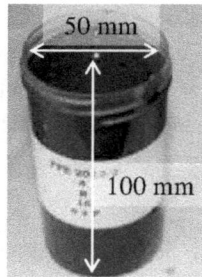

Figure 30 : Photographie du coulage d'un échantillon de pâte de ciment PBP.

Pour chaque formulation, 30 éprouvettes ont été coulées au cours de 3 gâchées consécutives (de 2 L) réparties sur deux jours. Après 14 jours en condition endogène (dans leurs flacons de moulage), les échantillons ont été démoulés et placés en cure, à température ambiante, dans des solutions spécifiques en fûts étanches pour une durée de 4 mois (§1.1.2). Pour rappel, la cure consiste à maintenir, au contact du béton, un état de saturation favorable à l'hydratation du ciment, à sa prise et au développement des propriétés requises du matériau.

1.1.2 Cure

Dans l'optique de limiter la lixiviation des alcalins, qui influent sur la cinétique de carbonatation [113], la cure est réalisée dans une solution spécifique reconstituée sur la base de la solution interstitielle. Cette dernière est composée majoritairement de potasse (KOH) et de soude (NaOH). Ce sont ces bases fortes qui, avec la portlandite, tamponnent la solution interstitielle à un pH fortement basique (de l'ordre de 13,5). La solution de cure est obtenue à partir d'eau déionisée à laquelle sont ajoutés des alcalins en concentrations équivalentes à celle de la solution interstitielle de chaque formulation. Les matériaux coulés ont été conservés durant 4 mois en conteneurs étanches (pas d'apport de CO_2), dans leurs solutions de cure respectives, à température ambiante (20°C ± 2°C). La cure s'est poursuivie jusqu'à 10 mois pour une partie des matériaux dans l'optique d'investiguer l'effet de la durée de cure sur la microstructure des matériaux. La solution interstitielle est extraite *via* une presse hydraulique selon le protocole proposée par Barneyback & Diamond [195] et le matériel développé par Cyr & Daidié [196]. Les solutions de cures relatives à PI et PV sont élaborées sur la base des analyses chimiques des solutions interstitielles menées au cours de l'étude précédente sur des matériaux similaires [4]. Les résultats de dosage des alcalins correspondants, obtenus par chromatographie ionique, sont récapitulés dans le Tableau 12.

Tableau 12 : Analyse par chromatographie ionique (concentrations en mmol/L) des solutions interstitielles de pâtes de ciment PI et PV [4].

	PI				PV			
	Na^+	K^+	Ca^{2+}	pH	Na^+	K^+	Ca^{2+}	pH
Solution interstitielle	47	452	2	13,7	87	533	2	13,7

Dans le cas des pâtes de ciment PBP, la chimie de la solution évolue significativement au cours de l'hydratation et, donc au cours du temps [197]. Afin de reproduire au mieux la solution interstitielle, 3 échantillons de matériaux bas-pH ont été broyés grossièrement et dispersés dans 6 litres d'eau déionisée (Figure 31).

**Echantillons de Bas-pH broyés
grossièrement**

Figure 31 : Photographies de la mise en cure des échantillons PBP.

La confection de la solution de cure de PIII a nécessité une opération d'extraction suivie d'une analyse chimique [196] [198]. Une vue en coupe du bâti d'extraction est visible sur la Figure 32 (a). Le dispositif est constitué de deux cylindres (1) et (2) (Figure 32, a) emboités les uns dans les autres et fixés sur un support (3) lui-même constitué d'un collecteur de solution (4). L'échantillon massif est disposé dans une chambre de dimensions : 60 mm de diamètre et 100 mm de hauteur. L'échantillon est écrasé par une charge axiale générée par une presse hydraulique sur un ensemble de pistons (5), (6) et (7). Une contrainte de 555 MPa a été appliquée sur un échantillon PIII (Figure 32, b). Le matériau est alors comprimé (Figure 32, c). Le fluide est extrait des pores du matériau dans un canal circulaire et passe par l'un des trois trous percés du collecteur de solution (4). A la suite de l'extraction, 5 mL de solution ont été récupérés. Le volume recueilli a été immédiatement conditionné en boite à gants (sous atmosphère inerte) pour éviter toute interaction avec le milieu environnant. Une mesure de pH a été effectuée (pH = 13,2) puis, la solution a été filtrée et acidifiée[22] afin d'assurer sa conservation. Les concentrations en cations (Na^+, K^+ et Ca^{2+}) présents dans la solution interstitielle ont été déterminées par chromatographie ionique (Tableau 13).

---

[22] L'acidification est réalisée à hauteur de 5% en volume *via* de l'acide nitrique concentrée à 1 mol/L.

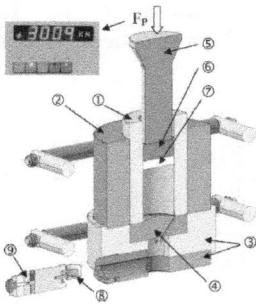  

(a)   (b)   (c)

**Figure 32 : Plan du dispositif d'extraction de solution interstitielle [196] (a)
Photographies du dispositif d'extraction (b) et d'un échantillon de CEM III/A
après extraction (c).**

**Tableau 13 : Analyse par chromatographie ionique (concentrations en mmol/L)
de la solution de cure spécifique de pâte de ciment PIII.**

	Concentrations (mmol/L)			
	Na^+	K^+	Ca^{2+}	pH de la solution
Solution interstitielle	143	292	2,5	13,2

Chaque solution de cure est analysée par chromatographie ionique aux différentes
échéances 0, 4 et 10 mois (Tableau 14) afin de vérifier que les concentrations en
alcalins n'évoluent pas (ou très peu) au cours du temps. Les résultats obtenus sont
conformes aux dosages réalisées par Drouet [4].

Tableau 14 : Analyse par chromatographie ionique (concentrations en mmol/L) des solutions de cure des pâtes de ciment PI, PIII, PV et PBP aux échéances 0, 4 et 10 mois.

	PI				PIII		
	0 mois	4 mois	10 mois		0 mois	4 mois	10 mois
Na^+	52	67	68	Na^+	130	125	125
K^+	473	462	469	K^+	366	372	372
Ca^{2+}	2,5	0,4	1,3	Ca^{2+}	2,3	1,2	1,3
pH	-	13,6	13,6	pH	13,3	13,5	13,6

	PV				PBP		
	0 mois	4 mois	10 mois		0 mois	4 mois	10 mois
Na^+	98	91	88	Na^+	/	2,2	2,6
K^+	469	461	450	K^+	/	1,6	1,5
Ca^{2+}	2	0,3	1	Ca^{2+}	/	1,9	1,9
pH	-	13,5	13,6	pH	-	-	10,1

1.1.3 Echantillonnage

Les matériaux cimentaires présentent généralement des hétérogénéités liées au coulage [199]. Une sédimentation et un ressuage de la pâte de ciment dans le moule peut se produire, induisant un gradient de densité et de porosité au sein de l'échantillon. Aussi, les extrémités des échantillons sont habituellement retirées par tronçonnage afin d'obtenir des échantillons homogènes et limiter la variabilité des résultats. Pour caractériser leur hétérogénéité en fonction de la hauteur, des éprouvettes de pâte de ciment (PI, PIII, PV et PBP) ont été immergés dans une solution de nitrate d'ammonium concentré[23] (6M, essai DANA) afin de leur imposer une dégradation chimique accélérée. Le protocole correspondant est fourni en

---

[23] Solution obtenue par dissolution de nitrate d'ammonium RECTAPUR fournie par VWR.

Annexe 4. Les mesures des épaisseurs dégradées ont été réalisées par pulvérisation de phénolphtaléine (Figure 33). Les épaisseurs dégradées ont été mesurées pour chaque échantillon *via* le logiciel DIGITIZE. Le résultat présenté Figure 33 concerne un profil de dégradation chimique d'un échantillon PI.

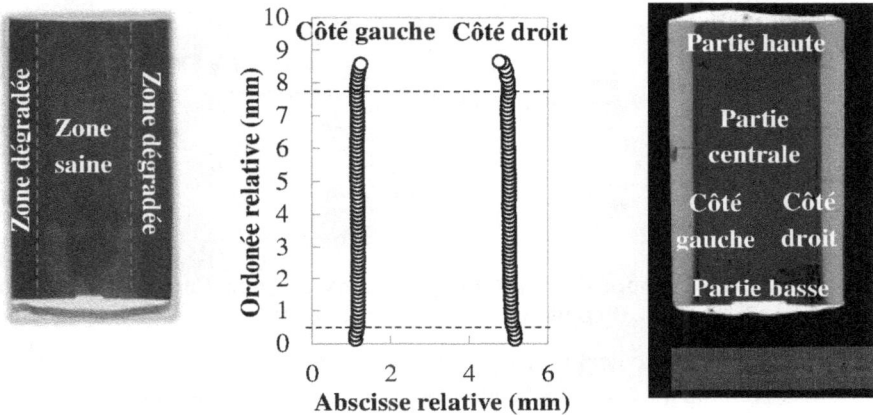

Figure 33 : Profil de dégradation d'un échantillon de pâte de ciment CEM I *via* le logiciel Digitize.

Trois zones se dessinent sur le profil de la Figure 33 :

- le bas de l'échantillon où la dégradation est la moins importante due à la sédimentation (≈ 1 cm),
- le haut de l'échantillon où la dégradation est la plus importante car plus poreuse due au ressuage (≈ 1 cm),
- la partie centrale de l'échantillon où la dégradation est homogène (≈ 7 cm).

Afin d'obtenir une épaisseur dégradée homogène, les extrémités des échantillons doivent être tronçonnées à hauteur de 1 cm en haut et, 1 cm en bas, de l'échantillon (Figure 33). Cet essai a également été mené sur des échantillons de pâtes PIII, PV et PBP. Les résultats correspondants ne sont pas présentés ici car ils confirment qu'il est nécessaire de tronçonner des épaisseurs inférieures à 1 cm (en haut et en bas de l'échantillon). Afin d'obtenir des échantillons homogènes, de dimensions similaires, le résultat de l'essai DANA obtenu sur PI a été étendu aux autres formulations, i.e. tronçonnage d'1 cm en haut et 1 cm en bas de chaque échantillon. Basé sur ce résultat, la hauteur de l'éprouvette après coulage et tronçonnage est de l'ordre de 70 mm (chaque moule étant remplie à hauteur de 90 %). 110 disques de 6 mm d'épaisseurs (par formulation) ont été sciés à partir de la partie centrale des échantillons résultants (Figure 34).

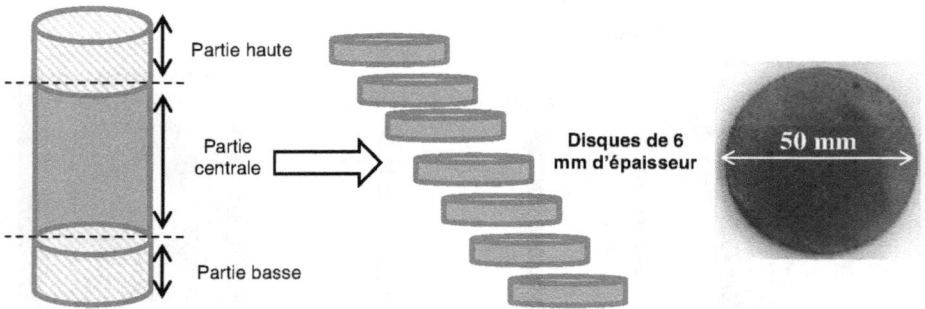

Figure 34 : Plan de coupe des échantillons et photographie d'un disque de 6 mm d'épaisseur d'un échantillon PBP.

Une épaisseur de disque de 6 mm apparait en effet comme le choix le plus pertinent. Des essais préliminaires de carbonatation accélérée ont été réalisés dans le dispositif du laboratoire. Des disques de pâte de ciment de CEM I (E/C = 0,40 ; 5 mm d'épaisseur) ont été carbonatés, à 3% de CO_2, durant 130 jours (55% d'HR et 25°C) [200]. Un suivi de carbonatation a été réalisé par pesées régulières de plusieurs lots d'échantillons. Cependant, l'état de carbonatation complet n'a pas été atteint (ronds rouges, Figure 35). Castellote et al. [111], qui utilisent des cylindres de matériaux et des conditions environnementales très proches des nôtres (CEM I ; E/C = 0,5 ; 9 mm de diamètre ; P_{CO2} = 3%), a réalisé le même type de suivi jusqu'à atteindre un état de carbonatation complet, i.e. une variation de masse constante (ronds noirs, Figure 35).

Considérant les résultats de Castellote et al. [111] (ronds noirs, Figure 35), par recalage et extrapolation de la cinétique de prise de masse des échantillons carbonatés au LECBA (ronds rouges, Figure 35), le temps de carbonatation a été estimé en fonction de l'épaisseur de disque (Figure 36) selon l'expression (E-36) :

$$(E\text{-}36) \quad t(e) = t(e = 5 \text{ mm}) \times \left(\frac{e}{5}\right)^2$$

où t(e) est le temps nécessaire pour carbonater un disque de CEM I d'une épaisseur e (en mm) et t(e = 5 mm) est le temps nécessaire pour carbonater complètement un disque de CEM I de 5 mm d'épaisseur.

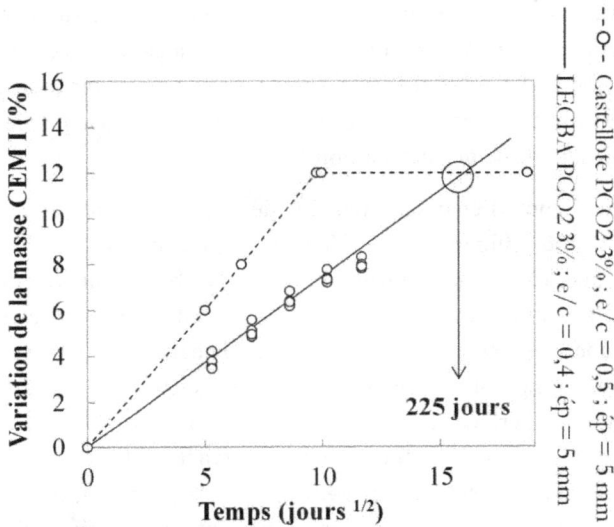

Figure 35 : Cinétique de prise de masse d'échantillons de CEM I au cours d'un essai de carbonatation accélérée à 3% de CO_2, 22°C et 65% d'HR [111] (trait pointillés) - Cinétique de prise de masse d'échantillons de CEM I au cours d'un essai de carbonatation accélérée à 3% de CO_2, 25°C et 55% d'HR (trait continu).

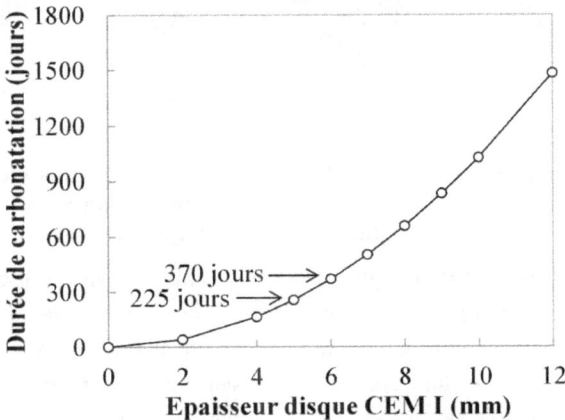

Figure 36 : Estimation de la durée de carbonatation d'un disque de CEM I en fonction de son épaisseur.

La durée de carbonatation d'un disque de CEM I de 6 mm d'épaisseur est estimée à 370 jours (Figure 36). Précisons que cette durée est surestimée dans le cas des ciments composés (PIII, PV et PBP) en raison de leur pouvoir tampon plus faible (substitution du clinker par additions pouzzolaniques). La présente approche est alors valable pour l'ensemble de nos échantillons.

Les disques de 6 mm d'épaisseur ont été découpés sur une tronçonneuse Escil (modèle Brillant 250) (Figure 37, a). Une éprouvette du type PI a été fixé sur un support métallique *via* de la paraffine (Figure 37, b). Qualitativement, l'état de surface varie (stries plus ou moins marquées) en fonction de la vitesse d'avance du disque de découpe. La vitesse d'avance du disque de découpe a été fixée à 9 mm/min, vitesse offrant un compromis entre des temps de découpe raisonnable[24] et un état de surface satisfaisant (surface lisse et peu striée, Figure 37, c). D'autres tests préliminaires ont été effectués afin d'assurer la répétabilité de ce résultat. Notons également que la découpe est réalisée sous eau. C'est pourquoi, une fois tronçonné, chaque disque a immédiatement été remis en solution spécifique de cure afin de limiter la lixiviation des alcalins.

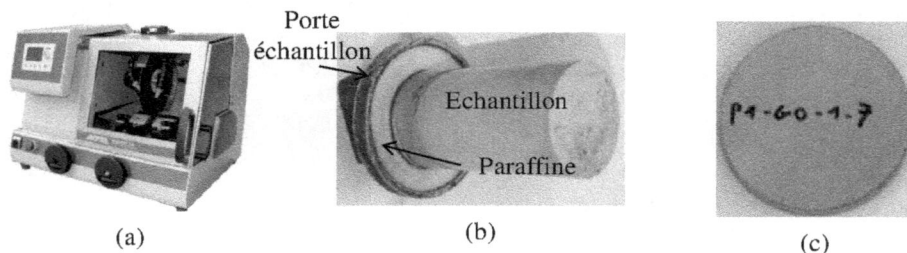

Figure 37 : Photographies (a) de la tronçonneuse ESCIL (modèle Brillant 250), (b) d'une éprouvette type PI fixée sur un porte échantillon métallique et (c) d'un disque PI après découpe.

Le choix d'une épaisseur de disque de 6 mm combiné à un protocole de découpe optimisé offre un compromis satisfaisant entre une durée de carbonatation raisonnable (estimée à environ un an pour un disque de CEM I) et une bonne résistance mécanique (i.e. une épaisseur suffisante pour que les échantillons ne se rompent pas lors des diverses caractérisations/manipulations).

---

[24] La durée totale des découpes s'est étendue sur 16 jours.

1.2 Analogues naturels

La représentativité des essais de carbonatation accélérée ($P_{CO2} \approx 3\%$) vis-à-vis de la carbonatation atmosphérique ($P_{CO2} \approx 0,04\%$) nécessite la caractérisation d'anciens échantillons. Pour cette application, des échantillons de béton (issus d'ouvrages réels) et de pâte, carbonatés à l'air libre pendant plusieurs années, sont utilisés.

1.2.1 Bétons

Des échantillons de béton ont été prélevé par carottage d'un mur en béton armé (bâtiment 158 CEA Saclay) datant des années 1980 (diamètre 350 mm et hauteur 240 mm). De la phénolphtaléine a été pulvérisée sur les carottes résultantes, mettant en évidence une épaisseur carbonatée de l'ordre de 3 cm (Figure 38). Cette épaisseur est suffisante pour permettre des caractérisations, de la perméabilité notamment, sur zones saines et carbonatées. Le jeu de données résultant constitue alors une base solide pour l'évaluation de la représentation de la carbonatation accélérée vis-à-vis de la réalité.

Figure 38 : Carottes de béton, à base de ciment Portland, prélevés sur le bâtiment 158 du CEA Saclay – Mise en évidence de la zone carbonatée.

1.2.2 Pâtes de ciment

Se procurer des échantillons de pâte de ciment carbonatée naturellement n'est pas une tâche évidente car la carbonatation naturelle est un processus long et les pâtes sont peu utilisées hors du laboratoire. Plusieurs années sont nécessaires à l'obtention d'une épaisseur carbonatée de seulement quelques centimètres.

Deux pâtes de ciment durci, élaborées respectivement à partir de ciments CEM I (Ciment Lafarge inconnu) et CEM V/A (Ciment d'Origny, Usine de Lumbres), sont utilisées dans ce contexte. Les compositions respectives des ciments sont données dans le Tableau 15.

Tableau 15 : Formulation des pâtes de ciment carbonatées naturellement (% en masse).

	CEM I	Ciment CLC 45 PMES (Lumbres)
Clinker (%)	100%	55 (+7% gypse)
Laitier (%)	-	22
Cendres volantes (%)	-	23
Rapport E_{eff}/Liant	0,50	0,45

Une éprouvette de pâte de CEM I (cylindre de diamètre 25 mm et de hauteur 25 mm), sur laquelle de la phénolphtaléine a été pulvérisée (Figure 39) est disponible. Après confection, en octobre 2011, l'échantillon a suivi une cure humide de 5 mois puis, a été placé à 45°C durant 2 mois. L'échantillon a été placé en carbonatation naturelle depuis ce jour à HR = 65%. Toutes les faces ont été exposées à la carbonatation. On peut notamment apercevoir des microfissures sur la surface. Cet échantillon est un candidat idéal pour évaluer la représentativité des essais accélérée dans le cas d'un ciment ordinaire (type PI).

Les échantillons de pâte de CEM V/A ont été fabriqués en 1994 par Gallé [201] et, conservés au laboratoire à l'air libre pendant 18 ans. Après confection, les éprouvettes de pâtes (cylindres de diamètre 30 mm et de hauteur 60 mm, Figure 40) ont été mises en cure pour une période nominale de 14 mois dans de l'eau saturée en chaux (pH = 12,5). Les éprouvettes ont ensuite été placées en sac étanche dans une salle à 20°C ± 1°C (75% < HR < 95%) pendant une période nominale de 20 mois. Les échantillons ont ensuite été conservés pendant 18 ans à l'air environnant du laboratoire, dans une salle régulée en température à 20°C ± 1°C. Le sciage d'éprouvettes a permis de mettre en évidence, après pulvérisation de phénolphtaléine, une épaisseur carbonatée de l'ordre du centimètre (Figure 40).

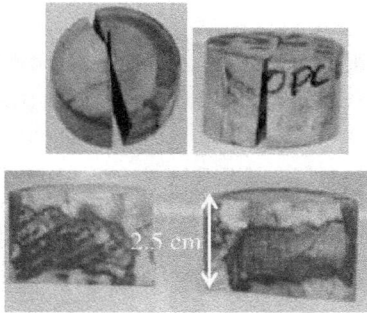

Figure 39 : Echantillon de pâte de CEM I carbonaté naturellement depuis octobre 2011.

Figure 40 : Echantillon de pâte de CEM V carbonaté naturellement pendant 18 ans.

1.3 Minéraux modèles

L'étude de minéraux modèles pour l'évaluation de la représentativité de la carbonatation accélérée est intéressante et, permet de compléter les données obtenues sur analogues naturels. On se focalise sur les phases minérales majeures constitutives de la pâte de ciment : C-S-H, portlandite et ettringite. Les caractérisations relatives aux minéraux modèles sont disponibles au *Chapitre 5 Représentativité de la carbonatation accélérée.*

1.3.1 C-S-H

Dans les matériaux cimentaire, il est communément admis que le rapport C/S des C-S-H varie d'environ 1,7 à 0,8 [14]. Dans ce cadre, des C-S-H de rapports C/S différents (0,8 ; 1,2 ; 1,5 et 1,7) sont synthétisés au laboratoire. Différents modes de synthèse existent dont notamment : par hydratation de C_3S ou de β-C_2S, par réaction pouzzolanique ou par précipitation [202]. Nous sélectionnons le mode de synthèse par réaction pouzzolanique, couramment employé dans la littérature [203]. Il consiste à mélanger deux réactifs dans différentes proportions : oxyde de calcium (CaO) et de silice (SiO_2). Cette variation de proportion permet d'obtenir des C-S-H de différents rapports C/S (pour une conversion complète). Le protocole spécifique de synthèse est décrit en Annexe 9.

1.3.2 Ettringite

Rappelons que l'ettringite provient de l'hydratation de C_3A (Tableau 4). Pour l'obtenir, il faut ajouter au clinker du sulfate de calcium sous forme de gypse ($CaSO_4$, $2H_2O$). En présence des ions Ca^{2+}, Al^{3+}, OH^- et SO_4^{2-}, la phase la moins soluble est l'ettringite ($Ca_6Al_2(SO_4)_3(OH)_{12}.26H_2O$) qui se forme tant que la concentration en sulfate en solution est suffisante. Le protocole de synthèse de l'ettringite est extrait des travaux de Renaudin et al. [204]. Les grandes étapes de la synthèse sont récapitulées en Annexe 9.

1.3.3 Portlandite

La portlandite est classiquement disponible dans le commerce. Dans ce cadre, le produit utilisé, d'origine RECTAPUR, est fournie par la société VWR. Les spécifications principales relatives à la pureté du produit sont disponibles dans le Tableau 16.

Tableau 16 : Spécifications relatives à la pureté de la portlandite RECTAPUR fournie par VWR.

Métaux lourds	Chlorures	Carbonates de calcium	Sulfates	Fer
Max. 50 ppm	Max. 50 ppm	Max. 3,0%m	Max. 0,2%m	Max. 0,05%m

2. Carbonatation des pâtes et des minéraux modèles

2.1 Conditionnement hydrique

L'objectif du conditionnement hydrique est de diminuer le degré de saturation en eau du matériau : étape nécessaire pour assurer la diffusion du CO_2 dans le matériau lors des essais de carbonatation. 110 disques par formulation ont été mis en conditionnement hydrique en enceinte climatique[25] à 25°C et 55% d'HR (Figure 42) pour une durée prévisionnelle d'un mois. Cette durée a été estimée *via* le code de calcul par éléments finis Cast3m dans le cas d'échantillons de pâte de ciment PI, PIII, PV et PBP à 54% d'HR (sur la base des résultats de Drouet [4]). La simulation

---

[25] Enceinte climatique VC034 de la société Vötsh.

correspondante est visible sur le graphique de la Figure 41. Précisons qu'il n'est pas nécessaire d'attendre l'équilibre hydrique à la vue de la durée totale des essais de carbonatation. Compte tenu de la faible épaisseur des échantillons (6 mm) et, partant d'un état saturé (sortie de cure), l'HR dans l'enceinte climatique a été progressivement descendue jusqu'à 55% (i.e. l'HR a été diminuée de 5% toutes les 24 heures). Cela afin de limiter les gradients de teneur en eau et, ainsi d'éviter la fissuration de surface des échantillons au cours du séchage.

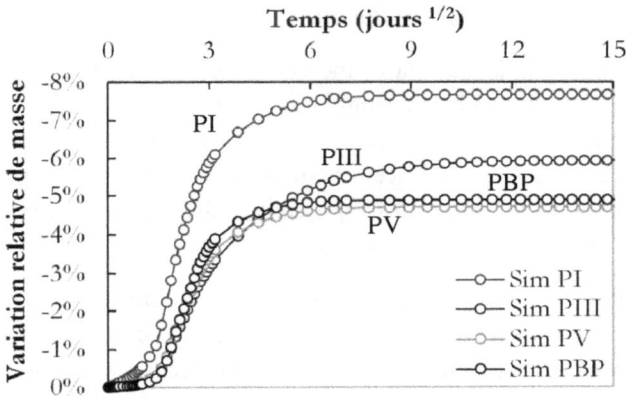

Figure 41 : Estimation du temps de conditionnement hydrique *via* Cast3m à 54 % HR pour des plaquettes de types PI, PV et PBP (E/L = 0,4) - Descente progressive de l'HR au cours du temps lors du conditionnement hydrique.

2.2 Carbonatation

Les essais de carbonatation accélérée sont réalisés dans les conditions environnementales suivantes :

- 25°C et 55% d'HR. Selon plusieurs auteurs [114] [86] [98], la vitesse de carbonatation est maximale aux HR intermédiaires (i.e. assez élevées pour permettre les réactions en solution et suffisamment faibles pour ne pas freiner la diffusion du CO_2).
- 3% de CO_2 (P_{CO2} = 3 kPa). Précisions que, par le passé, les essais de carbonatation accélérées étaient réalisés à une teneur en CO_2 élevée (50%) [205] [206] [207]. Ce taux présentait l'avantage d'essais beaucoup plus rapides. Cependant, il s'avère qu'une teneur en CO_2 supérieure à 3% induit des modifications minéralogiques importantes, notamment au niveau de la

111

minéralogie des C-S-H [111]. La microstructure et, par conséquent, les propriétés de transport, sont modifiées et la représentativité de la carbonatation naturelle n'est plus assurée (voir *Chapitre 1 Etat de l'art*, §2.6.1). Dans ce contexte, une teneur en CO_2 de 3% semble offrir un compromis entre représentativité de la carbonatation atmosphérique et durées de carbonatation raisonnables.

Le dispositif de carbonatation accélérée du LECBA [4], utilisé à cet effet, est constitué de deux organes majeurs (Figure 42) :

- une enceinte climatique (la même que celle utilisée lors du conditionnement hydrique) où l'HR et la température sont mesurées et contrôlées en continu,
- une armoire de « contrôle/régulation » permettant de mesurer en continu la teneur en CO_2 dans l'enceinte (mesure par absorption du rayonnement infrarouge) et d'injecter du CO_2 à chaque fois que la teneur dans l'enceinte devient inférieure à la consigne.

Les écart-types de l'HR et de la température mesurés par Drouet [4] sont respectivement de 0,2% et 0,05°C. L'écart-type du taux de CO_2 est de 0,5% sur une plage de fonctionnement allant de 0 à 100%. Dans notre cas et, après adaptation du système de contrôle, le CO_2 est injecté sur une gamme 0-20% de la pleine échelle, l'écart-type correspondant est de 0,1%.

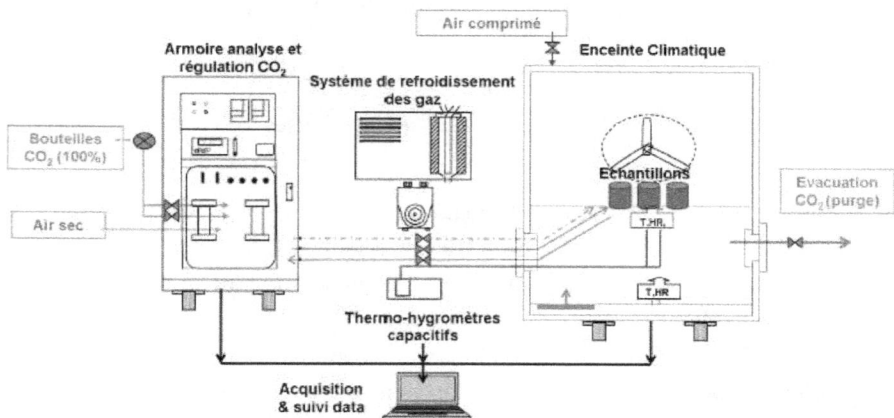

Air comprimé

Armoire analyse et régulation CO_2

Système de refroidissement des gaz

Enceinte Climatique

Bouteilles CO_2 (100%)

Echantillons

Evacuation CO_2 (purge)

Air sec

T.HR.

T.HR

Thermo-hygromètres capacitifs

Acquisition & suivi data

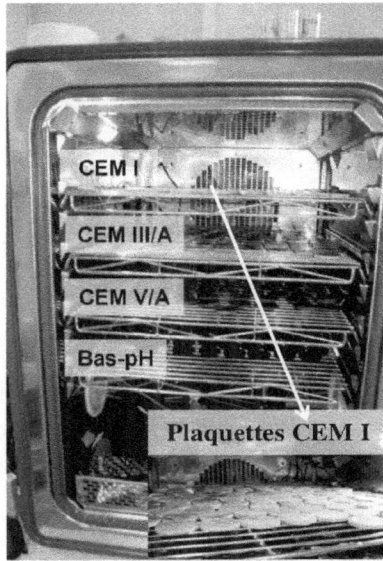

Figure 42 : Schéma de principe du dispositif de carbonatation accélérée présent au laboratoire et vue des 110 disques par formulation placés dans l'enceinte climatique [4].

110 disques de pâte de ciment par formulation (PI, PIII, PV et PBP) ont été placés dans le dispositif de carbonatation à l'issue du conditionnement hydrique. L'essai de carbonatation a été lancé pour une durée prévisionnelle estimée à un an.

Une partie des matériaux modèles (C-S-H, portlandite et ettringite) a été placée dans le dispositif de carbonatation accélérée ($P_{CO2} \approx 3\%$, HR = 55% et 25°C), tandis qu'une autre partie a été carbonatée naturellement ($P_{CO2} \approx 0,04\%$) en conditions d'HR et de température contrôlées (HR = 55% et 25°C).

Que ce soit en conditions de carbonatation accélérée ou, naturelle, tous les matériaux étudiés sont carbonatés jusqu'à un état qualifié d'ultime, c'est-à-dire que les systèmes étudiés n'évoluent plus après carbonatation. Cela suggère que la quantité de carbonate de calcium formée est maximale, traduisant ainsi un état de carbonatation stabilisé. Les moyens mis en œuvre pour statuer sur l'état global de carbonatation de nos matériaux sont présentés au paragraphe 3.1.

3. Caractérisation du solide

3.1 Suivi de carbonatation

Le suivi de carbonatation permet de justifier d'un état de carbonatation des échantillons stabilisé. C'est une étape préalable indispensable à l'acquisition des propriétés de transport d'eau des matériaux carbonatées. L'état général de carbonatation des pâtes de ciment est évalué au moyen de différentes techniques et méthodes dont :

(i) Le suivi massique, permettant d'évaluer la variation de masse liée à la précipitation de carbonate de calcium. Dans notre cas, des lots de 5 à 7 échantillons par formulation sont pesés[26] à échéances régulières de carbonatation accélérée (0, 7, 14, 29, 49, 82, 113, 160, 208, 260, 320 et 349 jours).

(ii) La pulvérisation de phénolphtaléine [205], permettant d'évaluer la profondeur de carbonatation depuis la surface exposée au CO_2. L'indicateur de pH vire du violet dans la zone non carbonaté (pH $\approx$ 13) à incolore dans la zone carbonatée (pH $\approx$ 9). La technique est simple de mise en œuvre mais semble sous-estimer la profondeur de carbonatation. Etant donné qu'elle repère la profondeur de carbonatation à un pH de 9 et que le milieu cimentaire est tamponné par la portlandite à un pH de l'ordre de 12,5, il subsiste une zone correspondant à cet intervalle de pH, compris entre 10 et 12,5, non détectée par la phénolphtaléine. L'épaisseur de cette zone dépend de la pente du front de carbonatation.

(iii) L'emploi d'un cotmètre[27], permettant le dosage du carbone inorganique, représentatif de la quantité de carbonates de calcium formée par carbonatation. Le principe de l'appareil consiste à acidifier une « solution » (suspension de ciment[28] dans de l'eau déionisée) *via* de l'acide phosphorique puis, à purger le CO_2 dégazé (avec de l'azote) jusqu'à un détecteur infrarouge. La réponse du détecteur est visualisée sous la forme d'un pic dont la surface intégrée est proportionnelle à la concentration de carbone inorganique dans l'échantillon.

---

[26] Balance Mettler Toledo PM400 (precision au centigramme).
[27] Cotmètre Shimadzu TOC-VCSH.
[28] Les échantillons sont préalablement broyés puis tamisés à 100 μm.

(iv) L'évaluation de la prise de masse des échantillons liée à la fixation de CO_2 obtenue par séchage. A une échéance de carbonatation donnée, un échantillon est sorti de l'enceinte de carbonatation accélérée pour être resaturé puis, séché à 80°C selon le protocole LCPC [206]. Au moyen de pesées périodiques, la cinétique de prise de masse liée au CO_2 est évaluée. Gardons à l'esprit que la variation de masse relative à cette expérience de séchage est une combinaison de plusieurs phénomènes.

(v) L'analyse thermogravimétrique, utilisée pour la caractérisation du cortège minéralogique (voir §3.2.2), vient compléter ce suivi par évaluation directe des quantités de carbonate de calcium formé et de portlandite consommée.

3.2 Minéralogie

3.2.1 Analyse par diffraction des rayons X (DRX)

L'analyse par diffraction des rayons X (DRX) permet l'identification des phases minéralogiques constitutives des matériaux cimentaires. L'identification des phases minérales consiste à chercher, pour les couples distance interréticulaire-intensité données (d_{hkl} - I) des raies les plus intenses, une coïncidence entre le diffractogramme inconnu et les diffractogrammes des étalons probables, parmi une base de données (JCPDS).

Nos analyses sont réalisées sur un diffractomètre PANalytical X'Pert et les acquisitions sont réalisée avec un tube de cuivre (Cu $K\alpha$, λ = 1,54 Å). L'appareil est couplé à un détecteur spécifique X'Celerator permettant de réduire de 100 fois la durée d'acquisition par rapport à un détecteur standard pour une qualité de signal identique [208]. Les mesures sont réalisées sur le domaine angulaire (5°- 65°) par pas de 0,017° (durée d'acquisition d'un diffractogramme très rapide, de l'ordre de 20 minutes).

3.2.2 Analyse thermogravimétrique (ATG)

L'analyse thermogravimétrique (ATG) permet la caractérisation des matériaux cimentaires par mesure directe de la variation de masse d'un échantillon lorsqu'il est exposé à un régime de température (linéaire ou modulé). Cette technique permet notamment de quantifier la portlandite et les carbonates de calcium. Les courbes ATG sont souvent présentées sous la forme de leur dérivée première (DTG), cela permet de mieux distinguer les sauts et donc d'identifier les pics plus clairement.

Différents auteurs ont décrit les réactions qui se produisent dans les matériaux cimentaires sous élévation de la température. Dans ce cadre, il est possible d'identifier des plages de température caractéristiques des phases des matériaux cimentaires. Dans notre cas, nous nous baserons le plus souvent sur les plages de températures définies par le LCPC [206] :

- 110-130°C : Décomposition des phases AFt et des C-S-H. Cependant, plusieurs auteurs stipulent que l'eau liée des C-S-H est évacuée sur une plage plus large, par exemple de 25 à 550°C d'après Taylor [14]. Dans ce contexte, nous nous baserons sur les données récentes de Borges et al. [74] considérant que dès 300°C, la quantité d'eau libérée par les C-S-H est négligeable.
- 175-190°C : Décomposition des phases AFm.
- 230-240°C : Décomposition du gypse. A noter que cette dernière est observée par Ramachandran et al. [209] sur la plage de température 140-170°C.
- La deshydroxylation de la katoïte est identifiée par Rivas-Mercury et al. [210] sur la plage de température 300-450°C.
- 390-400°C : Décomposition de la brucite. Collier et al. [73] élargissent cette plage de température à l'intervalle 350-450°C.
- 460-510°C : Deshydroxylation de la portlandite (pic endothermique). Certains auteur relèvent cette plage de température sur l'intervalle 400-600°C [209] [29] [68].
- 575-579°C : Transformation du quartz. A noter que la courbe ATD (Analyse Thermique Différentielle) permet de quantifier la teneur en quartz par calcul de l'aire du pic de transformation du quartz-α en quartz-β.
- 600-900°C : Décarbonatation [209] [29] [68] [211].
- 780-800°C : Décomposition de la partie magnésienne de la dolomite. Elle est identifiée sur une plage plus large, allant de 710°C à 910°C, d'après Maitra et al. [212].

Les essais ATG/DTG permettent d'estimer directement la quantité de portlandite. La technique n'est cependant par adaptée à l'estimation de la teneur en C-S-H (du fait de la superposition des pics DTG des phases AFt et AFm (Figure 62). Aussi, la teneur en C-S-H est évaluée à partir d'essais de sorption d'eau et *via* l'utilisation de la méthode Olson & Jennings [213] (§3.2.4).

Sur la base d'une description simplifiée de l'assemblage minéralogique (prise en compte des phases majeures, voir Tableau 17), nous proposons d'évaluer, par ATG, les évolutions du rapport C/S de nos matériaux au cours de la carbonatation.

Tableau 17 : Description simplifiée de l'assemblage minéralogiques des pâtes de ciment PI, PIII, PV et PBP.

Matériau	Assemblage minéralogique
Pâte avec portlandite	Portlandite et C-S-H (C/S = 1,7)
Pâte sans portlandite	C-S-H (C/S = 1,1)

Dans le cas des pâtes contenant de la portlandite, l'évolution du rapport C/S des C-S-H (pris initialement égal à 1,7 [14] est déduit du suivi thermogravimétrique des quantités de portlandite dissoute et de carbonate de calcium formé au cours de la carbonatation. Le rapport C/S se calcule alors à partir de l'expression (E-37).

$$(E\text{-}37) \quad C/S^t = C/S^i - \left(\frac{n_{C\bar{C}}^{C-S-H\,(t)}}{n_{C-S-H}^i} \right)$$

où C/S^i est le rapport C/S des C-S-H pris à l'état initial tandis que C/S^t est le rapport C/S de l'ensemble [C-S-H + S-H[29]] pris à un état de carbonatation donné t, n_{C-S-H}^i est la teneur initiale en C-S-H déduite à partir d'essais de sorption d'eau et *via* l'utilisation de la méthode Olson & Jennings [213] et $n_{C\bar{C}}^{C-S-H\,(t)}$ est la quantité de carbonate de calcium formée par carbonatation des C-S-H qui se calcule selon (E-38).

$$(E\text{-}38) \quad n_{C\bar{C}}^{C-S-H} = n_{C\bar{C}}^{tot\,(t)} - \left(n_{CH}^i - n_{CH}^t \right)$$

où $n_{C\bar{C}}^{tot\,(t)}$ est la quantité totale de carbonate de calcium dosée par ATG à une échéance donné t, n_{CH}^i et n_{CH}^t sont les teneurs en portlandite respectivement à l'état initial et à un état de carbonatation donné t.

---

[29] Gel de silice.

117

Pour un matériau sans portlandite (PBP), on considère un système où tout le CO_2 est fixé par les C-S-H. Dans ce cas, l'expression (E-38) ne dépend plus de la quantité de portlandite. La quantité de carbonate de calcium totale est directement imputée à la carbonatation des C-S-H. Connaissant la valeur initiale du rapport C/S des C-S-H (pris initialement égal à 1,1, en accord avec les analyses locales MEB-EDS de Dauzères [214]), l'évolution du rapport C/S au cours de la carbonatation peut alors être évalué. Rappelons que la présente démarche permet d'évaluer le rapport C/S apparent de l'ensemble [C-S-H + S-H].

Les analyses thermogravimétriques sont réalisées sur une thermobalance NETZSCH STA 409 PC LUXX. Le protocole appliqué est celui proposé par Baroghel-Bouny et al. [206]. Il consiste à insérer 120,0 ±0,1 mg de poudre (matériau broyé) dans un creuset en alumine calciné et taré. Une fois le creuset mis en place, la chambre est mise sous vide, suivi d'un remplissage par de l'azote. Le programme consiste à chauffer l'échantillon sur une plage de température de 25°C à 1150°C à la vitesse de 10°C/min, sous un flux d'azote continu (60 mL/min). A noter qu'avant la mise en chauffe, un balayage de 3 jours sous flux d'azote à 25°C est réalisé. La plus grande partie de l'eau libre est ainsi évacuée. Ce prétraitement permet également d'obtenir des matériaux avec des états initiaux similaires et la reproductibilité est améliorée [4].

3.2.3 Teneur en eau liée

L'analyse thermique est une méthode indirecte de mesure du degré d'hydratation du ciment [206]. Elle suppose une relation linéaire entre la quantité d'eau chimiquement liée aux hydrates et le degré d'hydratation du ciment [215] [216] [217]. Dans ce cadre, le suivi de la masse d'eau liée constitue une mesure correcte du degré d'hydratation du ciment. Quantifier son évolution consécutivement à la carbonatation apparait alors pertinent. Pratiquement, la méthode consiste à mesurer la perte de masse d'un échantillon soumis à un chauffage à 550°C, celui-ci ayant été préalablement séché afin d'évacuer l'eau libre présente dans les pores. La frontière entre la température pour laquelle la perte d'eau libre s'achève et la température pour laquelle la perte d'eau liée commence est cependant mal définie. Et ce, en raison de la superposition de modes de décomposition relatifs à plusieurs phases (AFt, AFm, C-S-H [14] [74]). De fait, par convention, on considère que l'eau libre est évacuée pour une température de 105°C [7] [218] [219]. La teneur en eau liée (w_{el}) est alors calculée selon (E-39). Par ailleurs, au cours de cette étude, la porosité totale est évaluée au moyen d'une expérience de séchage à 80°C (voir §4.1). De fait, nous choisissons d'évaluer la perte d'eau liée en considérant deux températures différentes d'évacuation de l'eau libre : 80°C et 105°C. Cela permet d'être comparatif à l'échelle de notre étude mais, également vis-à-vis des données de la littérature.

$$(E-39) \quad w_{el} = \frac{(m_{T1} - m_{T2})}{m_{T1}} \times 100\%$$

Où m_{T1} et m_{T2} sont les masses respectives de l'échantillon mesurées aux températures T1 (80 ou 105°C) et T2 (550°C).

3.2.4 Teneur en C-S-H

Par calibration de la quantité d'eau adsorbée à HR = 20%, sur des pâtes pures de C_3S en fonction du taux d'hydratation, Olson & Jennings [213] évaluent à 50 mg la quantité d'eau adsorbée par gramme de C-S-H (de stœchiométrie $C_{1,7}S_1H_{1,5}$, exprimé par le ratio $R_{1/C-S-H} = 50$). La méthode est validée et étendue aux pâtes de ciments (type Portland et avec ajouts), par comparaison des teneurs en C-S-H mesurées et celles calculées à partir du modèle d'hydratation « J-T model » [220]. Dans le cas des ciments composés, la stœchiométrie des C-S-H peut différer de celle d'un ciment Portland. Le rapport C/S résultant peut alors tendre vers des valeurs proches de 1 (cas d'un ciment composé à forte teneur en laitier par exemple [221]). Dans ce cadre, Olson & Jennings [213] font l'hypothèse que la surface spécifique des C-S-H est constante quelle que soit leur stœchiométrie (i.e. leur capacité d'adsorption est invariante). L'application de cette méthode nécessite la connaissance de plusieurs propriétés physiques : (i) la teneur en eau massique à 20% d'HR w (20%) (déduite de l'isotherme de désorption), (ii) la porosité totale $\emptyset$ (déduite de la mesure de porosité à l'eau), (iii) la densité saturée d_{sat} (obtenue par pesée hydrostatique). Le mode de calcul employé est détaillé dans le cas d'un échantillon PI sain (Tableau 18).

Tableau 18 : Détermination de la teneur en C-S-H à partir d'essais de sorption d'eau et *via* l'utilisation de la méthode Olson & Jennings [213] sur une pâte de ciment PI sain.

Données d'entrée			Données de calcul			[C-S-H]
w (20%) (%)	d_{sat}	$\emptyset$	$m_{eau\ sat}$(kg) (E-40)	$m_{sol\ sec}$(kg/m^3) (E-41)	$m_{eau\ ads}$ (kg/m^3) (E-42)	(mol/L) (E-43)
5,61	2,05	0,363	362,4	1684,1	94,4	5,2

119

La masse d'eau contenue dans la porosité est rapportée au volume de l'échantillon (1 m^3), et s'exprime selon (E-40) :

$$(E-40) \quad m_{eau\,sat} = \emptyset \times \rho_l$$

où ρ_l est la masse volumique de l'eau liquide (998,3 kg/m^3 à 25°C).

La masse de solide sec s'exprime selon (E-41) :

$$(E-41) \quad m_{sol\,sec} = (d_{sat} \times \rho_l) - m_{eau\,sat}$$

La masse d'eau adsorbée se calcule selon (E-42) :

$$(E-42) \quad m_{eau\,ads} = m_{sol\,sec} \times w(20\%)$$

La teneur en C-S-H est alors exprimée simplement à partir de (E-43) :

$$(E-43) \quad [C - S - H] = \frac{m_{eau\,ads}}{M_{C-S-H} \times R_{1/_{C-S-H}}}$$

où M_{C-S-H} est la masse molaire du C-S-H (prise égale à 364,9 g.mol^{-1}).

3.2.5 Résonance magnétique nucléaire (RMN)

L'utilisation de la RMN du silicium et de l'aluminium (respectivement RMN ^{29}Si et RMN ^{27}Al) est particulièrement adaptée à l'identification des modifications minéralogiques et microstructurales survenant dans les matériaux cimentaires. L'apport de la RMN a, en effet, été démontré par de nombreux auteurs [111] [222] [223] [224] [225] [226]. L'utilisation de la RMN est particulièrement adaptée à l'étude des C-S-H, mais également aux phases aluminates comme on a pu le voir aux paragraphes 1.5 et 2.2.4 du *Chapitre 1 Etat de l'art*.

Les essais de RMN MAS[30] haute résolution du solide (RMN ^{29}Si et de RMN ^{27}Al) sont réalisés dans le cadre d'une collaboration entre le LECBA et le LSDRM[31]. La technique de rotation de l'échantillon à l'angle magique (MAS) est utilisée afin d'obtenir des spectres dits « haute-résolution » (raies fines). L'appareillage utilisé est un spectromètre Bruker Avance 300 WB opérant à un champ magnétique de 7 Tesla pour le noyau de ^{29}Si. Pour le noyau de ^{27}Al, il s'agit d'un spectromètre BRUKER Avance 500 WB opérant à un champ magnétique de 11,7 Tesla. Les essais sont

---

[30] « Magic Angle Spinning », pour plus de détails, se référer aux travaux de Klur [21].
[31] Laboratoire de Structure et Dynamique par Résonance Magnétique (CEA Saclay).

systématiquement mis en œuvre sur des poudres (masse d'environ 100 mg, préalablement broyée en boite à gants, sous atmosphère inerte). Les échantillons sont insérés dans des rotors de zircone (ZrO_2) de diamètre 4 ou 7 mm. Les expériences sont réalisées à des fréquences de rotation de 10 à 12,5 kHz pour le ^{29}Si et 14 kHz pour la RMN ^{27}Al. Les déplacements chimiques des noyaux ^{29}Si et de ^{27}Al sont référencés respectivement par rapport à un échantillon de TKS (tetrakis (trimethylsilyl) silane, raie principale à -9,9 ppm) et à une solution aqueuse 1 mol/L de ($AlCl_3.6H_2O$, raie à 0 ppm). Les spectres RMN ^{29}Si sont simulés grâce à un programme développé en interne [228]. Par ailleurs, précisons que le devenir des phases aluminates consécutivement à la carbonatation est abordé d'un point de vue purement qualitatif. Aussi, les spectres RMN ^{27}Al sont systématiquement présentés sous leur forme brute (i.e. sans déconvolution).

3.3 Microstructure

3.3.1 Porosité par intrusion de mercure (PIM)

Les mesures de porosimétrie par intrusion de mercure permettent la caractérisation de la structure des matériaux à l'échelle microporeuse, mésoporeuse et macroporeuse. Elles sont réalisées sur un porosimètre issu de la société Micrometrics (modèle Autopore IV). Il couvre une gamme de tailles de pores allant de 360 μm à 0,003 μm de diamètre (pression maximale de 414 MPa). La technique repose sur le caractère non mouillant du mercure. Pour qu'il pénètre dans le réseau poreux, il faut lui appliquer une pression d'autant plus forte que la porosité est fine. L'échantillon sec est immergé sous vide dans un bain de mercure. Une pression de mercure P_{Hg} est appliquée par incréments. Le volume cumulé de mercure V pénétrant dans les pores est mesuré à chaque incrément : $V = V(P_{Hg})$. À l'équilibre, la relation entre le diamètre équivalent de pores (D) (supposés cylindriques) et la pression d'intrusion P_{Hg} est donnée par l'équation de Washburn [229] selon (E-44) :

$$(E\text{-}44) \quad D = \frac{-4\sigma_{Hg}\cos\theta_{Hg}}{P_{Hg}}$$

où θ_{Hg} est l'angle de contact entre le mercure et la phase solide et σ_{Hg} est la tension superficielle du mercure ($\sigma_{Hg} = 0{,}475$ N/m). Précisons que θ_{Hg} s'étend de 117° à 145° selon la nature du solide, mais nous retiendrons la valeur de 141° (valeur moyenne résultant d'un grand nombre d'expériences sur différents échantillons et identique à celle adoptée par d'autres laboratoires) [7].

121

Notons qu'afin de permettre au mercure de pénétrer dans le réseau poreux, l'eau (sous forme liquide et/ou vapeur) occupant l'espace poral des matériaux doit être préalablement évacué. L'application de différents traitements préliminaires aux essais de porosimétrie au mercure a été étudié par plusieurs auteurs [230] [231] [232] [207]. Il ressort de ces études que, dans certains cas, le prétraitement induit des contraintes mécaniques sur les hydrates, menant à la fissuration du matériau. Dans notre cas, le prétraitement appliqué consiste en une « cryosublimation » des échantillons sous vide, durant 5 jours, après immersion dans de l'azote liquide. Ce prétraitement semble être le moins néfaste pour la microstructure et est couramment utilisé [206]. Les échantillons sur lesquels sont réalisés les essais PIM sont prélevés par tronçonnage de disques de diamètre 50 mm et d'épaisseur 6 mm. Les fragments d'échantillon résultants sont découpés sous la forme de solides de volume 0,3 - 0,4 cm^3 (Figure 43). Quatre échantillons issus d'un même disque sont utilisés pour les essais PIM, et ce, pour chaque formulation. La reproductibilité des mesures est de ce fait vérifiée. Ce mode opératoire permet de calculer la dispersion des données obtenues autour de la moyenne, i.e. l'écart type sur les quatre mesures réalisées.

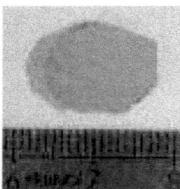

Figure 43 : Echantillon de pâte de CEM V/A destiné aux essais de porosimétrie par intrusion de mercure.

A l'issue des essais, le résultat brut décrit le volume cumulé de mercure v introduit en fonction du diamètre des pores accessibles. Cette courbe, ou sa dérivée, permet de déterminer les principales familles de pores, ainsi que le diamètre médian des pores.

3.3.2 Connectivité

D'un point de vue théorique, la connectivité peut être définie comme le nombre de connexions qu'offre un pore avec ses voisins. Elle influe donc directement sur les possibilités de transfert à travers le réseau poreux. A partir des données de PIM, l'évolution de la connectivité du réseau poreux peut être investiguée. Pour rappel, dans ces d'expérience, entre l'intrusion et l'extrusion du mercure, ce dernier n'est pas restitué dans sa totalité (Figure 44). Aussi, un volume important reste piégé dans l'échantillon, mettant alors en évidence l'allure du réseau poreux due aux formes et aux tailles irrégulières des pores [233] [234] [29]. Si le mercure a pénétré le réseau poreux, c'est que ce dernier le permet et donc qu'il possède un certain degré de connexion. Cette approche qualitative permet d'imager la constrictivité et de la tortuosité du réseau poreux.

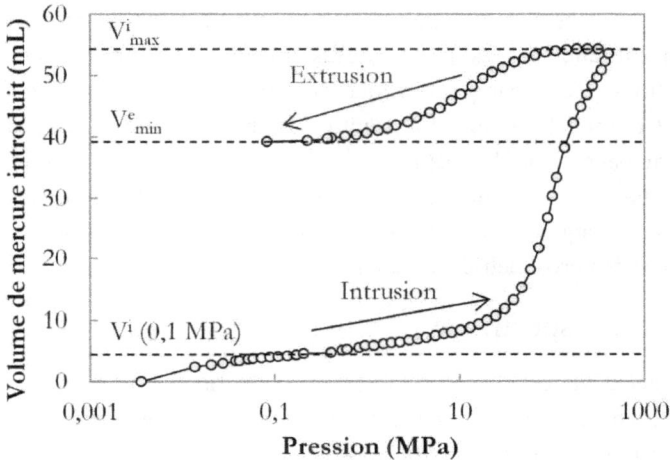

Figure 44 : Cycle d'intrusion-extrusion de mercure d'un échantillon PI carbonaté.

Le pourcentage de mercure piégé (noté α) permet l'évaluation qualitative de la connectivité des pores : plus α est élevé et moins le milieu est connecté. Il est calculé à partir de l'expression (E-45).

$$(E\text{-}45) \quad \alpha = \frac{V_{min}^e - V^i}{V_{max}^i - V^i}$$

où V^i est le volume de mercure introduit pour une pression de 0,1 MPa (pression atmosphérique, i.e. valeur finale à laquelle le mercure est extrudée), V_{min}^e et V_{max}^i sont respectivement les volumes minimal et maximal introduit lus sur la courbe d'intrusion-extrusion du mercure (Figure 44).

3.3.3 Tortuosité

La tortuosité (τ), c'est à dire le chemin à parcourir par une espèce pour traverser le réseau de pores, est un indicateur pertinent de description de la microstructure. Elle peut être évaluée à partir de mesures de conductivité électrique de la pâte de ciment

(σ) et de la solution interstitielle (σ_0) ainsi que de la porosité à l'eau ($\emptyset$). La tortuosité du réseau poreux s'exprime selon (E-46). Dans cette définition, la tortuosité augmente lorsque le chemin à parcourir pour traverser le réseau poreux augmente.

$$(E\text{-}46) \quad \tau = \frac{\sigma}{\sigma_0 \emptyset}$$

Différentes techniques peuvent être employées pour l'évaluation de la tortuosité. On peut notamment citer les essais de diffusions ioniques (principalement Cl⁻), la migration d'ions sous champ électrique ou encore les mesures de conductivité électriques. Cependant, comme l'a montré Daïan [235], les valeurs de tortuosité diffèrent fortement selon la méthode employée. Aussi, le protocole utilisé doit absolument être précisé. Dans ce cadre, nous proposons d'évaluer le rapport des conductivités électriques à partir de l'extension du modèle de Katz & Thompson basé sur les données de porosimétrie au mercure [236] (voir §4.3.1).

3.3.4 Surface spécifique

La surface spécifique constitue un indicateur de la finesse de division d'un milieu poreux. Elle prend en compte toutes les irrégularités de surface et s'exprime en unité de surface par unité de masse (m²/g). Dans une pâte de ciment hydratée, on considère qu'au moins 80% de la surface spécifique provient des C-S-H [7]. Dans la mesure où cette grandeur conditionne les phénomènes d'adsorption d'eau, sa détermination, consécutivement à la carbonatation, apparait essentielle pour notre étude. Elle est généralement déduite à partir d'essais de porosimétrie au mercure ou encore des mesures de sorption physique de gaz (e.g. de l'azote) ou de vapeur d'eau (*via* la théorie B.E.T. [164]) [237]. Selon la technique employée, la valeur de la surface spécifique n'est pas la même. A titre indicatif, la surface spécifique de pâtes de ciment hydratées, mesurée par adsorption d'eau, se situe autour de 200 m²/g contre 30 à 100 m²/g mesurée par adsorption d'azote et, 10 à 70 m²/g *via* la porosimétrie au mercure [238] [239].

Dans notre cas, on se propose d'évaluer la surface spécifique au moyen de :

- La porosimétrie au mercure. Pour ce faire, il suffit de déterminer l'aire cumulée depuis le début de l'intrusion jusqu'au volume de mercure maximal introduit (correspondant au plus petit diamètre de pore : 3 nm). Puis, en divisant cette aire par la masse de l'échantillon, on obtient la surface spécifique totale de l'échantillon.

- L'isotherme de désorption de la vapeur d'eau. La détermination de la teneur en eau w_m, défini dans le modèle B.E.T. [164](Tableau 10) comme la quantité d'eau nécessaire pour compléter la monocouche adsorbée, permet d'estimer la surface spécifique selon (E-47) [176] [240].

$$(E\text{-}47) \quad S\,(B.\,E.\,T.\,) = N_A \frac{w_m A_l}{\rho_l V_v}$$

où N_A est le nombre d'Avogadro, M_l est la masse volumique de l'eau, V_v est le volume molaire de l'eau vapeur et, A_l est la surface occupée par une molécule d'eau liquide calculée selon (E-48) [164] [176].

$$(E\text{-}48) \quad A_l = 1{,}091 \left[\frac{M_l}{N_A \rho_l(T)} \right]$$

où M_l est la masse molaire de l'eau (0,018 kg/mol).

L'utilisation de la théorie B.E.T. est étendue à l'évaluation de l'énergie de liaison des molécules d'eau de la première couche (E_1) (E-49).

$$(E\text{-}49) \quad C = \exp\left(\frac{E_1 - E_L}{RT} \right) \text{ soit } E_1 = E_L + RT \ln(C)$$

Où C est une constante qui dépend de l'énergie de liaison de la première couche, R est la constante des gaz parfaits (8,3145 J/mol/K), T est la température absolue (298,15 K) et E_L est l'enthalpie de vaporisation de l'eau (44 kJ/mol).

3.3.5 Porosimétrie par adsorption

Sur la base des isothermes de désorption, la distribution des tailles de pores dans les domaines micro- et mesoporeux peut être estimée [176] [240]. L'intérêt de cette méthode est qu'elle permet de compléter les spectres poreux obtenus par PIM en investiguant des pores de diamètre inférieur à 3 nm. Pour ce faire, on s'inspire de la méthode B.J.H. [170]. Le matériau est décrit comme une série de pores cylindriques (Figure 45). La forme cylindrique des pores permet de relier simplement le volume d'un pore $V_p(r_p)$ à sa surface $S_p(r_p)$ par l'intermédiaire de la relation (E-50) :

$$(E\text{-}50) \quad S_p(r_p) = 2 \frac{V_p}{r_p}$$

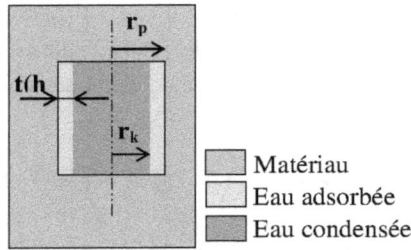

Figure 45 : Représentation du réseau poreux sous la forme d'un cylindre (en coupe).

Les isothermes de désorption sont analysées en considérant la coexistence de deux phases :

- la phase adsorbée (adsorption d'un film de molécules d'eau sur les parois des pores),
- la phase capillaire (condensation capillaire dans le volume des pores).

Afin d'évaluer l'épaisseur équivalent du film d'eau t(h) sur tout le domaine d'HR, il est généralement nécessaire d'utiliser les courbes issues de la littérature [176] [241] [242]. Ces dernières traduisent l'épaisseur statistique moyenne t(h) d'eau adsorbée en fonction de l'HR sur la base de résultats expérimentaux. Les courbes se présentent sous la forme d'isotherme de type II, caractérisant le passage de l'adsorption monomoléculaire à l'adsorption multimoléculaire dans le cas d'adsorbant non poreux ou macroporeux ($r_p > 500$ Å). Cependant, du fait des indications sur la faible énergie de liaison de la première couche d'eau (E_1) sur la pâte de ciment dans notre cas, nous choisissons de décrire l'adsorption au moyen d'une isotherme de type I (adsorption monomoléculaire). On suppose que l'eau est adsorbée sous la forme d'une couche unique et que le remplissage des pores est achevé par condensation capillaire. Pour rappel, l'isotherme de type I est décrite au moyen du modèle de Langmuir [180] (voir Tableau 10).

On en déduit une épaisseur statistique moyenne du film d'eau adsorbée (t) en fonction de (h) selon l'expression (E-51) :

$$(E-51) \quad t(h) = \frac{Ct_m h}{1+Ch}$$

où C est un paramètre positif et t_m est l'épaisseur de la monocouche, calculée à partir de la théorie B.E.T. selon (E-52) :

$$(\text{E-52}) \quad t_m = \frac{w_m}{\rho_1 S_s}$$

L'édification de la monocouche est présentée Figure 46 pour une pâte de ciment PI. A titre informatif, la valeur du paramètre C a été fixée à 100. L'épaisseur moyenne de la monocouche obtenue ici est égale à 2,84 Å. Cette valeur est du même ordre de grandeur que celle proposée par Hagymassy et al. (pour la molécule d'eau) [241] : 3,0 Å à 20°C (valeur moyenne de leurs calculs et de résultats expérimentaux issus de la littérature, compris entre 2,95 et 3,06 Å). Plusieurs auteurs utilisent la valeur de 3,0 Å [243], ou une valeur semblable telle que 3,1 Å pour Daïan [244]

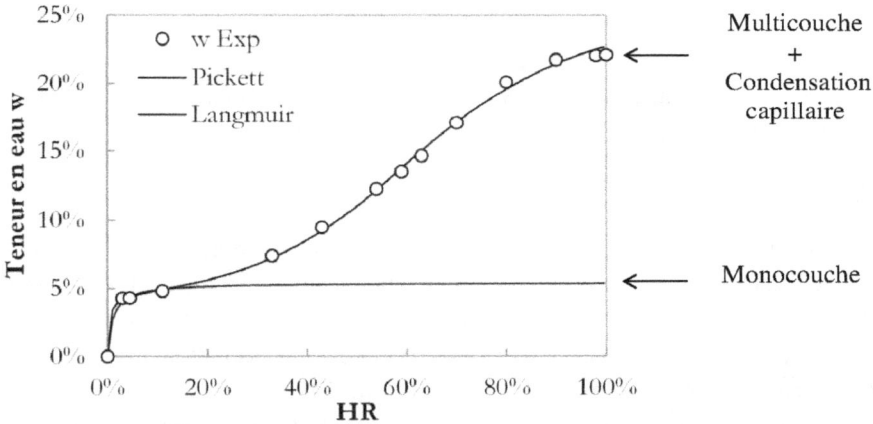

Figure 46 : Edification de la monocouche décrite *via* le modèle de Langmuir (pâte de ciment hydratée PI).

L'équation de Kelvin (E-53) est utilisée afin d'exprimer le rayon maximal des pores $r_k(h)$ au sein desquels la condensation capillaire se produit pour l'HR d'équilibre h :

$$(\text{E-53}) \quad r_k(h) = \frac{2\sigma_1 \cos(\theta)}{\rho_1 RT \ln(h)}$$

où σ_1 est la tension de surface de l'eau (égale à $72,75 \times 10^{-3}$ N/m à 20°C) et θ est l'angle de raccordement du ménisque d'eau liquide par rapport à la paroi du pore (supposé nul).

D'après le modèle B.J.H. [170], à chaque HR (h) correspond, par l'intermédiaire de l'isotherme de désorption, un rayon poreux $r_p(h)$, qui est la somme de l'épaisseur de la couche adsorbée t(h) et du rayon du capillaire $r_k(h)$ subissant la condensation capillaire. Le rayon poreux correspondant s'exprime selon (E-54) :

$$(\text{E-54}) \quad r_p(h) = r_k(h) + t(h)$$

Connaissant la quantité d'eau désorbée, l'épaisseur de la couche adsorbée et le rayon des pores, on peut évaluer par récurrence l'aire et le volume poreux correspondant à chaque catégorie de pores. La sommation de ces valeurs donne la surface spécifique cumulée ($S_{S\ cum}$.) et le volume poreux cumulé ($V_{p\ cum}$), équivalent à la porosité volumique totale. Les valeurs cumulées s'écrivent :

$$(\text{E-55}) \quad S_{S\ cum} = \sum_{j=1}^{n} S_{p_j}$$

$$(\text{E-56}) \quad V_{p\ cum} = \sum_{j=1}^{n} V_{p_j}$$

Le volume poreux (V_p) est déterminé à partir de l'isotherme de désorption, c'est le volume adsorbé pour une HR donnée : $V_p = V_p(h)$. Le volume poreux s'exprime ensuite simplement en fonction du rayon poreux : $V_p = V_p(r_p)$.

3.3.6 Microfissuration

La présence de microfissures joue un rôle déterminant sur les propriétés de transfert. Une forte fissuration peut causer une augmentation significative de perméabilité [245] [246]. Par ailleurs, les fissures peuvent ne pas apparaitre très clairement à l'œil nu du fait de leur faible ouverture. Dans ce cadre, l'aspect fissuration est évalué par imprégnation d'échantillons (préalablement séchés à 25°C et 55% d'HR) avec une résine d'enrobage (Struers EpoFix) à laquelle est ajouté un colorant fluorescent (Struers EpoDye). L'examen de la surface sous une lampe ultra-violette (UV) permet alors d'identifier la présence éventuelle de fissures (Figure 47). Cette démarche apparait pertinente qualitativement. Le couplage avec un logiciel de traitement d'images (Image J) permet d'étendre cette approche d'un point de vue quantitatif. Un protocole d'analyse d'images spécifique est défini à cet effet (Tableau 19). Quelle que soit la formulation, les quantités de fissures développées à la surface des échantillons sont évaluées selon ce même protocole. Les valeurs résultantes peuvent ainsi être comparées d'une formulation à l'autre de manière cohérente.

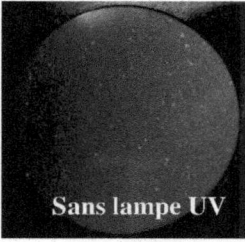

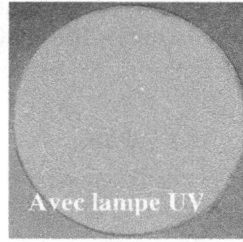

Figure 47 : Imprégnation d'un échantillon PI après un essai de carbonatation accélérée à $P_{CO2} \approx 3\%$ (25°C, HR = 55%) durant 349 jours et observation sous lampe UV.

Tableau 19 : Protocole de traitement d'image (Image J) dédié à l'évaluation du nombre de fissures – Illustration *via* un échantillon de pâte de CEM I fissuré.

1ère étape Ajustement de la luminosité et du contraste de l'image.	
2ème étape Passage de l'image couleur (32 bits) en 8 bits : conversion de l'image en 256 niveaux de gris de 0 (noir) à 255 (blanc). Sélection circulaire du contour de l'image à retraiter.	
3ème étape Création d'un nouveau document et ajustement de la luminosité et du contraste.	
4ème étape Seuillage de l'image : détection des contours.	
5ème étape Binarisation de l'image. Application d'un filtre médian (1 pixel) Processus d'érosion puis dilatation. Sélection du contour de l'image à analyser et obtention de l'histogramme (quantification du nombre de pixels noir et blanc). Quantification des fissures selon (E-57).	

$$(E-57) \quad \frac{Nb(\text{pixels noirs})}{Nb(\text{pixels noirs}) + Nb(\text{pixels blancs})}$$

130

3.3.7 Retrait

La décalcification des C-S-H, induite par la carbonatation, est évoquée comme cause majeur de retrait, menant à l'apparition de fissures [96]. Par ailleurs, il est envisageable qu'au cours du séchage, la présence de gradients hydriques entre le cœur et la surface des échantillons génère des contraintes mécaniques et entraine l'apparition de fissures en surface. Afin d'investiguer cette thématique, des dispositifs de mesure du retrait (capteurs de déplacement) sont mis en place (Figure 48). Notre démarche est purement exploratoire. Elle vise à caractériser le retrait :

- de dessiccation : par mise en place d'échantillons (sortie de cure) dans une enceinte climatique (HR = 55%, 25°C) et en mesurant, en continu, le retrait résultant,
- de carbonatation : par mise en place d'échantillons équilibré à 55% d'HR (25°C) dans l'enceinte de carbonatation ($P_{CO2} \approx 3\%$, HR = 55%, 25°C) et en mesurant, en continu, le retrait résultant.

Afin d'obtenir des résultats dans des durées raisonnables, des échantillons massifs (Ø = 50 mm et h = 70 mm) ont été carottés afin d'obtenir des échantillons de dimensions : Ø = 28,4 mm et h = 70 mm (Figure 48). La mise en place de deux échantillons par formulation (sortie de cure) en enceinte climatique (HR 55%, 25°C) permet de vérifier la reproductibilité des mesures. Les résultats sont présentés sous la forme de la moyenne des mesures effectuées sur les deux échantillons (par formulation). Notons qu'un échantillon supplémentaire (par formulation), destiné à un suivi de masse, est introduit dans l'enceinte de dessiccation.

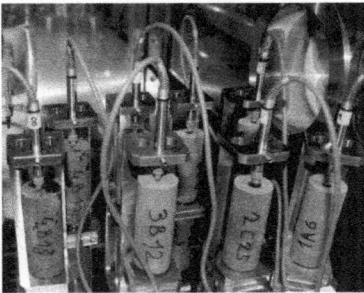

Figure 48 : Mise en place des cellules de mesure de retrait en enceinte (HR = 55%, 25°C).

131

4. Description du transport d'eau

Cette partie est dédiée à l'évaluation des paramètres physiques nécessaires à la résolution de l'équation de Richards [157] et, par conséquent à la description du transport d'eau.

4.1 Densité et porosité

La densité d'une pâte saturée est mesurée au moyen d'une pesée hydrostatique selon l'expression (E-58) :

$$(E\text{-}58) \quad d_{sat} = \frac{m_{sat}}{m_{sat} - m_{eau}}$$

où m_{sat} correspond à la masse de l'échantillon saturé en eau et m_{eau} à la masse de l'échantillon mesurée sous eau (pesée hydrostatique). Les échantillons sont saturés sous vide, à 25 mbar durant 24 heures sous eau, selon le mode opératoire recommandé par l'AFPC-AFREM [219].

La porosité totale Ø équivaut, par définition, au rapport du volume de vides de l'échantillon sur son volume total. Elle peut être mesurée par porosimétrie au mercure ou *via* la méthode de « la porosité accessible à l'eau » [206]. Cette dernière consiste à saturer le matériau sous vide[32] et à mesurer le volume apparent au moyen d'une pesée hydrostatique. Le volume de vides est obtenu par différence entre la masse de l'échantillon saturé et celle mesurée après séchage. Les échantillons sont séchés (jusqu'à masse constante) à :

- 80°C, afin de permettre des comparaisons avec les travaux de Drouet [4],
- 105°C, selon le mode opératoire de l'AFPC-AFREM [219].

La porosité totale est calculée selon (E-59) :

$$(E\text{-}59) \quad \emptyset = \frac{m_{sat} - m_{sec}}{m_{sat} - m_{eau}}$$

où m_{sec} correspond à la masse de l'échantillon sec, i.e. lorsque la cinétique de perte de masse est considérée stabilisée (conformément au critère d'arrêt défini au 4.2.1).

---

[32] Les échantillons sont resaturés sous eau et sous vide en s'inspirant du protocole recommandé dans le cadre du projet GranDuBé (2007) : 4 heures sous vide partiel (0,5 bar) dans un conteneur étanche avant l'ajout d'eau et maintien du vide pendant 20 heures.

4.2 Isothermes de désorption

4.2.1 Méthode des solutions salines

Dans ces expériences, l'HR est contrôlée *via* des solutions salines saturées dans des conteneurs étanches (Figure 49), tandis que la masse des échantillons est mesurée. Pratiquement, les échantillons, initialement saturés (conservation en solutions spécifiques de cure) sont périodiquement sorties des conteneurs pour être pesées par lots de 3 échantillons de même formulation. La perte de masse à l'équilibre (i.e. masse constante) pour différentes HR permet l'évaluation des isothermes de désorption de la vapeur d'eau [193]. L'état sec de référence est défini par un séchage à 80°C. La liste des solutions salines saturées (associée à leur HR respective à 20°C) utilisées pour cette étude est fournie dans le Tableau 20.

Figure 49 : Enceintes de dessiccation utilisées pour l'acquisition des isothermes de sorption en salle climatisée à 20°C ± 2°C.

133

Tableau 20 : Liste des solutions salines saturées utilisées pour la « méthode des solutions salines » à 20°C [247].

Solutions salines saturées	Formule	HR à 20°C
Chlorure de calcium	$CaCl_2$	3%
Chlorure de lithium	$LiCl$	11%
Acétate de potassium	$C_2H_3KO_2$	23%
Chlorure de magnésium	$MgCl_2$	33%
Carbonate de potassium	K_2CO_3	43%
Nitrate de magnésium	$Mg(NO_3)_2$	54%
Bromure de sodium	$NaBr$	59%
Nitrate d'ammonium	NH_4NO_3	63%
Iodure de potassium	KI	70%
Chlorure d'ammonium	NH_4Cl	80%
Nitrate de potassium	KNO_3	90%
Sulfate de potassium	K_2SO_4	98%
Eau déionisée	H_2O	100%

A l'issue des essais de désorption, la teneur en eau massique w (%) est calculée à partir de la variation relative de masse des d'échantillons selon l'expression (E-60).

$$(E\text{-}60) \quad w(h, T) = \frac{d_{sat}}{d_{sat} - \emptyset}\left[\left(\frac{\Delta m}{m}\right)(h, T) + \frac{\emptyset}{d_{sat}}\right]$$

où $\frac{\Delta m}{m}$ est la perte de masse relative à l'équilibre hydrique.

L'isotherme est une propriété intrinsèque au matériau, qui conditionne directement l'évaluation, *a posteriori*, des propriétés de transport d'eau (perméabilités relative et intrinsèque). Afin d'obtenir des isothermes de désorption de la vapeur d'eau fiables, il faut prendre en compte la cinétique des processus. Aussi, il apparait indispensable d'atteindre une variation de masse des échantillons stabilisée (équilibre hydrique) afin de caractériser l'isotherme de désorption réelle du matériau. Dans ce sens, un critère d'arrêt des isothermes est mis en place. Précisons par ailleurs qu'il nous est impossible d'attendre l'équilibre hydrique dans la mesure où plus on s'en approche et plus la vitesse correspondante diminue.

A chaque échéance de mesure de l'isotherme (i.e. en différents points de la courbe de cinétique de perte de masse associée à chacune des HR), l'écart relatif entre deux pesées successives espacées de 24 heures (noté C) est calculé selon l'équation suivante (E-61) :

$$(E\text{-}61) \quad C = \frac{\left(\frac{\Delta m}{m}\right)_{t+24h} - \left(\frac{\Delta m}{m}\right)_{t}}{\left(\frac{\Delta m}{m}\right)_{t}}$$

où $\left(\frac{\Delta m}{m}\right)_{t}$ et $\left(\frac{\Delta m}{m}\right)_{t+24h}$ sont respectivement les variations relatives de masses mesurées aux échéances t et t + 24 heures.

Le critère fixé est celui utilisé par Drouet [4], c'est à dire C < 0,05% (écart relatif pour chaque HR), permettant ainsi des comparaisons avec nos résultats. Au-delà, l'isotherme évolue peu au cours du temps. L'équilibre peut alors être supposé atteint. Dans ce sens, Drouet [4] évalue que les courbes de cinétique de perte de masse, pour chaque HR, atteignent un « plateau » de stabilisation satisfaisant pour C ≤ 0,05%. Dans ce cadre, une courbe d'ajustement (« fit ») est utilisée afin de décrire la cinétique de perte de masse [7]. Les pertes de masse non obtenues expérimentalement sont estimées au moyen de l'expression (E-62).

$$(E\text{-}62) \quad \frac{\Delta m}{m}(t) = a\frac{\sqrt{t}}{b+\sqrt{t}}$$

où a et b sont des paramètres déterminés *via* la méthode des moindres carrés, par minimisation des écarts quadratiques entre les valeurs expérimentales et théoriques.

A titre d'illustration, la Figure 50 présente la cinétique de perte de masse expérimentale et sa courbe d'ajustement, obtenue au cours de la désorption (HR = 59%, 20°C) de lots d'échantillons PIII sains. Au bout de 200 jours d'essai, l'équilibre hydrique est jugé atteint.

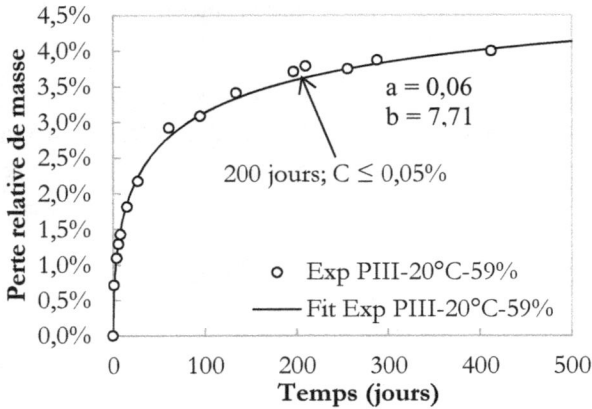

Figure 50 : Cinétique de perte de masse au cours de la désorption des lots d'échantillons de PIII, à l'état sain, à HR 59% et 20°C - Courbe d'ajustement d'après l'expression (E-62).

Rappelons que les courbes de pression capillaire, nécessaire à l'évaluation de la perméabilité relative, sont déduites des isothermes *via* la loi de Kelvin-Laplace, (E-22). Pour une question de clarté, elles sont systématiquement tracées en échelle logarithmique.

4.2.2 Balance dynamique de sorption de vapeur (DVS)

Une balance de sorption est utilisée en complément de méthode des solutions salines. Elle permet de compléter les courbes de désorption. Le dispositif, spécialement conçu pour la caractérisation des isothermes est issu de la société SMS (modèle DVS Advantage). Il comprend une microbalance permettant la mesure précise (sensibles à des variations de masses de l'ordre de $0,1 \times 10^{-6}$ g) et, en continu, de la masse de l'échantillon. La balance est placée dans un incubateur où l'HR[33] et la température sont régulées avec précision (Figure 51).

---

[33] L'HR est obtenue par le mélange contrôlé d'azote sec et de vapeur d'eau. L'utilisation d'azote permet de s'affranchir des risques liés à la carbonatation.

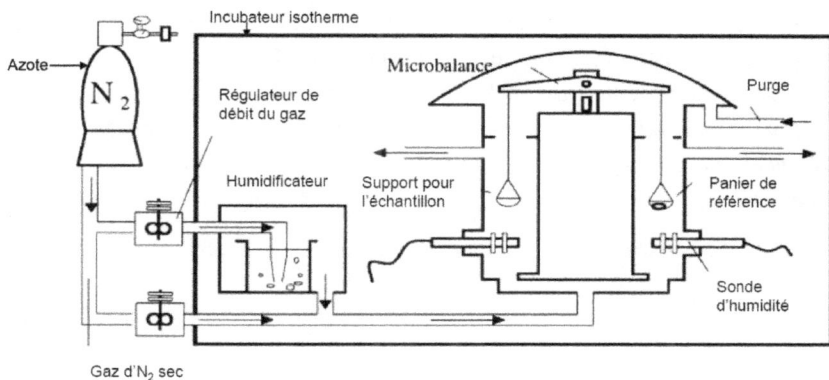

Figure 51 : Principe de l'appareil DVS [97].

L'échantillon utilisé pour cette application (placé dans une micro-coupelle en aluminium de diamètre 4 mm, panier de gauche sur la Figure 51) est une poudre (échantillon broyé puis passé au tamis à 100 μm) de faible quantité (quelques dizaines de mg). Le panier de droite, qui ne contient pas l'échantillon, est le panier de référence, localisé dans une chambre (Figure 51). A noter que l'ambiance thermo-hygrométrique des deux chambres est la même. L'intérêt majeur d'utiliser des poudres est de réduire considérablement la durée des essais par rapport à la méthode des solutions salines. La question de la représentativité des échantillons réduits en poudre par rapport aux matériaux compacts se pose cependant. Dans ce cadre, les travaux de la littérature affichent des données concordantes entre la méthode classique (i.e. les solutions salines) et les balances de sorption. Différentes études peuvent être citées, dont par exemple celle d'Arlabosse et al. [248] pour différents matériaux et, plus spécifiquement celles de Johannesson & Janz [249] et Trentin [250] dans le domaine des matériaux cimentaires.

Trentin [250] a effectué plusieurs essais de désorption à 20°C sur des échantillons de poudre de pâte de ciment CEM I afin d'en vérifier la répétabilité. Dans ce cadre, le critère d'équilibre (variation de masse au cours du temps : $\Delta m/\Delta t$), défini pour chaque palier d'HR, est fixé à $1,5.10^{-4}$ %.min^{-1}. Le passage au niveau d'humidité relative inférieur est enclenché dès lors que la variation de masse de l'échantillon est inférieure au critère fixé sur une période spécifiée (10 minutes par défaut) ou, si ce dernier n'est pas atteint, au bout de 48 heures (Figure 52).

Un essai de désorption de la vapeur d'eau conduit avec le dispositif DVS permet de réduire considérablement la durée d'acquisition des isothermes, intérêt majeur de l'appareil. A titre d'exemple, l'isotherme de désorption d'une pâte de ciment PV saine peut être décrite après une dizaine de jours par DVS contre plusieurs années dans le cas d'essais conventionnels. L'isotherme résultante est comparée à celle obtenue par la méthode des solutions salines (Figure 52). Dans ce cas la concordance des données est très satisfaisante, confortant ainsi l'utilisation de la balance de sorption.

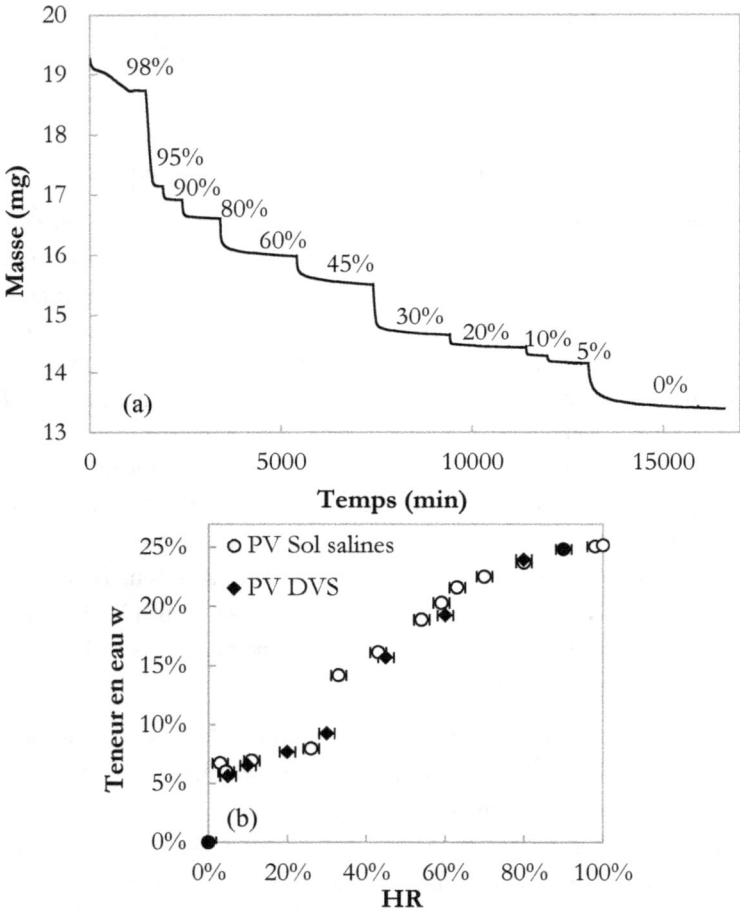

Figure 52 : (a) Evolution de la masse d'un échantillon de pâte PV, au cours du temps, à 20°C, obtenue à partir de la balance de sorption dynamique DVS – (b) Comparaison des isothermes de désorption obtenues par DVS (losange) et par la méthode des solutions salines (cercles).

4.3 Perméabilité

La démarche appliquée vise à déterminer les paramètres nécessaires à la résolution de l'équation de Richards [157] de manière à fournir une description cohérente des transferts hydriques. Dans ce cadre, la méthode Katz & Thompson [251] [252] permet d'évaluer indirectement la perméabilité intrinsèque K. L'analyse inverse est une autre méthode indirecte, permettant l'évaluation de la perméabilité effective K_e (i.e. produit des perméabilités intrinsèque et relative). Elle combine expériences [160] [191] [192] [253] et modèles numériques [159] [179], c'est la méthode conventionnelle. La perméabilité effective peut également être évaluée directement au moyen d'un essai à la coupelle [160] [190]. Ces méthodes sont décrites aux paragraphes 4.3.1, 4.3.2 et 4.3.3.

4.3.1 Katz & Thompson

La méthode de Katz & Thompson est utilisée afin d'estimer la perméabilité intrinsèque K des échantillons sains et carbonatés. Ce modèle est fondé sur la théorie de la percolation et fut développé à l'origine pour les milieux rocheux [251]. Cette théorie a, par la suite, été étendue aux matériaux cimentaires [252]. Le paramètre fondamental intervenant dans le modèle est le diamètre de pore critique (D_C[34]), c'est-à-dire le diamètre à partir duquel le réseau poreux devient connecté. Ce paramètre peut être facilement déterminé à partir des expériences de porosimétrie au mercure. Il correspond au point d'inflexion de la courbe de volume de mercure cumulé injecté en fonction du diamètre de pore investi (Figure 53).

La perméabilité intrinsèque K s'écrit alors simplement selon l'expression (E-63).

$$(E-63) \quad K = \frac{1}{226} \frac{D_C^2}{F}$$

Où F est le facteur de forme, il peut être évalué sur la base de mesures de la conductivité électrique.

---

[34] Diamètre du plus petit pore devant être rempli pour qu'il existe un chemin continu de liquide traversant l'échantillon (lorsqu'on remplit le réseau en commençant par les plus gros pores) [7].

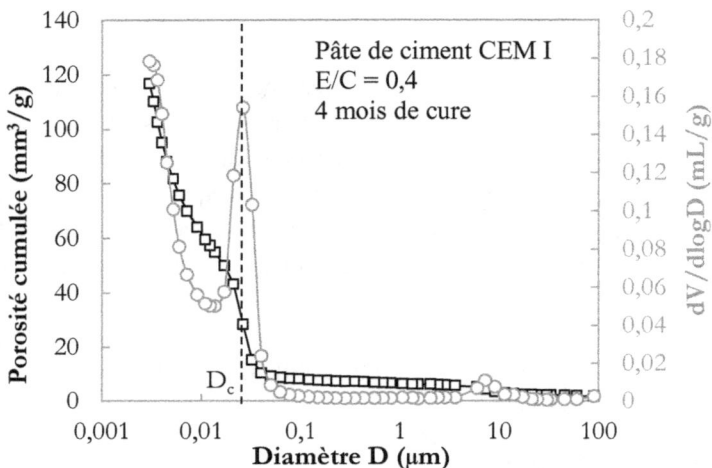

Figure 53 : Volume de mercure cumulé et distribution de tailles de pores d'une pâte de ciment Portland (CEM I) non carbonatée.

L'évaluation directe de la conductivité (σ_0) est cependant difficile du fait de la complexité des équilibres chimiques à l'interface des phases solide et liquide. Dans ce cadre, une extension du modèle de Katz & Thompson [236] permet de prédire les paramètres K et F à partir des seuls renseignements issus de la porosimétrie au mercure. La méthode est fondée sur la séparation de la structure poreuse selon deux classes de pores [236] [254] [255] [256] : celle correspondant aux pores capillaires (où la perméabilité est élevée) et celle constituée par les pores du gel, les hydrates et particules non hydratée (où la perméabilité est faible). L'application de la méthode nécessite quelques prérequis : (i) D représente une taille de pore supérieure à D_C, (ii) tous les pores de diamètre supérieur à D ont une conductance électrique nulle, (iii) tous les pores de diamètre inférieur à D ont une conductance fixée correspondant à celle d'un pore cylindrique de diamètre D.

Les conductances hydraulique $g_h(D)$ et électrique $g_e(D)$ du réseau poreux s'écrivent alors selon les expressions (E-64) et (E-65).

$$(E\text{-}64) \quad g_h(D) = \emptyset \frac{1}{89} \frac{L}{D_c} D^3 S(D)$$

$$(E\text{-}65) \quad g_e(D) = \sigma_0 \emptyset \frac{L}{D_c} D S(D)$$

140

où Ø est la porosité, S(D) est la fraction volumique de pores interconnectés de diamètre inférieur à D (S(D) = 0 si D > D_C et S(0) = 1), L caractérise la dimension de l'échantillon.

Les fonctions $g_h(D)$ et $g_e(D)$ représentent les bornes inférieures des conductances réelles du matériau. Le but de la méthode est de maximiser ces conductances afin de se rapprocher au plus près des valeurs réelles. Les valeurs de D_h et D_e qui maximisent respectivement $D^3S(D)$ et DS(D) sont alors déterminées (Figure 54).

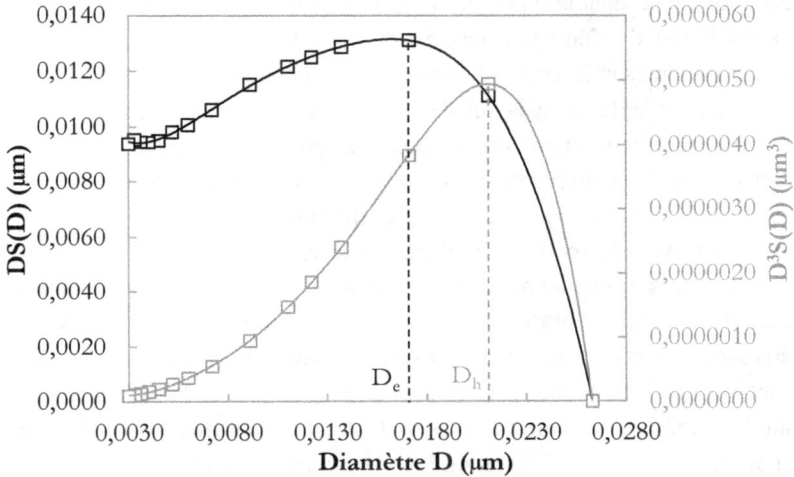

Figure 54 : Détermination de D_h et D_e par maximisation de $D^3S(D)$ et DS(D).

La perméabilité intrinsèque K et le rapport de conductivité électrique σ/σ_0 sont obtenus à partir des expressions (E-66) et (E-67).

$$(E\text{-}66) \quad K = \frac{g_h(D_h)}{L} = \emptyset \frac{1}{89} \frac{D_h}{D_c} (D_h)^2 S(D_h)$$

$$(E\text{-}67) \quad \sigma = \frac{g_e(D_e)}{L} = \sigma_0 \emptyset \frac{D_e}{D_c} S(D_e)$$

La méthode Katz-Thompson est facile à mettre en œuvre et permet de valoriser les expériences de porosimétrie au mercure. Il n'existe cependant pas de consensus quant aux valeurs qu'elle fournit [191]. De fait, l'intérêt pour nous d'utiliser cette méthode est de fournir une analyse purement comparative, i.e. de renseigner sur l'évolution de perméabilité de l'état sain à carbonaté.

4.3.2 Analyse inverse

4.3.2.1 Principe

Pour rappel, Mainguy et al. [150] ont montré que la perte de masse au cours du séchage de matériaux faiblement perméables était régie principalement par le transport d'eau sous forme liquide, les autres modes de transport étant négligés (voir *Chapitre 1 Etat de l'art*, §3.4). Le modèle simplifié résultant consiste alors en une seule équation ne rendant compte du transport de l'eau que sous sa forme liquide (E-25). La résolution de l'équation (E-25), avec en l'occurrence pour condition à la limite celle portant sur le degré de saturation imposé au bord de l'échantillon par l'humidité relative externe et la loi de Kelvin, permet alors de prédire la perte de masse d'un échantillon durant son séchage. La perméabilité effective à l'eau liquide peut alors être évaluée simplement. Pour ce faire, on procède par analyse inverse en déterminant la valeur de perméabilité intrinsèque K_l qui rend compte le plus fidèlement, à travers le modèle simplifié, de la cinétique de perte de masse réelle observée au cours d'une expérience de séchage. Précisons que la connaissance préalable de la perméabilité relative à l'eau liquide k_{rl} est nécessaire. Sa caractérisation expérimentale étant particulièrement délicate, elle est généralement approchée *via* l'utilisation du modèle de Mualem [179] selon l'expression (E-34). En injectant l'expression de van Genuchten [159] dans le modèle de Mualem, une relation analytique simple (E-35) liant k_{rl} à la saturation liquide S_l est obtenue. Dans ces conditions, connaissant les paramètres de van Genuchten (a et m), préalablement déduits de l'ajustement des courbes de pression capillaire, les perméabilités relatives à l'eau liquide et, les porosités accessibles à l'eau, les perméabilités intrinsèques K_l peuvent être évaluées.

4.3.2.2 Méthode

La perméabilité intrinsèque à l'eau liquide K_l est évaluée *via* l'utilisation du code de calcul par éléments finis Cast3m, par résolution directe de l'équation de Richards (E-31), sur la base de la connaissance de la cinétique de séchage isotherme d'échantillons massifs [158] [192].

Dans un premier temps, un échantillon par formulation (cylindres de diamètre 50 mm et hauteur 65 mm, voir §1.1.3) est prélevé après 4 mois d'immersion en solution spécifique de cure (voir §1.1.2). Les propriétés initiales (volume, masse) des matériaux ayant été déterminées au préalable, les 4 échantillons, sont placés en

142

enceinte climatique à 25°C et 55% d'HR. Périodiquement, l'enceinte est ouverte, les échantillons sont pesés et, leur variation relative de masse est calculée. La durée de l'essai de séchage a été fixée à 100 jours (obtention de données stabilisées dans des durées convenables).

Dans un second temps, le calcul numérique nécessite de définir les données géométriques relatives à la structure étudiée, i.e. le maillage. Dans ce cas, les éléments finis solides sont décrits par des éléments bidimensionnels axisymétriques (quadrangle à 4 nœuds, 2 degrés de liberté par nœuds, interpolation linéaire). La structure est un cylindre de rayon 0,0254 m et de hauteur 0,0647 m. Les conditions initiales sont définies à température uniforme $T_0 = 298,15$ K et pression d'eau P_0 nulle (échantillons initialement saturés). Les conditions limites sont fixées à $T = 298,15$ K et $P = -82,3$ MPa (valeur correspondante à HR = 55%) (Figure 55).

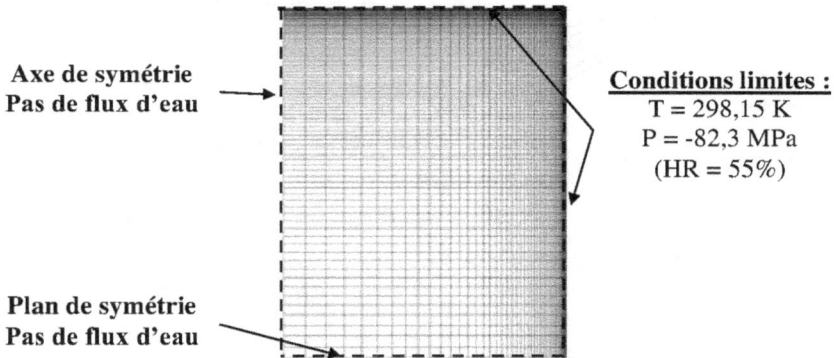

Axe de symétrie
Pas de flux d'eau

Conditions limites :
$T = 298,15$ K
$P = -82,3$ MPa
(HR = 55%)

Plan de symétrie
Pas de flux d'eau

Figure 55 : Définition du maillage et des conditions limites sous Cast3m.

Par application d'une procédure itérative, l'équation de Richards (E-31) est résolue. La cinétique de perte de masse d'un échantillon, en conditions connues et maintenues, est alors décrite numériquement. La perméabilité intrinsèque est ensuite ajustée de manière à retrouver la cinétique de perte de masse expérimentale.

A titre d'exemple, la Figure 56 présente la restitution numérique (lignes continues) de la cinétique de perte de masse expérimentale (cercles) d'un échantillon PI. Les cinétiques de pertes de masse sont simulées (25°C, HR = 55%) pour différentes valeurs de perméabilité intrinsèque (K_1) ($2,0 \times 10^{-22}$ m² $\leq K_1 \leq 4,0 \times 10^{-22}$ m²). La valeur de K_1 la plus satisfaisante est caractérisée par la minimisation de l'écart quadratique entre les variations relatives de masse simulées (sim) et mesurées (exp) selon la fonction (E-68).

143

$$(E\text{-}68) \quad Q = \sum_{i=1}^{N}\left[\left(\frac{\Delta m}{m}\right)_i^{exp} - \left(\frac{\Delta m}{m}\right)_i^{sim}\right]^2$$

où N est le nombre de pesées (15 dans notre cas).

L'évolution de la fonction Q est tracée sur la Figure 57. Le minimum fournit la valeur de perméabilité intrinsèque à l'eau liquide optimale : $K_l = 2{,}7 \times 10^{-22}$ m².

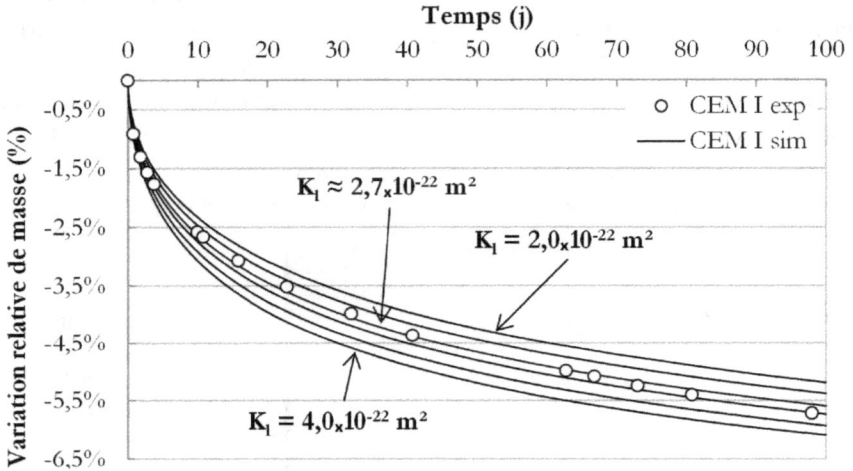

Figure 56 : Restitution numérique de la perte relative de masse de PI pour différentes valeurs de perméabilité intrinsèque K_l.

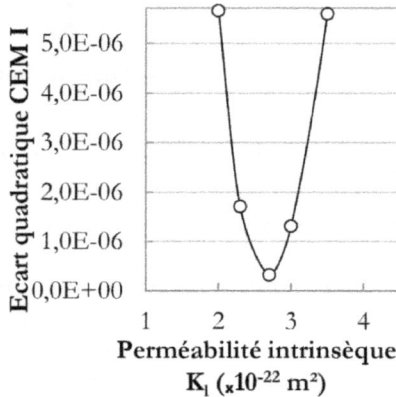

Figure 57 : Minimisation de l'écart quadratique de P_I pour différentes valeurs de perméabilité intrinsèque K_l.

4.3.3 Essai à la coupelle

4.3.3.1 Principe

Malgré la mise en place d'essai à $P_{CO2} \approx 3\%$, la carbonatation reste un phénomène lent. Cette raison majeure justifie le fait de travailler sur des échantillons de faible dimensions (disques de 6 mm d'épaisseur dans notre cas, voir §1.1.3), afin d'acquérir des données dans des durées raisonnables. Dans ces conditions, la méthode conventionnelle, i.e. l'analyse inverse, ne peut être appliquée (épaisseur trop faible). Une méthode alternative dite « essai à la coupelle » [190] [160] peut être employée. Elle permet l'évaluation expérimentale de la perméabilité effective à l'eau liquide K_e en milieu insaturé. Pour ces essais, les échantillons à caractériser se présentent sous la forme de disques fins (de quelques millimètres d'épaisseur). Un échantillon est placé de telle manière à constituer une interface entre deux environnements différents (température identique mais deux humidités relatives différentes : HR_1 et HR_2) à travers laquelle l'eau est transportée (Figure 58). Partant de l'hypothèse de Mainguy et al. En supposant que le transport est piloté par perméation de l'eau liquide seule [150], le flux d'eau (E-27) est, en régime permanent, constant et permet d'estimer la perméabilité effective sur l'intervalle d'HR considéré.

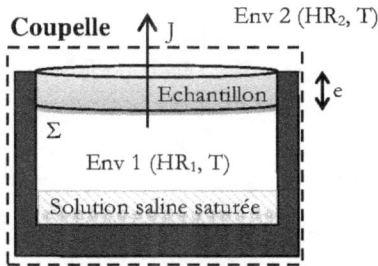

Figure 58 : Schéma de principe de l'essai « à la coupelle ».

4.3.3.2 Dispositif expérimental

D'un point de vue pratique, l'HR_1 (intérieure) est contrôlée au moyen de solutions salines saturées tandis que l'HR_2 (extérieure) et la température sont contrôlées *via* une enceinte climatique. La coupelle (ensemble du dispositif, Figure 59) est sortie de l'enceinte régulièrement puis pesée (précision de l'ordre du centigramme) pour un couple d'HR donnée. Cette opération est délicate et nécessite une certaine prudence dans la manipulation pour ne pas mouiller la surface de l'échantillon avec la solution saline. Les essais débutent systématiquement avec des échantillons saturés (selon le protocole classiquement employée [219]). Dès lors que la variation de masse devient linéaire en fonction du temps [160], le régime permanent est atteint. Le flux v s'exprime alors à partir de (E-69).

$$(E\text{-}69) \quad v = \frac{\dot{m}}{\rho_l \Sigma} = \left| -\frac{K_e}{\eta} \frac{\Delta P}{e} \right| = \text{constante}$$

où $\dot{m}$ est la cinétique de variation de masse de la coupelle (kg/s) (i.e. coefficient directeur de la pente), Σ la surface d'échange (égale à $1,13 \times 10^{-3}$ m²), e l'épaisseur du disque (6×10^{-3} m) et, ΔP la différence de pression entre les environnements 1 et 2 de la coupelle (Figure 58) (E-70).

$$(E\text{-}70) \quad \Delta P = -\rho_l \frac{RT}{M_l} \ln\left(\frac{HR_1}{HR_2}\right)$$

où M_l est la masse molaire de l'eau liquide ($0,018$ kg.mol^{-1}), R est la constante des gaz parfaits ($8,3145$ J.mol^{-1}.K^{-1}) et T est la température absolue ($298,15$ K).

La perméabilité effective K_e est alors déduite selon (E-71).

$$(E\text{-}71) \quad K_e = \frac{\dot{m}\eta e M}{\rho^2 \Sigma RT \ln\left(\frac{HR_2}{HR_1}\right)}$$

Ce type d'expérience a été réalisé en adaptant des cellules de diffusion couramment utilisées au laboratoire [257] (Figure 59). L'échantillon (disque de 6 mm d'épaisseur) est maintenu entre deux flasques en PVC par une colle bi-composants[35]. L'étanchéité du système est assurée par des joints toriques (nitrile). L'ensemble flasques/échantillon est maintenu *via* un système constitué d'une plaque d'aluminium et de boulons.

---

[35] Araldite (colle constituée d'une résine époxyde et d'un agent polymérisant, le 1,4,7,10-tétraazadécane).

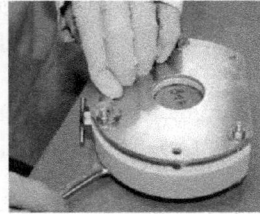

Figure 59 : Photographies de la partie intérieure du dispositif d'essai à la coupelle, de mise en place de l'échantillon et du dispositif final.

4.3.3.3 Opérationnalité du dispositif

Un essai préliminaire a été réalisé sur un échantillon de pâte de CEM I, sain et mature, de 6 mm d'épaisseur. La plage d'HR correspondante est 55-64%. L'HR intérieure est régulée *via* une solution saline de nitrate d'ammonium saturée (NH_4NO_3, 64% à 25°C) et l'HR extérieure *via* une enceinte climatique (55% à 25°C). Le suivi de masse de l'échantillon correspondant est visible sur le graphique de la Figure 60. Il est important de préciser que, compte tenu de la perte de masse totale de la coupelle, l'incertitude relative à chaque point est plus faible que la taille du symbole, c'est pourquoi elle n'apparait pas sur le graphique.

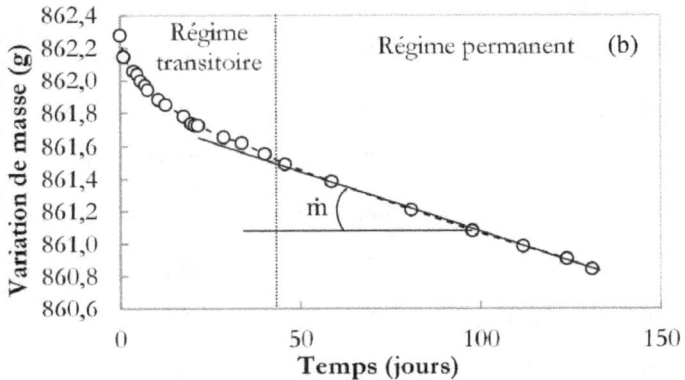

Figure 60 : (a) Pesée d'une coupelle - (b) Evolution de la masse d'une coupelle constituée d'un échantillon PI sain avec $HR_1 = 64\%$ et $HR_2 = 55\%$ à 25°C.

147

Sur la base de la cinétique de perte de masse ($\dot{m}$), la perméabilité effective est estimée à $1{,}9\times10^{-23}$ m². Par analyse inverse, le résultat acquis sur la base des données de l'étude précédente [4] est proche du notre ($5{,}6\times10^{-24}$ m²). L'essai à la coupelle fournit un ordre de grandeur de la perméabilité satisfaisant. Par ailleurs, il faut garder à l'esprit que l'on se focalise sur l'évolution de la propriété de transport de l'état sain à carbonaté et non sur les valeurs absolues de perméabilité. L'expérience est répétée sur différentes plages d'HR. La synthèse des couples d'HR utilisés dans le cadre des essais à la coupelle, conduits sur PI, PIII, PV et PBP, est fournie dans le Tableau 21. Précisons que les échantillons (initialement saturés) sont conditionnés en enceinte climatique où l'HR est progressivement descendue jusqu'à atteindre une valeur proche de celle utilisée au cours de l'essai (toujours supérieure). Cela permet de limiter les gradients de teneur en eau et ainsi d'éviter la fissuration de surface des échantillons lors du séchage.

Tableau 21 : Couples d'HR utilisés pour les essais à la coupelle [247].

PI		PIII	
HR$_1$ (solution saline) (%)	HR$_2$ (enceinte climatique) (%)	HR$_1$ (solution saline) (%)	HR$_2$ (enceinte climatique) (%)
100 (H$_2$O)	90	100 (H$_2$O)	90
98 (K$_2$SO$_4$)	90	93 (KNO$_3$)	80
93 (KNO$_3$)	80	85 (KCl)	70
85 (KCl)	70	75 (NaNO$_3$)	60
75 (NaNO$_3$)	60	70 (KI)	55
70 (KI)	55	64 (NH$_4$NO$_3$)	55
64 (NH$_4$NO$_3$)	55	64 (NH$_4$NO$_3$)	50
64 (NH$_4$NO$_3$)	50	54 (Mg(NO$_3$)$_2$)	40
54 (Mg(NO$_3$)$_2$)	40	43 (K$_2$CO$_3$)	35
43 (K$_2$CO$_3$)	35	43 (K$_2$CO$_3$)	25
43 (K$_2$CO$_3$)	25	33 (MgCl$_2$)	25

PV		PBP	
HR_1 (solution saline) (%)	HR_2 (enceinte climatique) (%)	HR_1 (solution saline) (%)	HR_2 (enceinte climatique) (%)
100 (H_2O)	90	100 (H_2O)	90
93 (KNO_3)	80	93 (KNO_3)	80
85 (KCl)	70	85 (KCl)	70
75 ($NaNO_3$)	60	75 ($NaNO_3$)	60
70 (KI)	55	70 (KI)	55
64 (NH_4NO_3)	55	64 (NH_4NO_3)	55
54 ($Mg(NO_3)_2$)	40	64 (NH_4NO_3)	50
43 (K_2CO_3)	35	54 ($Mg(NO_3)_2$)	40
43 (K_2CO_3)	30	43 (K_2CO_3)	35
43 (K_2CO_3)	25	43 (K_2CO_3)	30
33 ($MgCl_2$)	25	33 ($MgCl_2$)	25

Chapitre 3   Matériaux sains

La caractérisation des matériaux avant leur carbonatation est une étape préalable à la compréhension du comportement des matériaux carbonatés. Un objectif secondaire de ce chapitre est de justifier de l'utilisation de données recueilles par le passé sur des matériaux similaires [4] par comparaison directe avec nos résultats. C'est également l'occasion d'étudier l'effet des éléments d'ajout en confrontant les matériaux de l'étude les uns avec les autres. Ce chapitre se focalise sur les résultats des caractérisations menées sur les matériaux PI, PIII, PV et PBP selon 3 axes majeurs :

- la minéralogie (§1),
- la microstructure (§2),
- les propriétés de transport d'eau (§3).

1. Minéralogie

1.1 DRX

Les diffractogrammes des pâtes de ciment PI, PIII, PV et PBP, acquis à l'issue de la période de cure (4 mois en solution interstitielle reconstituée), sont superposés sur la Figure 61. A noter que la phase AFt est ici assimilée à de l'ettringite, tandis que la notation AFm regroupe plusieurs phases (monocarboaluminate de calcium, hémicarboaluminate de calcium et monosulfoaluminate de calcium). Les phases « an » englobent les composés anhydres C_2S et C_3S qui n'ont pas pu être discriminés. L'Annexe 2 rappelle la dénomination minéralogique complète utilisée tout au long de ce manuscrit.

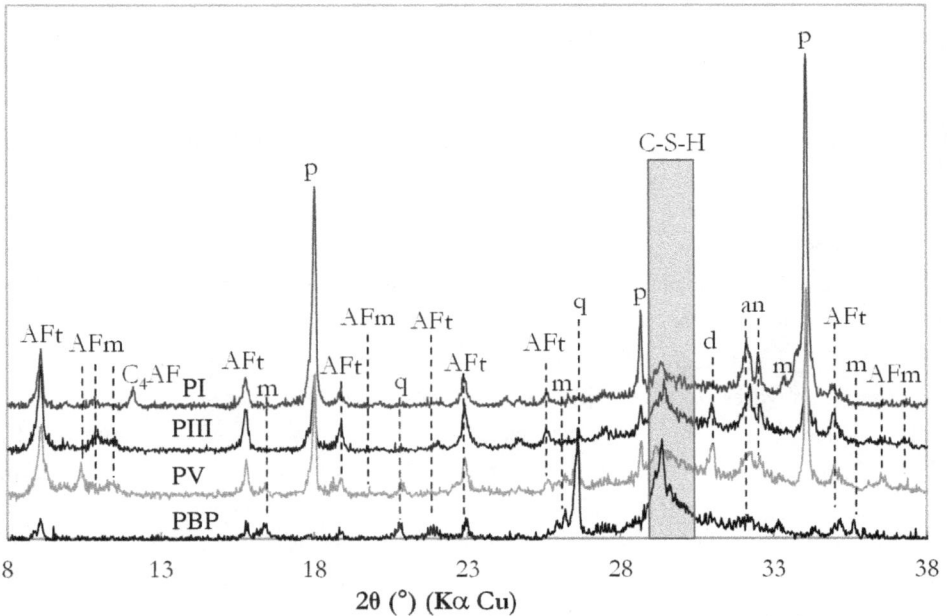

Figure 61 : Diffractogrammes des matériaux sains PI, PIII, PV et PBP curés à 20°C durant 4 mois.

Les diffractogrammes obtenus sont analysés pour chacune des formulations étudiées (PI, PIII, PV et PBP) :

- PI : la présence d'ettringite (AFt), d'anhydres résiduels (C_2S et C_3S sous la

151

notation « an »), d'un anhydre clairement défini : l'aluminoferrite (C_4AF), de portlandite (p) et de mullite (m) est détectée. La présence de calcite n'est pas relevée malgré la présence de filler calcaire dans le ciment (Annexe 1). Classiquement, le pic de la calcite est confondu dans le massif des C-S-H situé à $2\theta \approx 29°$ [258] [259]. A cause de cette superposition de pic, la DRX ne permet pas de suivre l'évolution de la teneur en C-S-H sur un profil de carbonatation. Cependant, d'autres techniques telles que la spectroscopie Raman, ou encore la RMN du silicium permettent ce type de suivi. Le diffractogramme obtenu sur le matériau PI hydraté est en accord avec l'évolution minéralogique décrite dans la littérature lors du processus d'hydratation d'un ciment Portland [260].

- PIII : la présence d'ettringite (AFt), de phases AFm, d'anhydres résiduels (C_2S et C_3S), de portlandite (p), de mullite (m), de quartz (q), de C-S-H et de dolomite (d) est détectée. La minéralogie identifiée est proche de celle de PI à la différence près que le signal DRX est moins fort pour la portlandite et plus fort pour les AFm.

- PV : la présence d'ettringite (AFt), de phases AFm, d'anhydres résiduels (C_2S et C_3S sous la notation « an »), de portlandite (p), de mullite (m), de quartz (q), de calcite, de C-S-H et de dolomite (d) est détectée. La composition minéralogique de PV est très proche de celle de PIII. Il est remarqué dans le cas des ciments composés (PIII et PV) que l'intensité relative à la raie des C-S-H ($2\theta \approx 29°$) est plus importante que dans le cas de PI. Cette observation est due aux apports en soufre et en aluminium provenant des laitiers.

- PBP : la présence d'ettringite (AFt), de mullite (m), de quartz (q), de C-S-H, d'anhydres (C_2S et C_3S) et d'hématite est détectée. Notons que la portlandite n'est pas détectée dans cette pâte, résultat confirmé par ATG (Figure 62). Les phases observées sont en accord avec l'identification minéralogique faite par Codina [12] sur ce même matériau. Les minéraux cristallisés, peu ou non réactifs, comme le quartz (associé à la fumée de silice et aux cendres volantes), l'hématite (associé à la fumée de silice) et la mullite (associée aux cendres volantes) sont logiquement identifiés.

1.2 ATG

La Figure 62 présente les courbes DTG des pâtes de ciment PI, PIII, PV et PBP acquises à l'issue de la période de cure (4 mois en solution interstitielle reconstituée). L'analyse de ces courbes confirme de la présence des phases minéralogiques identifiées par DRX. La quantification des teneurs en katoïte, portlandite, calcite et dolomite de chacune des formulations est déduite des analyses ATG (Tableau 22).

Tableau 22: Composition minéralogique (en mol/L de pâte), obtenue par ATG, des matériaux sains, curés à 20°C durant 4 mois, PI, PIII, PV et PBP - Comparaison avec les valeurs obtenues par Drouet [4] (* matériau non étudié ou données indisponibles).

PI	k	p	c	D
Auroy	-	5,3	0,4	-
Drouet [4]	*	5,6	*	*

PIII	k	p	c	d
Auroy	1,6	1,8	0,4	0,2
Drouet [4]	*	*	*	*

PV	k	p	c	d
Auroy	1,9	2,3	0,4	0,8
Drouet [4]	*	2,1	*	*

PBP	k	p	c	d
Auroy	-	-	0,3	-
Drouet [4]	*	-	*	*

La présence de katoïte dans PIII et PV est mise en évidence par ATG (Figure 62). Cette observation est corroborée par les analyses MEB de Nguyen [261]. Les quantités de portlandite estimées par ATG sont très proches de celles déterminées au cours de l'étude précédente [4]. Le Tableau 22 met en évidence une teneur en portlandite beaucoup plus élevée pour PI (5,3 mol/L) que pour les ciments composés (PIII, PV et PBP). Ces données sont cohérentes avec le taux de substitution du clinker par des additions minérales de chacun des matériaux (Annexe 1).

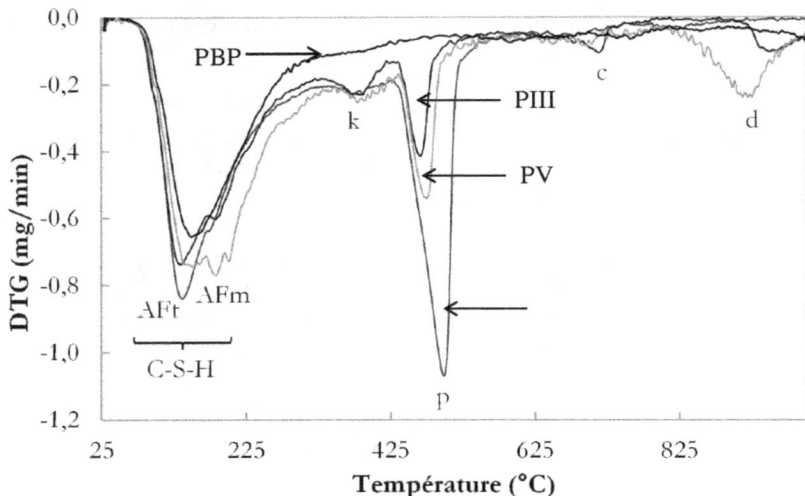

Figure 62 : Analyses thermogravimétriques (DTG) des matériaux sains, curés à 20°C durant 4 mois, PI, PIII, PV et PBP.

1.3 Teneur en eau liée

La teneur en eau liée chimiquement aux hydrates (w_{el}) est obtenue en utilisant les pertes de masse mesurées par ATG à l'issue de la période de cure (4 mois en solution interstitielle reconstituée). Les valeurs obtenues sur matériaux sains sont compilées dans le Tableau 23 pour deux températures d'évacuation de l'eau libre (80°C et 105°C).

Tableau 23 : Teneurs en eau liée chimiquement (obtenue par ATG) des matériaux sains, curés à 20°C durant 4 mois, PI, PIII, PV et PBP.

	PI	PIII	PV	PBP
w_{el} (80°C) (%)	16,0	12,2	14,4	9,2
w_{el} (105°C) (%)	15,7	11,9	14,2	9,0

Les teneurs en eau liée apparaissent logiquement plus faibles à 105°C qu'à 80°C du fait d'une température de séchage plus importante. Les matériaux se classent par ordre croissant de teneur en eau liée selon : PBP < PIII < PV < PI. Cette tendance met en évidence la contribution prépondérante de la portlandite dans la teneur initiale en eau liée.

154

1.4 Teneur en C-S-H

Le Tableau 24 retranscrit les quantités de C-S-H relatives aux pâtes de ciment hydratées (4 mois de cure en solution interstitielle reconstituée) PI, PIII, PV et PBP sains. Les valeurs correspondantes sont comparées à celles obtenues par Drouet [4].

Tableau 24 : Evaluation de la quantité de C-S-H (en mol/L de pâte) à partir d'essais de sorption d'eau et *via* l'utilisation de la méthode Olson & Jennings [213] sur les matériaux sains, curés à 20°C durant 4 mois, PI, PIII, PV et PBP (* matériau non étudié ou données non disponibles).

	PI	PIII	PV	PBP
Teneur en eau w (20%) Auroy (%)	5,6	7,5	7,6	10,3
Teneur en eau w (20%) Drouet [4] (%)	5,6	*	8,3	10,3
[C-S-H] Auroy (mol/L)	**5,2**	**6,5**	**6,5**	**7,6**
[C-S-H] Drouet [4] (mol/L)	5,1	*	7,0	7,4

Les teneurs en C-S-H estimées ici sont très proches de celles déterminées par Drouet [4]. Les faibles écarts observés viennent du fait que les valeurs de densité et de porosité nécessaire au calcul ont été mesurées sur nos matériaux. Les teneurs en eau massique w (20%) sont quant à elles extraites de l'ajustement (fit) des isothermes expérimentales de Drouet [4].

Les données du Tableau 24 mettent en évidence des teneurs en C-S-H plus importantes dans les ciments composés (PIII, PV et PBP) que dans PI. Ce résultat montre l'effet des additions pouzzolaniques sur la composition minéralogique des matériaux cimentaires. Cette donnée est compatible avec les teneurs en portlandite évaluées par ATG (voir §1.2).

1.5 RMN

Les Figure 63 à Figure 66 présentent respectivement les spectres RMN ^{29}Si et ^{27}Al des pâtes de ciment PI, PIII, PV et PBP acquises à l'issue de la période de cure (4 mois en solution interstitielle reconstituée). Les plages de déplacement chimique identifiées sont en accord avec les données de la littérature [21] [46] [47].

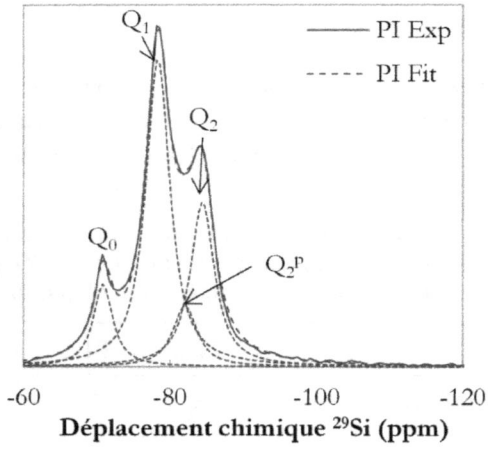

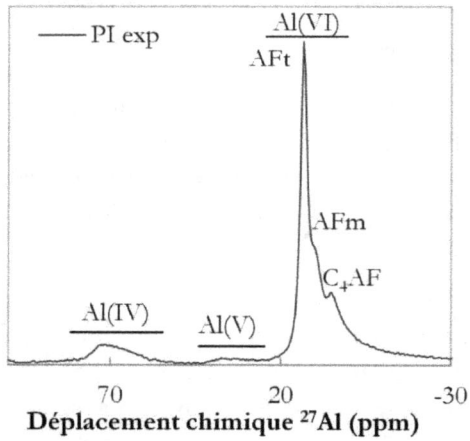

Figure 63 : Spectres RMN ^{29}Si (en haut) et RMN ^{27}Al (en bas) du matériau PI sain, curé à 20°C durant 4 mois.

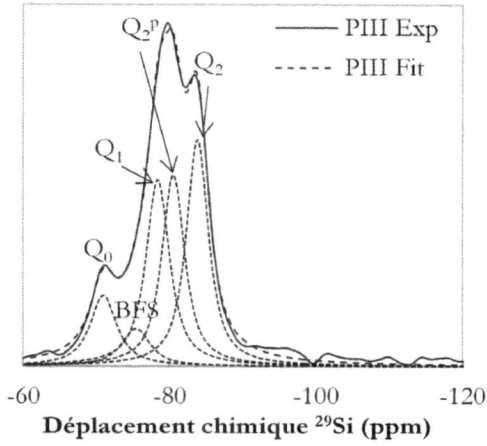

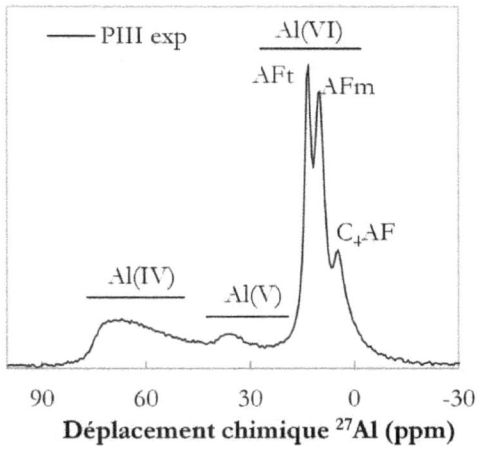

Figure 64 : Spectres RMN ^{29}Si (en haut) et RMN ^{27}Al (en bas) du matériau PIII sain, curé à 20°C durant 4 mois.

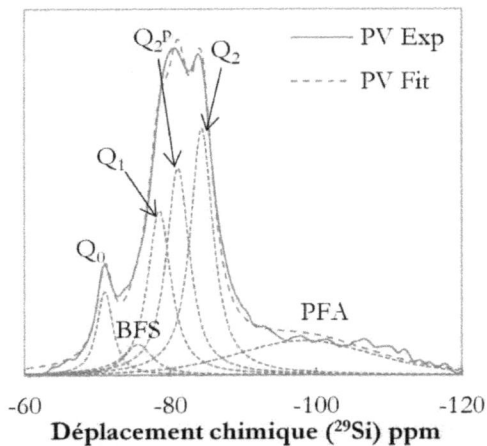

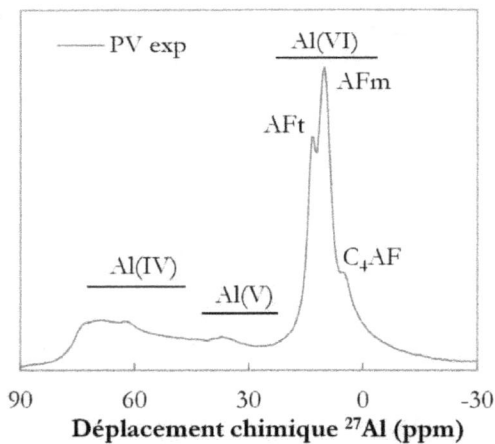

Figure 65 : Spectres RMN ^{29}Si (en haut) et RMN ^{27}Al (en bas) du matériau PV sain, curé à 20°C durant 4 mois.

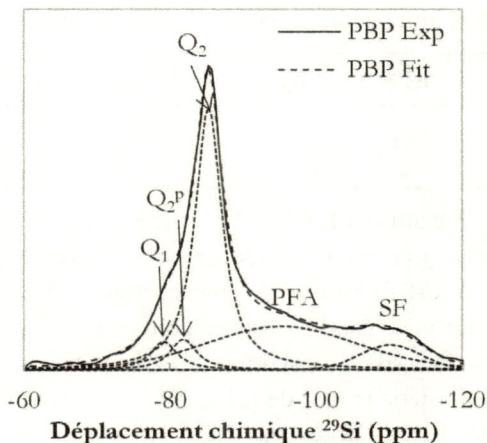

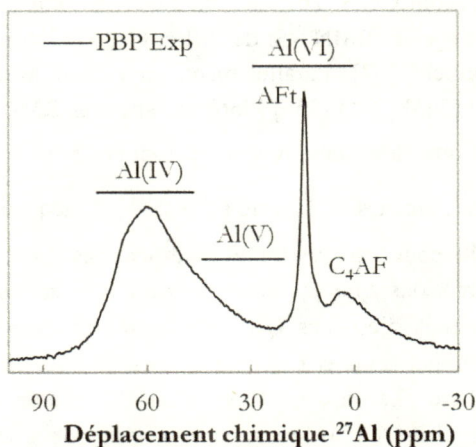

Figure 66 : Spectres RMN ^{29}Si (en haut) et RMN ^{27}Al (en bas) du matériau PBP sain, curé à 20°C durant 4 mois.

Les plages de déplacement chimique des différentes populations de silicium observées en RMN ^{29}Si en fonction du degré de connectivité des tétraèdres de silicium sont récapitulées, pour l'ensemble des matériaux étudiés, dans le Tableau 25.

Tableau 25 : Plages de déplacement chimique observées en RMN ^{29}Si.

	Q_0	BFS[36]	Q_1	Q_2^p	Q_2	PFA[37]/$Q_{3\,gel}$	SF[38]/$Q_{4\,gel}$
Position (ppm)	-71,3	-75,8	-79,5	-82,6	-85	-101	-110

Les spectres RMN ^{29}Si relatifs à PI, PIII et PV affichent la présence de l'espèce Q_0, ce qui est cohérent avec la présence d'anhydres résiduels détectés par DRX (§1.1). La présence des chaines de C-S-H est mise en évidence sous la forme des pics Q_1, Q_2^p et Q_2 pour l'ensemble des matériaux. L'absence de pics $Q_{3\,gel}$ et $Q_{4\,gel}$ (attribués à la polymérisation des chaînes silicatées) corrobore et, confirme les résultats précédents quant à l'état sain des matériaux (pas de gel de silice). Remarquons de plus dans PV et PBP la présence d'un large « massif bruité » s'étendant sur la plage de déplacement chimique de -95 ppm à -115 ppm. Ce dernier est attribué à la présence de cendres volantes selon Chao [262]. De manière concomitante, l'épaulement que l'on distingue sur les spectres RMN ^{29}Si de PIII et PV, à environ -76 ppm, est associé à la présence de laitier [262]. Parallèlement, en accord avec les données de la littérature [225] [44] [263] [264] [265] [266], les spectres RMN ^{29}Si donnent accès à différentes informations dont notamment le rapport C/S des C-S-H $\left(\dfrac{Q_1}{Q_2}\right)$ et la longueur moyenne des chaines de silicate $\left(2 + 2\dfrac{Q_2}{Q_1}\right)$. L'acquisition préalable de ces données est essentielle pour comprendre les modifications structurales engendrées par la carbonatation. Précisons que la façon de déconvoluer les spectres détermine directement les quantités d'espèces Q_n. Afin de fournir une analyse comparative cohérente entre matériaux sains et carbonatés, tous les spectres sont analysés selon une approche similaire. Le rapport C/S initial des matériaux contenant de la portlandite est pris égal à 1,7 [14] [267], choix justifié par le fait qu'en présence de portlandite, le pH de la solution interstitielle est tamponné à 25°C à 12,45 (Figure 162). Le rapport C/S du matériau PBP est pris initialement égal à 1,1, en accord avec les analyses locales MEB-EDS de Dauzères [214]. Les données issues de la déconvolution des spectres RMN ^{29}Si (aire sous chaque pic) sont compilées dans le Tableau 26. Précisons que nous avons écarté la présence d'un pic Q_2(1Al), ce dernier étant intégré à d'autres pics dont notamment Q_2^p. La déconvolution sans autres

---

[36] « Blast furnace slag » (en Anglais) : laitier de haut fourneau.
[37] « Pulverised fly ash » (en Anglais) : cendres volantes pulvérisées.
[38] « Silica fume » (en Anglais) : fumée de silice.

contraintes spécifiques ne permet pas de rajouter ce pic de manière univoque. Sachant que nous privilégions la quantification de la phase carbonatée formée ($Q_{3\ gel}$ et $Q_{4\ gel}$), cette déconvolution n'est pas primordiale pour les objectifs de la thèse.

Tableau 26 : Déconvolution des spectres RMN ^{29}Si des matériaux sains PI, PIII, PV et PBP.

	Q_0 (C_2S)	BFS	Q_1	Q_2^p	Q_2	PFA/$Q_{3\ gel}$	SF/$Q_{4\ gel}$
PI	11%	-	51%	10%	28%	-	-
PIII	11%	6%	26%	26%	30%	-	-
PV	7%	4%	19%	24%	28%	18%	-
PBP	-	-	5%	6%	49%	33%	7%

Les valeurs des rapports $\left(\frac{Q_1}{Q_2}\right)$ et $\left(2 + 2\frac{Q_2}{Q_1}\right)$ obtenues pour chacun des matériaux sont récapitulées dans le Tableau 27. Il faut préciser que les espèces Q_2 et Q_2^p sont intégrées à l'ensemble Q_2, i.e. %$Q_2 = \sum_n Q_{2_n}$ (Tableau 27).

Tableau 27 : Résultats extraits de la décomposition des spectres RMN ^{29}Si relatifs aux matériaux sains PI, PIII, PV et PBP.

Matériaux	C/S	$\left(\frac{Q_1}{Q_2}\right)$	$\left(2 + 2\frac{Q_2}{Q_1}\right)$
PI	1,7	1,3	3,5
PIII	1,7	0,5	6,3
PV	1,7	0,4	7,5
PBP	1,1	0,1	24

La longueur moyenne des chaines de silicates dans PI est en accord avec les données de la littérature [263] [268]. Par ailleurs, il est couramment admis que l'intensité de l'espèce Q_1 augmente avec le rapport C/S, témoignant de la diminution du degré de polymérisation et de la longueur moyenne des chaines [269]. Dans PI, le rapport Q_1/Q_2 est supérieur à 1, ce qui montre que les chaines silicatées sont principalement composées de dimères [14] [270]. Dans le cas des matériaux substituant une partie de leur clinker par des éléments d'additions (laitier, cendres volantes et fumée de silice, Tableau 11), les chaines sont systématiquement plus longues que dans un ciment

Portland [271]. Autrement dit, la polymérisation des chaines est plus avancée, fait déjà évoqué dans la littérature [44] [269]. Par ailleurs, il est relevé que les matériaux se classent par ordre croissant de rapport Q_1/Q_2 selon : PBP < PIII < PV < PI, mettant ainsi en évidence une longueur de chaines plus importante dans les ciments composés que dans PI. Ce constat est à relier aux réactions pouzzolaniques menant à l'abaissement du rapport C/S des ciments composés. Sur les spectres RMN ^{27}Al des matériaux sains curés (PI, PIII, PV et PBP), l'aluminium en site :

- octaédrique Al(VI) est attribué aux phases aluminates, AFt et AFm, ainsi qu'à un anhydre résiduel à base d'aluminium (C_4AF),
- pentaédrique Al(V) est attribué à l'aluminium substitué au calcium entre les couches de C-S-H (C-A-S-H),
- tétraédrique Al(IV) est attribué à l'aluminium substitué au silicium dans les C-S-H ou dans le ciment anhydre, aux cendres volantes, au laitier et à la présence d'aluminium en site Q_3 (gel d'alumine et C-A-S-H).

Les données obtenues en RMN ^{27}Al sont cohérentes avec les caractérisations DRX. Les plages de déplacement chimique associées à l'identification des différentes phases aluminates sont détaillées dans le Tableau 28.

Tableau 28 : Plages de déplacement chimique observées en RMN ^{27}Al.

	Al(IV)	Al(V)	Al(VI)
Position (ppm)	86 (C_2S et C_3S), 70 (C_4AF), 62 (Laitier), 60 (gel d'Al en Q_3) 55 (Cendres)	-	13 (AFt), 10 (AFm), 9(C_4AF)

De nombreuses études font référence à l'incorporation d'aluminium dans les C-S-H [45] [49] [53] [226]. Dans ce cadre, les éléments d'ajouts sont connus pour favoriser cette incorporation. Ce fait est directement observable sur nos spectres, notamment dans PIII, PV et PBP, où la proportion d'Al(IV) (i.e. la quantité d'atome d'aluminium incorporé dans le réseau de C-S-H) est bien supérieure à celle dans PI. Ce résultat est en accord avec les données obtenues par DTG, où le pic lié aux phases AFm est fortement marqué pour les ciments composés et peu significatif pour PI (Figure 62). L'incorporation d'aluminium dans les C-S-H semble également fortement dépendante du rapport C/S et donc du degré de polymérisation des chaines silicatées, fait couramment évoqué dans la littérature [45] [223] [266]. Selon Saillo [44], la quantité d'aluminium incorporée est fonction de la quantité initiale d'aluminium contenue dans le ciment et de la nature des additions minérales. La comparaison des spectres RMN relatifs aux différentes formulations étudiées (PI, PIII, PV et PBP) permet d'investiguer cette thématique. Plus spécifiquement, il est possible de déterminer les rapports entre tétraèdres d'AlO_4 et de SiO_4 dans les chaînes de silicates (à partir de la quantification des hydrates réalisée par RMN ^{29}Si [263]), de les comparer d'une formulation à l'autre et, de les relier aux longueurs moyennes des chaines de silicate. L'évaluation du devenir de l'aluminium, contenu initialement dans les additions minérales, est également un point accessible [44]. Ce point nécessite cependant la déconvolution des spectres RMN ^{27}Al qui, faute de temps, n'a pas été abordée ici, c'est l'une des perspectives de ce travail.

1.6 Conclusion

Les caractérisations effectuées sur les matériaux sains témoignent d'une structure minéralogique très proche de celle mise en évidence au cours des travaux de Drouet [4]. Ces résultats permettent de justifier de l'utilisation des données recueillies par le passé [4] dans le cadre de la présente étude.

La caractérisation du cortège minéralogique des pâtes de ciment a permis de mettre en évidence que plus un matériau substitue une partie importante du clinker par des additions minérales et plus la quantité de portlandite résultante est faible. L'effet des additions minérales a également été mis en exergue à travers nos analyses DRX. Pour illustration, l'intensité de la raie du C-S-H est plus importante dans PIII, PV et PBP que dans PI. Cette observation est directement imputée aux réactions pouzzolaniques et à la présence d'aluminium issu des ajouts minéraux, à t'origine de la consommation de la portlandite au profit des C-S-H. L'utilisation de la RMN (^{29}Si et ^{27}Al) a permis de compléter les données relatives au cortège minéralogique et, en particulier de définir un système initial de référence. Il sera utilisé afin de quantifier les évolutions des longueurs de chaines des C-S-H et du rapport C/S consécutivement à la carbonatation. Précisons que le lien entre le rapport C/S des C-S-H et le rapport Q_1/Q_2 mesurée par RMN ^{29}Si est traité au *Chapitre 5 Représentativité de la carbonatation accélérée* (§2.1).

2. Microstructure

2.1 Distributions des tailles de pores

Les répartitions porales des matériaux PI, PIII, PV et PBP sains, mesurées après deux périodes de cure humide différentes (4 et 10 mois à 20°C), sont présentées Figure 67 à Figure 70 sous la forme des distributions des volumes poreux en fonction des diamètres des pores (dV/dlogD). Les essais de carbonatation ont été lancés sur des matériaux après une période de cure de 4 mois. Pour des questions de représentativité, l'effet de la carbonatation sur la structure poreuse est investigué par comparaison des spectres poreux des matériaux sains et carbonatés.

Les résultats de la Figure 67 mettent en exergue la présence de deux modes poreux principaux :

- Un mode à environ 0,02 µm (« C-S-H externe »), attribué à l'espace poral situé entre les particules de C-S-H (pores « inter-cristallites »). L'observation de cette gamme de taille de pores est cohérente avec les données de la littérature [7] [146]. Ce pic correspond à une caractéristique intrinsèque du matériau [7] ;
- Un mode inférieur ou égal à 0,003 µm[39] (« C-S-H interne »), attribué à l'espace entre les feuillets de C-S-H (quelques nm de largeur, pores « intra-cristallites ») [7]. C'est la plus petite taille de pore que l'on peut investiguer *via* la technique de porosimétrie par intrusion de mercure.

Les Figure 67 à Figure 70 mettent en évidence une évolution des pâtes avec ajouts (PIII, PV et PBP) vers des tailles de pores plus fines en comparaison à celles d'un ciment Portland (PI). Ce fait est fréquemment relevé dans la littérature [272] [273] [274]. Les additions minérales (cendres et laitier) réagissent à long terme avec la portlandite par réactions pouzzolaniques, menant à la diminution des tailles de pores [275]. Les produits néoformés à l'intérieur des pores entrainent une diminution de la taille des pores par effet stérique. Les effets de ces additions (laitier et cendres) sont respectivement mis en évidence dans le cas des formulations PIII et PV par rapport à PI. Pour PIII, l'affinement de la microstructure peut également être corrélé à la réaction d'hydratation des laitiers [276] [277]. La distribution relative à PV peut,

---

[39] Limite d'investigation du réseau poreux *via* la technique de porosimétrie par intrusion de mercure. Les mesures par adsorption d'eau combinées, par exemple, au modèle B.J.H. [170] permettent de compléter le spectre poreux.

quant-à-elle, être reliée à la finesse des particules constitutives des cendres, contribuant à la formation d'une microstructure tortueuse et faiblement connectée [278]. Dans le cas de PBP, il ressort un effet important de la fumée de silice sur la distribution poreuse, témoignant de leur efficacité dans leur rôle de filler. Cet effet provient de l'insertion des particules de silice entre les grains de ciment durant la période de gâchage, réduisant ainsi l'espace entre les grains où se situe initialement la phase liquide et, où se développeront les hydrates externes. La réaction pouzzolanique entre la portlandite et la fumée de silice, menant à la formation de C-S-H supplémentaires, contribue également fortement à la fine distribution poreuse observée pour PBP. Cette dernière a pour effet de densifier la pâte de ciment et réduire l'accès à la porosité.

Les Figure 67 à Figure 70 mettent en exergue l'effet de la durée de cure sur la microstructure : une période de cure importante (10 mois de cure sous solutions interstitielles reconstituées) mène à un niveau d'hydratation plus élevé des matériaux [7] [279] [262] [278]. Au cours de l'hydratation, les pics des courbes (propres aux différents modes poreux) se déplacent vers des tailles de pores plus fines. Les pores sont progressivement comblés par les produits d'hydratation, ce qui mène logiquement à une réduction de la taille des pores, i.e. à un affinement de la microstructure et, *a fortiori*, à la réduction de la porosité totale. Ce constat est fortement marqué pour PIII et PV (Figure 68 et Figure 69).

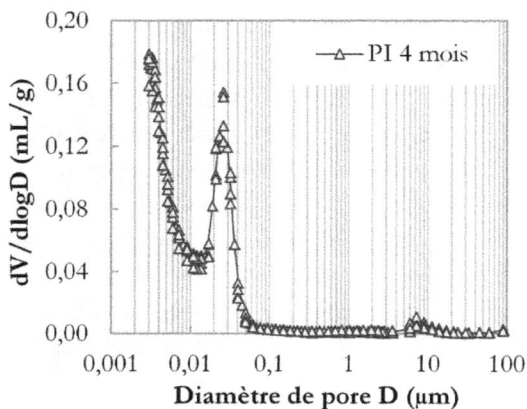

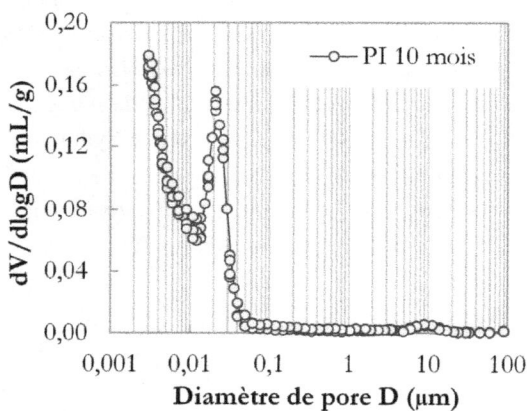

Figure 67 : Distribution des tailles de pores du matériau sain PI (après 4 et 10
mois sous solutions interstitielles reconstituées à 20°C) investiguée par
porosimétrie au mercure.

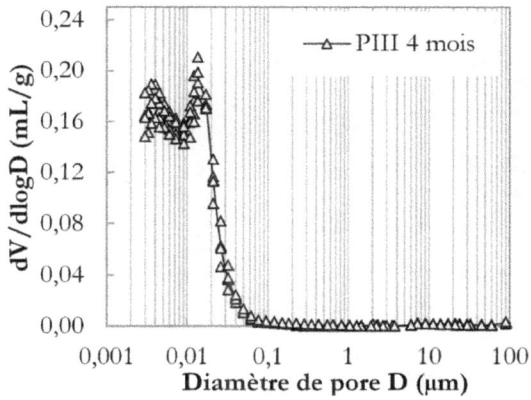

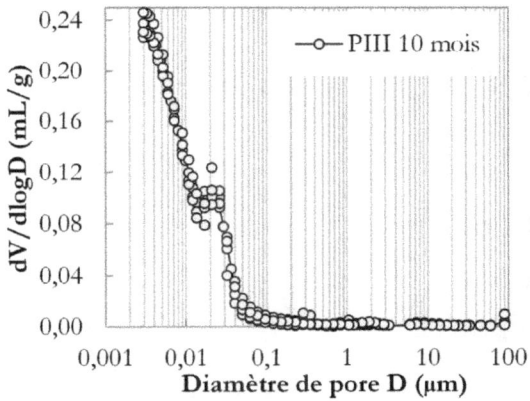

Figure 68 : Distribution des tailles de pores du matériau sain PIII (après 4 et 10 mois sous solutions interstitielles reconstituées à 20°C) investiguée par porosimétrie au mercure.

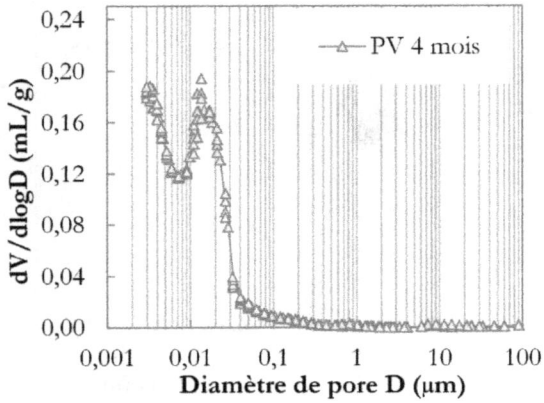

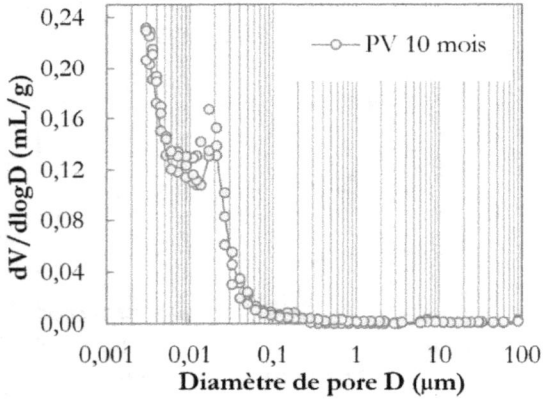

Figure 69 : Distribution des tailles de pores du matériau sain PV (après 4 et 10 mois sous solutions interstitielles reconstituées à 20°C) investiguée par porosimétrie au mercure.

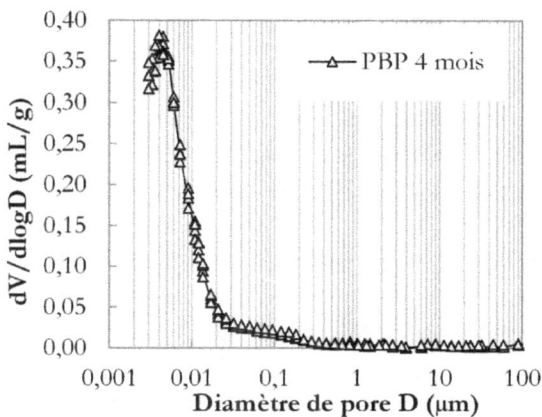

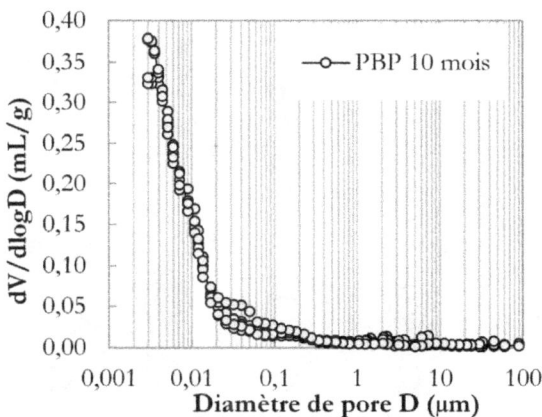

Figure 70 : Distribution des tailles de pores du matériau sain PPB (après 4 et 10 mois sous solutions interstitielles reconstituées à 20°C) investiguée par porosimétrie au mercure.

2.2 Connectivité

Le transfert d'espèces à travers le réseau poreux est régi par des paramètres tels que la connectivité et la tortuosité (voir §2.3). Il convient de décrire ces propriétés physiques avant carbonatation. Les degrés de connectivité des matériaux sains PI, PIII, PV et PBP, exprimés qualitativement à partir du pourcentage de mercure piégé dans le réseau poreux α (E-45), sont présentés Figure 71. Pour rappel, la connectivité augmente quand α diminue.

La différence de connectivité mesurée respectivement à 4 et 10 mois de cure témoigne de la lenteur des cinétiques d'hydratation des ciments composés PIII, PV et PBP en comparaison à PI. Ces distinctions sont couramment évoquées dans la littérature [125] [140] [141]. Le degré de connectivité dans PI n'évolue pas significativement entre 4 et 10 mois de cure. Pour PIII, PV et PBP l'augmentation du degré d'hydratation au cours du temps mène à la diminution de la connectivité en raison de l'affinement de la microstructure. Il serait intéressant de compléter ce résultat par des mesures d'eau liée à échéance de cure avancée, 10 mois par exemple. Par ailleurs, on remarque que PBP affiche un réseau poreux bien moins accessible au mercure que PI, PIII et PV, observation directement corrélée à la présence initiale de fumée de silice dans PBP, menant à une teneur en C-S-H élevée.

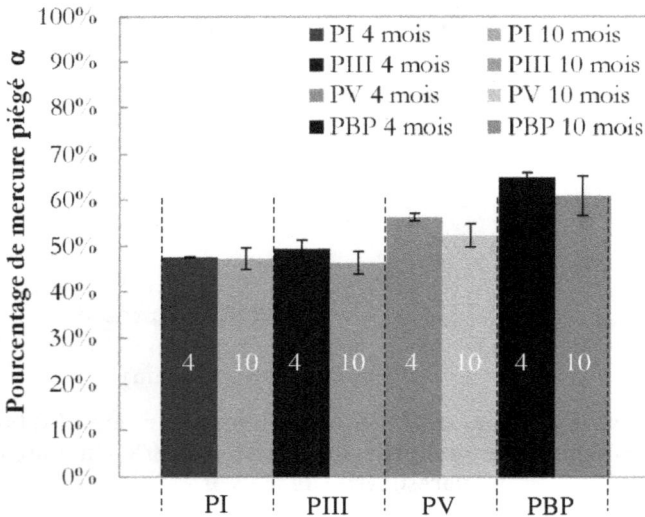

Figure 71 : Connectivité du réseau poreux des matériaux sains PI, PIII, PV et PBP, pour deux échéances d'hydratation (4 et 10 mois de cure), investiguée par porosimétrie au mercure.

2.3 Tortuosité

Les valeurs de tortuosité des matériaux sains PI, PIII, PV et PBP sont détaillées au Tableau 29. Les conductivités électriques utilisées pour le calcul sont également fournies. Pour rappel, la tortuosité (τ) augmente avec le chemin à parcourir par l'espèce considérée à travers le réseau poreux. Elle s'exprime selon l'équation (E-46).

Tableau 29 : Valeurs des conductivités électriques et tortuosités des matériaux PI, PIII, PV et PBP sains, évaluées à partir des porosimétries au mercure après 4 mois de cure.

	PI	PIII	PV	PBP
$\left(\frac{\sigma}{\sigma_0}\right)$ (-)	$0,097 \pm 0,017$	$0,125 \pm 0,016$	$0,099 \pm 0,013$	$0,187 \pm 0,017$
Tortuosité (τ) (-)	$0,268 \pm 0,047$	$0,315 \pm 0,040$	$0,269 \pm 0,036$	$0,456 \pm 0,042$

Un matériau constitué d'un réseau de pores fortement tortueux est signe d'une microstructure fine et, généralement peu perméable. Aussi, les matériaux se classent logiquement par ordre croissant de tortuosité selon : PI < PV < PIII < PBP.

2.4 Surface spécifique

Les surfaces spécifiques des matériaux sains PI, PIII, PV et PBP ont été déterminées à partir des mesures de porosimétrie au mercure (Figure 72), à deux échéances de cure : 4 et 10 mois. Les valeurs correspondantes sont comparées à celles obtenues par adsorption d'eau (Tableau 30).

Les valeurs de surfaces spécifiques des pâtes de ciments hydratées, saines, concordent avec les résultats déjà parus dans la littérature [146] [206] [232] [280] [281] [282] [283]. On constate une augmentation de la surface spécifique avec la durée de cure. L'hydratation se poursuit très lentement au cours du temps, menant à un accroissement faible mais non négligeable de la teneur en C-S-H qui, pour rappel, est à l'origine d'environ 80% de la surface spécifique de la pâte de ciment [7].

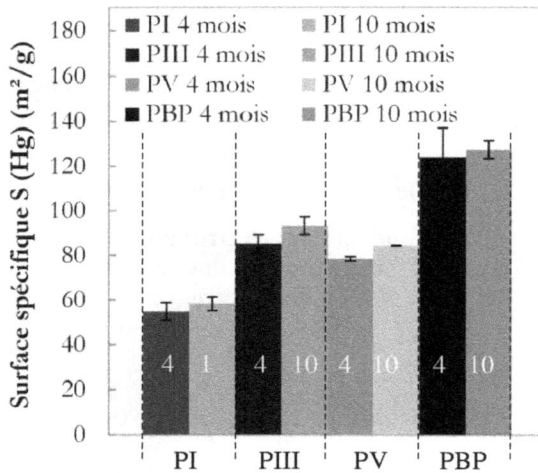

Figure 72 : Surface spécifique des matériaux sains PI, PIII, PV et PBP, pour deux échéances d'hydratation (4 et 10 mois de cure), investiguée par porosimétrie au mercure.

Tableau 30 : Valeurs de surface spécifique des matériaux sains, PI, PIII, PV et PBP, déduites des données de porosimétrie au mercure et des isothermes de désorption.

	PI	PIII	PV	PBP
S (Hg) 4 mois (m²/g)	55 ± 4	85 ± 4	78 ± 1	124 ± 13
S (Hg) 10 mois (m²/g)	58 ± 3	93 ± 4	84 ± 1	127 ± 4
S (B.E.T.) (m²/g)	190	300	298	382

Les surfaces spécifiques déduites de l'adsorption d'eau S (B.E.T) (Tableau 30) sont cohérentes avec celles acquises classiquement [237] [284]. Que ce soit par porosimétrie au mercure ou, calculée à partir de l'équation B.E.T. (E-47), les surfaces spécifiques des matériaux sains se classent, de manière identique, par ordre de valeurs croissantes selon : PI < PV < PIII < PBP. Ce résultat tend à montrer que la surface spécifique totale développée est pilotée, principalement, par la quantité initiale de C-S-H. Dans ce sens, la Figure 73 permet d'apprécier l'évolution de la surface spécifique en fonction de la teneur initiale en C-S-H. Par ailleurs, ce classement s'accorde avec les distributions poreuses évaluées par PIM au plus petit diamètre de pore (Figure 67). La morphologie des isothermes appuie également cette conclusion : le haut « genou » de l'isotherme des ciments composés (PIII, PV et PBP), comparativement au ciment Portland (PI), est caractéristique d'une importante surface spécifique (Figure 76).

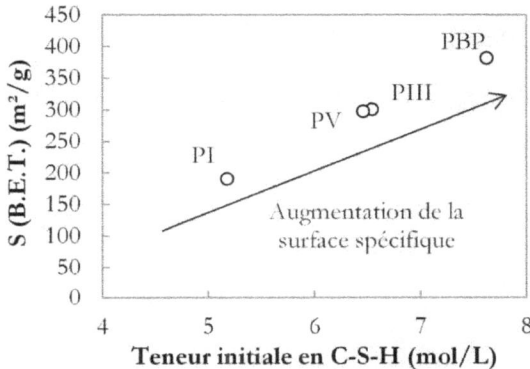

Figure 73 : Evolution de la surface spécifique S (B.E.T.) en fonction de la teneur initiale en C-S-H des matériaux PI, PIII, PV et PBP sains.

D'un point de vue pratique, les valeurs absolues de surface spécifique varient fortement selon la technique employée : porosimétrie au mercure ou adsorption d'eau. Cette différence tient à la raison principale qui est la limitation d'accessibilité à la porosité fine des C-S-H. En effet, les molécules d'eau sont bien plus petites que celles de mercure et permettent d'accéder à la porosité fine des C-S-H.

Les énergies de liaison de la première couche E_1 sont calculées selon (E-49) sur la base des valeurs du paramètre C utilisé dans la théorie B.E.T. [164] dont le descriptif est fourni au Tableau 10. Les valeurs correspondantes sont compilées dans le Tableau 31.

Tableau 31 : Valeurs des énergies d'adsorption de la première couche E_1 (kJ/mol) des matériaux sains PI, PIII, PV et PBP.

	PI	PIII	PV	PBP
C	54,5	30,1	58,4	45,7
E_1 (kJ/mol)	53,9	52,4	54 ,1	53,5

L'énergie de liaison de la première couche est supérieure à l'enthalpie de vaporisation de l'eau (44 kJ/mol) d'environ une dizaine de kJ/mol. Ce faible écart

173

avec l'enthalpie de vaporisation de l'eau montre que l'eau de la première couche est physisorbée et faiblement liée. Précisons que plus l'enthalpie d'adsorption est élevée et plus la liaison entre la première couche et le substrat est forte. Ici, on ne relève pas de différences significatives entre les matériaux.

2.5 Porosimétrie par adsorption

L'évolution des volumes poreux des matériaux sains PI, PIII, PV et PBP en fonction du rayon des pores est présentée sur la Figure 74.

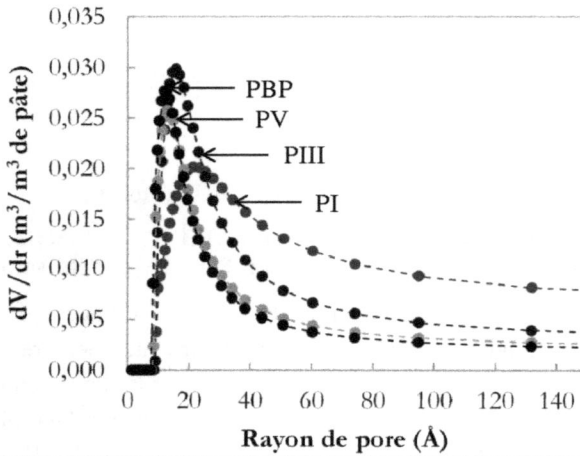

Figure 74 : Distribution de la porosité, estimée sur la base des isothermes de désorption, des matériaux sains PI, PIII, PV et PBP.

On identifie un pic principal sur les courbes de distribution poreuse dont le maximum diffère selon le matériau considéré. Le Tableau 32 récapitule les rayons poreux ainsi que l'HR correspondants au maximum dans PI, PIII, PV et PBP.

Rappelons que la présente méthode de description s'appuie sur les isothermes de désorption de la vapeur d'eau et non d'adsorption. Or, comme évoqué au *Chapitre 1 Etat de l'art* (§3.4.2.1), il existe une boucle d'hystérésis entre les branches d'adsorption et de désorption. Dans ce cas, la quantité d'eau contenue dans le réseau poreux est, pour une HR donnée, supérieure en désorption par rapport à l'adsorption (voir Figure 27). Les valeurs de rayon poreux (r_p), identifiées sur la Figure 74, seraient, en adsorption, décalées vers des valeurs plus faibles.

Tableau 32 : Rayon poreux (r_p) correspondant au maximum du pic de distribution poreuse des matériaux sains PI, PIII, PV et PBP.

Matériaux	r_p (Å)
PI	21,3
PIII	15,8
PV	12,9
PBP	12,0

La valeur du rayon r_p correspondant au maximum du pic de distribution est localisée autour de 15 Å pour les ciments composés contre environ 20 Å pour PI. Les ciments composés présentent une distribution de taille de pores plus étroite que PI, ce qui est cohérent avec la répartition porale identifiée par porosimétrie au mercure (voir §2). Notons, par ailleurs, que la distribution poreuse fait apparaitre un mode majeur pour l'ensemble des matériaux, mettant en évidence que l'essentiel de la porosité se trouve dans un domaine de tailles de pores restreint. La porosité observée est attribuée à la porosité interne des C-S-H, c'est-à-dire à l'espace situé entre les cristallites de C-S-H, en accord avec les données de la littérature [285] [286].

Les valeurs de surface spécifique (E-55) ainsi que les porosités volumiques totales (E-56) obtenues par porosimétrie par adsorption sont respectivement comparées aux surfaces spécifiques B.E.T. (Tableau 30) et aux mesures de porosité à l'eau (Tableau 33).

L'écart entre les valeurs de surface spécifique obtenues par porosimétrie par adsorption et B.E.T. n'est pas significatif. La concordance entre les porosités calculées et celles mesurées est également satisfaisante, si ce n'est dans les cas de PIII et PBP ou les données divergent quelque peu. L'origine de cette différence peut être corrélée à une mauvaise estimation de la densité, qui induirait une erreur sur la mesure de porosité. Une autre hypothèse évoquée concerne les phénomènes d'hystérésis. Selon le type d'hystérésis, telles que répertoriées dans [161], l'accès au réseau poreux est plus ou moins facilité. Par exemple, Baroghel-Bouny [7] souligne que dans le cas d'une hystérésis de type H2, correspondant à la difficulté d'accès la plus grande, un écart peut apparaitre entre les paramètres calculés et mesurés.

Tableau 33 : Comparaison des valeurs de surface spécifique et de porosité volumique totale obtenues à partir de la porosimétrie par adsorption à celles obtenues expérimentalement à partir des isothermes de désorption de la vapeur d'eau sur les matériaux sains PI, PIII, PV et PBP.

	Surface spécifique (m²/g)		Porosité (%)	
	Porosimétrie par adsorption	B.E.T.	Porosimétrie par adsorption	Porosité à l'eau
PI	204	190	37,4	36,3
PIII	309	300	43,8	39,8
PV	303	298	37,3	36,9
PBP	391	382	38,4	41,0

2.6 Conclusion

A l'échelle de la microstructure, les matériaux se décomposent selon deux classes principales : PI d'un côté et les ciments composés de l'autre (PIII, PV et PBP). La teneur en C-S-H plus élevée des ciments composés leur confère une microstructure plus fine. Dans ce sens, les courbes de porosimétrie par adsorption des ciments composés témoignent d'une distribution poreuse, inhérente à la porosité interne des C-S-H, plus fine que pour PI et dont le maximum est localisé pour des rayons de pores plus faibles. La surface spécifique résultante est, de fait, beaucoup plus élevée (d'un facteur 2 entre PI et PBP). L'effet de la durée de cure (4 et 10 mois) est également marqué dans le cas des ciments composés où l'augmentation du degré d'hydratation au cours du temps mène à une diminution de la connectivité. Dans PI, le degré de connectivité n'évolue pratiquement plus entre 4 et 10 mois de cure. La forte tortuosité mesurée dans les ciments composés, en lien avec la finesse du réseau poreux, laisse à penser que les matériaux sont peu perméables.

Une caractérisation du réseau poreux nécessite le couplage de différentes techniques (DRX, ATG, porosimétrie au mercure et porosimétrie par adsorption d'eau et RMN). Dans ce cadre, nous avons montré que le jeu de techniques mis en œuvre est adapté à l'identification et à la quantification des espèces chimiques dont la concentration varie suite à la carbonatation (carbonates de calcium et portlandite notamment) ainsi qu'à la caractérisation de l'évolution du réseau poreux.

3. Description du transport d'eau

Les propriétés de transport d'eau des pâtes de ciment saines hydratées PI, PIII, PV et PBP sont présentées à travers leurs densité et porosité (§3), isothermes de désorption (§3.2) et perméabilités (§3.3).

3.1 Densité et porosité

Les valeurs de densité saturée obtenues sont regroupées dans le Tableau 34. Précisons que les mesures ont été réalisé sur 110 échantillons (disques $\emptyset$ = 50 mm et h = 6 mm) et 2 éprouvettes (cylindres $\emptyset$ = 50 mm et h = 70 mm) par formulation. On vérifie ainsi que la grande surface spécifique des disques n'induit pas de biais dans les mesures.

Tableau 34 : Valeurs moyennes des densités saturées mesurées sur PI, PIII, PV et PBP sains - Comparaison avec les valeurs obtenues par Drouet [4].

PI	PI [4]	PIII	PV	PV [4]	PBP	PBP [4]
2,05 ± 0,01	2,04 ± 0,01	**2,00 ± 0,01**	**1,93 ± 0,01**	1,93 ± 0,01	**1,77 ± 0,01**	1,74 ± 0,01

Les valeurs de densité saturée mesurées sont très proches de celles obtenues au cours de l'étude précédente [4] concernant les matériaux PI, PV et PBP. Cela indique, ici aussi (voir §1), que nos gâchées sont comparables à celles de l'étude précédente [4].

Les valeurs de porosité totale obtenues par séchage à 80°C ou 105°C sont regroupées dans le Tableau 35 et comparées aux valeurs extraites de la porosimétrie au mercure. Ces valeurs sont également comparées à celles obtenues au cours de l'étude précédente [4].

Que ce soit à 4 ou 10 mois de cure, les porosités totales déduites de la porosimétrie au mercure sont quasi-identiques pour l'ensemble des matériaux étudiés. Ce résultat est réconfortant vis-à-vis du programme expérimental défini (durée et mode de cure) et des protocoles utilisés, à l'incertitude près liée à la limite de la technique (accès au réseau poreux limité).

Tableau 35 : Valeurs des porosités au mercure et à l'eau des matériaux sains PI, PIII, PV et PBP - Comparaison avec les valeurs de Drouet [4] (* matériau non étudié ou données non disponibles).

Porosité (%)	PI	PI [4]	PIII	PV	PV [4]	PBP	PBP [4]
Mercure (4 mois)	$19,6 \pm 0,1$	22,3	$27,3 \pm 1,1$	$25,5 \pm 0,4$	25,1	$29,1 \pm 1,7$	28,5
Mercure (10 mois)	$20,8 \pm 1,8$	*	$27,7 \pm 1,4$	$25,6 \pm 0,1$	*	$29,2 \pm 2$	*
Eau (80°C) (4 mois)	**36,3**	37,2	**39,8**	**36,9**	38,9	**41,0**	41,3
Eau (105°C) (4 mois)	37,7	38,5	40,8	38,2	39,1	42,8	45,7

Les valeurs de porosité à l'eau et, au mercure, sont très proches de celles obtenues par Drouet [4] pour les matériaux PI, PV et PBP. Les matériaux se classent par ordre croissant de porosité selon : PI < PV < PIII < PBP. Le matériau PI ressort comme ayant une faible porosité totale devant celles des ciments composés. Cependant, sa distribution poreuse tend vers des pores plus larges que pour PV, PIII et PBP (Figure 67). Ce classement est cohérent avec les données de la littérature qui tendent vers une augmentation de la porosité totale avec le taux de substitution du clinker par des éléments d'ajout [273] [287]. Par ailleurs, il est intéressant de relever l'effet de la température de séchage (80°C ou 105°C). Le mode opératoire conventionnel préconise une température de 105°C [219]. Cependant, une telle température est susceptible de dégrader certains hydrates dont par exemple l'ettringite qui se décompose dès 70°C [288], ou encore les C-S-H dont l'eau liée est remobilisée dès 80°C [14], comme en témoignent les analyses thermogravimétrique menées (Figure 62). Il apparait, de fait, clair qu'un séchage « agressif » tend à surestimer la quantité d'eau libre et par conséquent, les porosités totales.

Il est pertinent de noter que les porosités au mercure sont systématiquement inférieures aux porosités à l'eau (d'un facteur proche de 1,5). Ce fait, couramment relevé dans la littérature [289] [29] [4] [44], provient du fait que la porosimétrie au mercure ne permet pas d'investiguer les pores de diamètres inférieurs à 0,003 µm. Dans la gamme de pression utilisée, l'accès du mercure à la porosité est limité par rapport à l'eau.

3.2 Isothermes de désorption

3.2.1 Résultats

Sur la base des caractérisations minéralogiques et microstructurales effectuées, la correspondance entre les matériaux étudiés et ceux de l'étude précédente a été vérifiée. Dans ce cadre, les isothermes de désorption relatives aux formulations PI, PV et PBP obtenues par Drouet [4] sont réutilisées. L'isotherme relative au matériau PIII est acquise *via* la méthode des solutions salines. La Figure 75 décrit l'évolution de la teneur eau massique dans PIII en fonction de l'humidité relative (pour différentes échéances de mesure).

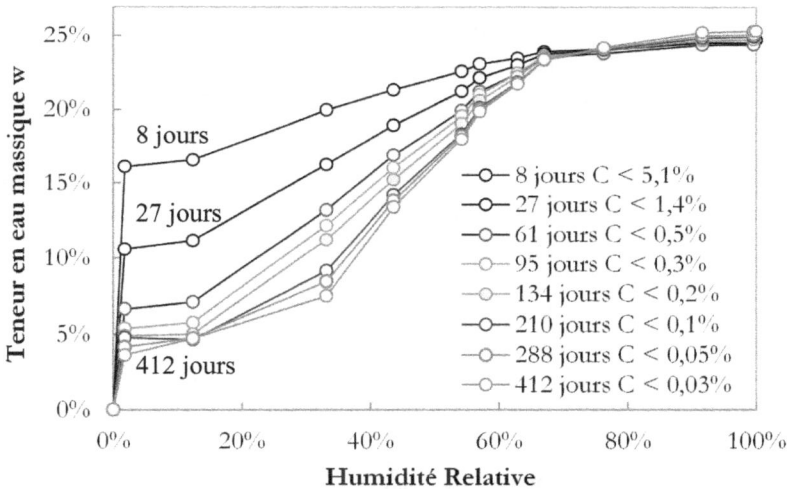

Figure 75 : Isothermes de PIII (état sain), obtenues à différentes échéances - C représente l'écart relatif entre deux pesées successives espacées de 24 heures.

Au bout de 288 jours l'équilibre hydrique est atteint, c'est-à-dire que le critère (C ≤ 0,05%) est atteint pour tous les lots d'échantillons et pour chacune des humidités relatives considérées. On relève tout de même une différence entre 288 et 412 jours. La nécessité du critère d'arrêt apparait justifiée dans la mesure où, comme en témoigne la Figure 75, l'isotherme est décalée vers des teneurs en eau massique trop élevées lorsque des durées de mise à l'équilibre sont trop courtes. Pour minimiser l'écart entre deux isothermes, il est donc nécessaire d'imposer des durées d'essais

179

suffisantes. Les cinétiques de perte de masse à 20°C des essais de désorption nécessaire à l'obtention de l'isotherme de PIII sont fournies en Annexe 4.

3.2.2 Description

La Figure 76 présente les isothermes de PI, PIII, PV et PBP obtenues à 20°C. Les résultats sont complétés par les données acquises *via* des essais en balance de sorption (DVS). Les résultats expérimentaux de la Figure 76 ont été ajustés *via* le modèle de Pickett [177]. Les paramètres du modèle sont fournis au Tableau 36. La description des isothermes *via* d'autres modèles d'ajustement est disponible en Annexe 6.

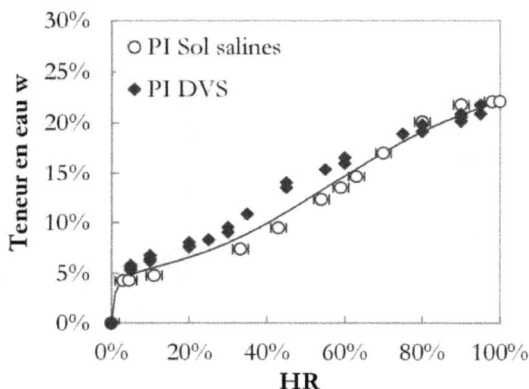

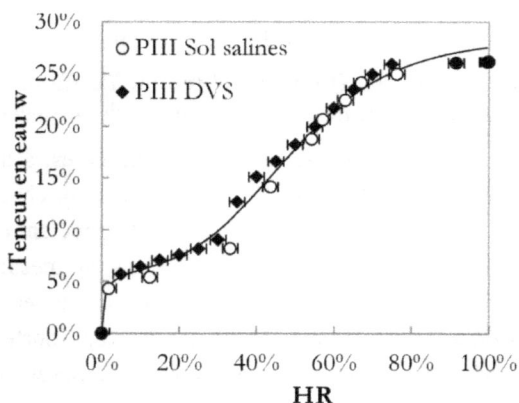

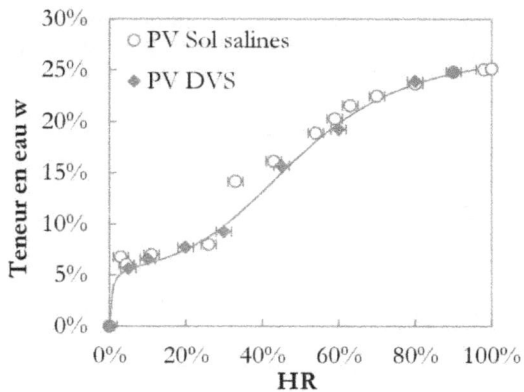

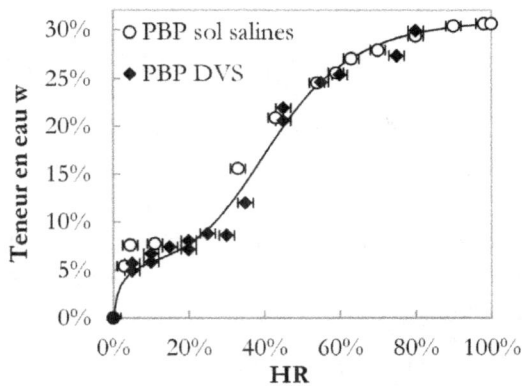

Figure 76 : Isothermes de désorption à 20°C des matériaux sains PI, PIII, PV et PBP - Courbes d'ajustement selon le modèle de Pickett [177].

Tableau 36 : Paramètres de Pickett dédiés à la description des isothermes de désorption des matériaux sains PI, PIII, PV et PBP.

	C	w_m	b	n
PI	67,94	5,28%	2,17	4,18
PIII	163,30	5,77%	9,57	4,78
PV	212,83	5,69%	7,63	4,45
PBP	61,59	5,96%	24,65	5,13

La description des isothermes relatives aux matériaux sains est en accord avec l'étude bibliographique du *Chapitre 1 Etat de l'art* (§3.4.2.2). Comme en témoigne la Figure 76, les isothermes se caractérisent par 3 zones distinctes, et ce quelle que soit la formulation étudiée :

- la première (0% < HR < 15%) est dédiée à l'édification de la monocouche à la surface de l'adsorbant,
- la seconde (15% < HR < 40%) rend compte de l'adsorption des molécules d'eau sur la monocouche déjà formée (adsorption multimoléculaire),
- la troisième (40% < HR < 100%) est caractérisée par un aplatissement de l'isotherme, mettant en évidence la présence d'eau sous forme liquide dans le réseau poreux. Ce « palier de saturation » témoigne des phénomènes de condensation capillaire dans les milieux mesoporeux [176].

En accord avec la classification des isothermes [164] [165], les analyses de Drouet [4] et les résultats issus de porosimétrie au mercure, il apparait que les isothermes expérimentales des matériaux sains PI, PIII, PV et PBP sont de type IV (voir *Chapitre 1 Etat de l'art*, §3.4.2.1). Pour rappel, cette isotherme est caractérisée par son hystérésis, associée à la condensation capillaire dans les mésopores (20 Å < r_a < 500 Å). Malgré l'identification d'un type d'isotherme commun à l'ensemble des formulations étudiées, des différences de morphologies notables sont observées entres les formulations. Dans ce cadre, l'isotherme relative à PI se distingue des formulations composées (PIII, PV et PBP). En effet, la troisième zone de l'isotherme (« palier de saturation ») est beaucoup moins marquée pour PI, d'où une linéarité accrue de l'isotherme dans la seconde zone. Ce résultat tend vers une allure d'isothermes de type II. Concernant les isothermes des formulations composées (PIII, PV et PBP), elles présentent une morphologie caractéristique des solides mesoporeux. Ainsi, plus le réseau poreux est fin et plus la gamme d'HR pour laquelle l'eau commence à se condenser est faible. Le palier de saturation est donc d'autant plus étendu que le matériau considéré présente une distribution de tailles de pores fine. Ce fait est confirmé par les résultats de PIM et de porosimétrie par adsorption. Il met en évidence l'effet des additions pouzzolaniques sur la microstructure.

Les courbes de pression capillaires relatives à PI, PIII, PV et PBP, déduites des isothermes sont fournies en Annexe 7. Ces dernières sont cohérentes vis-à-vis des données de la littérature [158] [192] (valeurs de pression du même ordre que la littérature). Les paramètres de calage du modèle de van Genuchten (a et m), obtenus par ajustement (méthode des moindres carrés) de la courbe de pression capillaire sont récapitulés dans le Tableau 37. Les valeurs des paramètres relatifs aux formulations PI, PV et PBP sont extraits de l'étude précédente [4].

Tableau 37 : Paramètres de van Genuchten obtenus pour les formulations saines PI, PIII, PV et PBP par ajustement de la courbe de pression capillaire à 20°C.

Formulation	Paramètres de van Genuchten	
	a (MPa)	m (-)
PI	51,4	0,465
PIII	86,5	0,556
PV	96,9	0,529
PBP	108,7	0,578

Pour une valeur de saturation donnée, les pressions capillaires des formulations composées sont plus importantes que pour PI, ce qui concorde avec les distributions de tailles de pores évaluées par PIM. En effet, plus les tailles de pores sont fines et plus la pression capillaire résultante est importante.

La concordance entre les données obtenues par DVS et *via* la méthode des solutions salines est satisfaisante et permet d'acquérir des données dans des temps courts (de l'ordre de 10 jours contre plusieurs mois, voire années, par les solutions salines). Les isothermes de désorption expérimentales peuvent être complétées de manière fidèle, offrant ainsi une meilleure description des phénomènes.

Rappelons que la méthode des solutions salines est, à ce jour, la méthode de référence pour l'évaluation des isothermes. Cependant, il faut garder à l'esprit qu'elle n'est pas fiable à 100% du fait, notamment, d'une dispersion expérimentale forte (différents lots d'échantillons). De plus, n'oublions pas que les points présentés Figure 76 sont issues des travaux de Drouet [4], les hétérogénéités entre les gâchées induisent indéniablement une certaine variabilité. Ce dernier point est supposé être la cause principale de l'écart observée entre DVS et solutions salines, dans le cas de PI, aux HR intermédiaires (autour de 45%).

3.3 Perméabilité

3.3.1 Katz & Thompson

La méthode Katz & Thompson [236] permet une comparaison intéressante des matériaux entre eux (Tableau 38).

Tableau 38 : Perméabilité intrinsèque K (m²) des matériaux sains PI, PIII, PV et PBP estimée *via* la méthode de Katz & Thompson [236].

	PI	PIII	PV	PBP
Perméabilité intrinsèque K (m²)	$4{,}1 \times 10^{-19}$	$9{,}1 \times 10^{-20}$	$9{,}4 \times 10^{-20}$	$4{,}3 \times 10^{-20}$

Les matériaux peuvent être classés suivant leurs valeurs de perméabilité K croissante selon : PBP < PIII < PV < PI. Cette tendance est conforme aux valeurs obtenues par analyse inverse (Tableau 39) et aux valeurs de la littérature [290]. La propriété de transport est, en effet, plus élevée dans le cas du ciment Portland que dans celui des ciments composés : on relève un ordre de grandeur de différence entre PI et PBP. Ce résultat confirme, encore une fois, l'effet des éléments d'addition dans l'affinement de la microstructure et, *a fortiori*, sur les propriétés de transport d'eau.

3.3.2 Analyse inverse

La relation de Mualem - van Genuchten (E-35) est utilisée pour estimer l'évolution de perméabilité relative k_{rl} (Figure 77). Dans ce sens, la Figure 77 témoigne d'une évolution croissante des perméabilités relatives par formulation selon l'ordre : PI < PV < PIII < PBP.

Les perméabilités intrinsèques à l'eau liquide K_l sont approximées par résolution directe de l'équation de Richards *via* le code Cast3m (Tableau 39). Les paramètres de van Genuchten (a et m), les perméabilités relatives à l'eau liquide et les porosités accessibles à l'eau, évaluées précédemment, sont utilisées comme données d'entrées du modèle. Les courbes de cinétiques de perte de masse expérimentales et simulées relatives aux formulations PIII, PV et PBP sont fournies en Annexe 1 tandis que celles relatives à PI sont visibles en Figure 56.

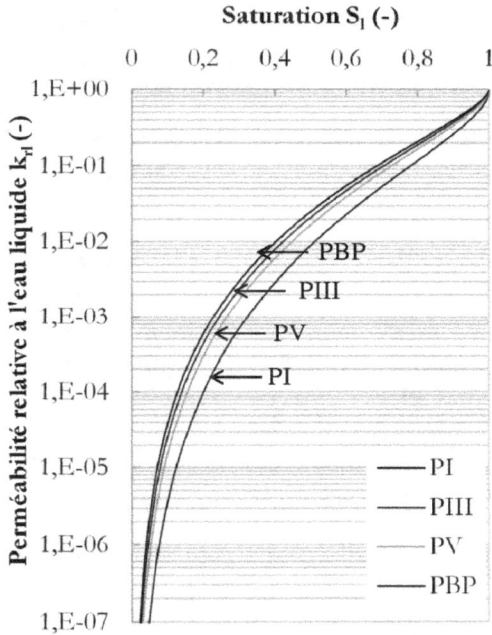

Figure 77 : Evolution des perméabilités relatives à l'eau liquide k_{rl} des formulations saines PI, PIII, PV et PBP, à 20°C, en fonction de la saturation liquide S_l.

Tableau 39 : Valeurs des perméabilités intrinsèques à l'eau liquide K_l (m²) des matériaux sains PI, PIII, PV et PBP estimées par analyse inverse - Comparaison avec les valeurs obtenues par Drouet [4] (* matériau non étudié).

	PI	PIII	PV	PBP
K_l Auroy (m²)	$2,7\times10^{-22}$	$2,6\times10^{-23}$	$5,0\times10^{-23}$	$4,5\times10^{-23}$
K_l Drouet [4] (m²)	$2,0\times10^{-22}$	*	$7,0\times10^{-23}$	$2,5\times10^{-23}$

Le Tableau 39 met en évidence des valeurs de perméabilité intrinsèque des ciments composés très proches les unes des autres. Une baisse des propriétés de transport est observée dans le cas des ciments composés (PIII, PV et PBP) par rapport à PI. Le rôle des additions pouzzolaniques dans l'affinement de la microstructure est, encore une fois, mis en exergue et conforte les données précédemment récoltées. Par ailleurs, les valeurs de perméabilité obtenues au cours de cette étude concordent avec celles obtenues par Drouet [4] (Tableau 39). Les faibles écarts observés sont imputables :

- à de faibles différences entres les isothermes d'une étude à l'autre,
- aux faibles variations de porosité accessible à l'eau (Tableau 35) d'une étude à l'autre,
- à la différence de température employée lors des essais de séchage isotherme (25°C dans notre cas contre 20°C au cours de l'étude précédente [4]).

Les matériaux peuvent être classés suivant leurs valeurs de perméabilité K_l croissante (Tableau 39) : PIII < PBP < PV < PI. Notons que ce classement va à l'encontre du classement des perméabilités relatives k_{rl} établi précédemment. Aussi, pour des questions de cohérence, la propriété de transport à l'eau liquide est systématiquement représentée sous la forme de sa perméabilité effective K_e (i.e. le produit des perméabilités relative k_{rl} et intrinsèque K_l). Dans ce cadre, la Figure 78 décrit une évolution cohérente des perméabilités effectives (K_e) en fonction de l'état de saturation (S_l). La propriété de transport apparait en effet plus élevée pour PI que pour PIII, PV et PBP (d'environ un ordre de grandeur).

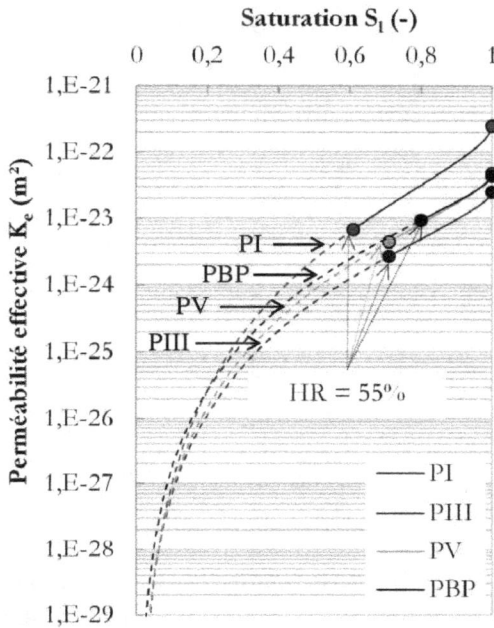

Figure 78 : Evolution des perméabilités effectives K_e de PI, PIII, PV et PBP en fonction de la saturation liquide estimées par la méthode indirecte.

3.3.3 Essais à la coupelle

3.3.3.1 Résultats

Les Figure 79 et Figure 80 présentent les évolutions des perméabilités effectives (K_e), associées respectivement au ciment Portland (PI) et aux ciments composés (PIII, PV et PBP), évaluées au moyen d'essais à la coupelle (puces, pour une gamme de saturation donnée). A titre comparatif, l'évolution de la propriété de transport, évaluée par analyse inverse (trait continu), est superposée à ces résultats. Les valeurs des paramètres de calage utilisés sont fournies dans le Tableau 37

187

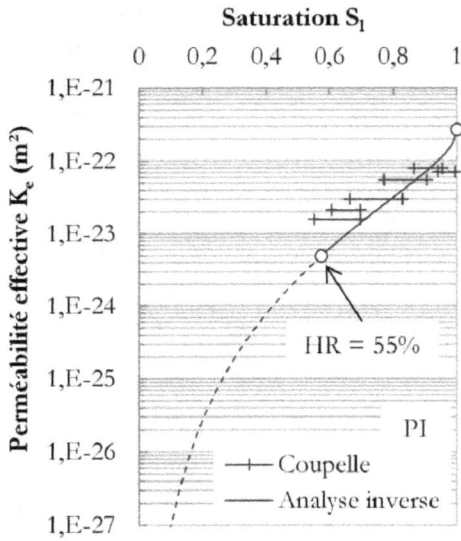

Figure 79 : Evolution de la perméabilité effective à l'eau liquide K_e (en milieu insaturé) de PI (état sain) en fonction de la saturation liquide S_l à 25°C - Evaluation par essais à la coupelle et analyse inverse.

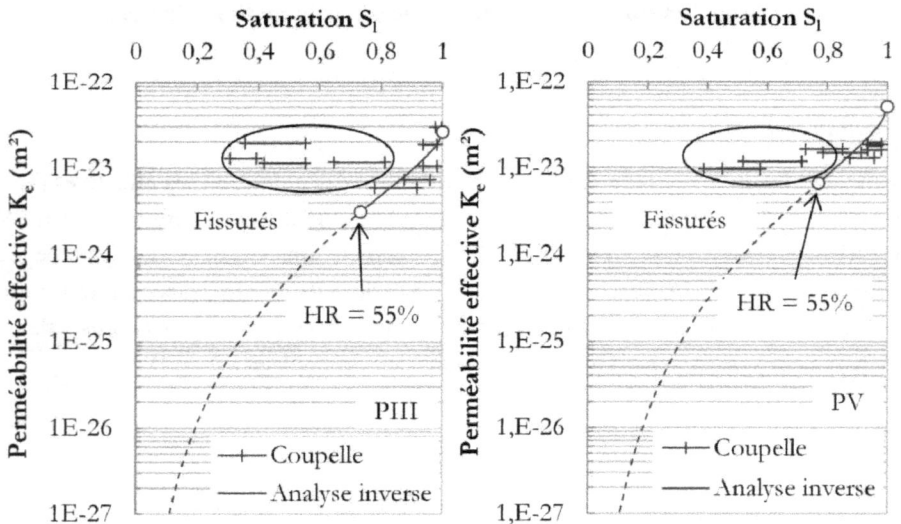

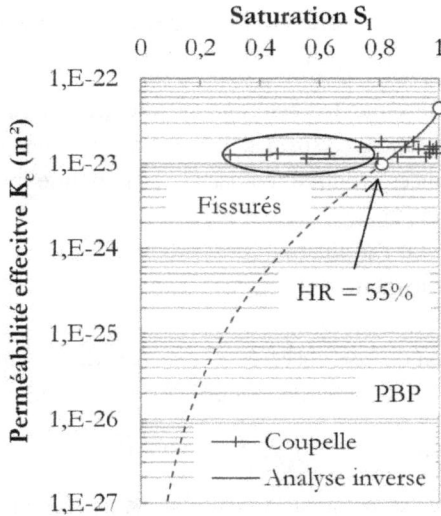

Figure 80 : Evolution de la perméabilité effective à l'eau liquide K_e (en milieu insaturé) des matériaux PIII, PV et PBP (état sain) en fonction de la saturation liquide S_l à 25°C - Evaluation par essais à la coupelle et analyse inverse.

Pour PI, la concordance entre les valeurs de perméabilité obtenues expérimentalement *via* les essais à la coupelle et celles estimées par analyse inverse [192] [291] (Figure 79), est satisfaisante. Ce n'est pas le cas des ciments composés (Figure 80). La différence observée entre PI et les ciments composés s'explique par le fait qu'il faut soumettre ces derniers à des HR plus basses pour atteindre un degré de saturation similaire à celui de PI. La conséquence directe est l'apparition de fissures (retrait gêné), menant à une surestimation de la propriété de transport (Figure 80). A titre illustratif, une HR de 55% correspond à un degré de saturation de 0,61 pour PI, de 0,72 pour PIII, de 0,73 pour PV et de 0,81 pour PBP. Ce constat est directement observable sur nos isothermes de désorption (Figure 76) où le palier de saturation relatif à PIII, PV et PBP est bien plus étendu que dans le cas de PI. La description de la perméabilité effective des ciments composés *via* les essais à la coupelle est correcte mais, sur une plage de saturation réduite. Pour des raisons de lisibilité, la perméabilité des ciments composés sains est systématiquement évaluée par analyse inverse.

Les résultats obtenus confortent l'utilisation du dispositif d'essai à la coupelle ainsi que la démarche scientifique employée. Au-delà de la limite de description de la perméabilité à une plage de saturation donnée, on relève de faibles écarts entre les perméabilités évalués *via* les essais à la coupelle et, celles déduites de l'analyse inverse. Ces différences sont imputables à :

- la variabilité induite par les hétérogénéités entre les gâchées : les essais à la coupelle sont implémentés sur des échantillons provenant de gâchées récentes alors que les données d'entrée requises pour l'analyse inverse sont extraites de l'étude précédente [4],
- l'incertitude liée à l'évaluation des propriétés de transport induite par la dispersion expérimentale sur les isothermes de désorption (propagation de l'erreur),
- la microfissuration diffuse observée à la surface de certains échantillons,
- l'erreur sur la valeur du paramètre p utilisé dans le modèle de Mualem (E-34).

3.3.3.2 Ajustement alternatif de la perméabilité

La tendance décrite par les essais à la coupelle est ajustée au moyen de l'équation de Mualem - van Genuchten (E-35) mais, sans contrainte sur p (i.e. $p \neq 0{,}5$).

$$(E\text{-}72) \quad K_e(S_l) = KS_l^p \left[1 - \left(1 - S_l^{1/m} \right)^m \right]^2$$

où K et p sont des constantes, ajustées par la méthode des moindres carrés, respectivement associées à la perméabilité intrinsèque et au facteur d'interaction de pore tel que décrit dans [188], m est l'un des paramètres de calage utilisé dans l'équation de van Genuchten (E-33) et déduit de l'ajustement des courbes de pression capillaire.

L'évolution de la perméabilité effective relative à PI est décrite à partir de la fonction (E-72) (Figure 81) pour 3 valeurs différentes de p (moy, mini et maxi) encadrant les résultats des essais à la coupelle (Tableau 40).

Tableau 40 : Valeurs des paramètres de l'équation (E-72) utilisés pour la description de la perméabilité effective relative à PI.

	K	p	m
PI (S_l moy)	2,3	**- 1,446**	0,465
PI (S_l mini)	3,0	**- 1,777**	0,465
PI (S_l maxi)	1,7	**- 1,239**	0,465

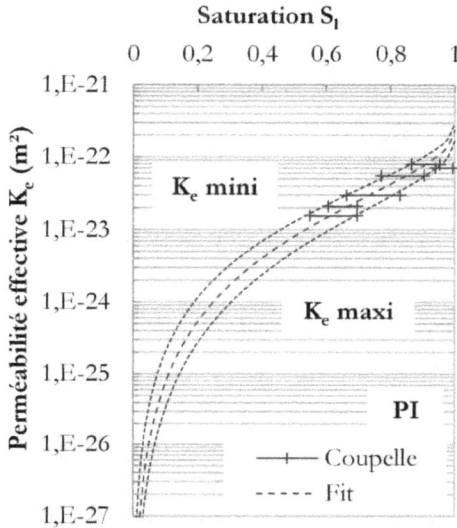

Figure 81 : Description de la perméabilité effective K_e relative à PI à partir de l'expression (E-72).

Il semble pertinent d'exploiter, rétroactivement, les résultats des essais à la coupelle afin d'évaluer la perméabilité intrinsèque par analyse inverse. Spécifiquement, il s'agit de tenir compte de l'évolution de perméabilité relative obtenue à partir de l'essai à la coupelle (i.e. avec $p \neq 0,5$ telle que classiquement suggéré dans le modèle de Mualem - van Genuchten). Le résultat obtenu est fourni sur la Figure 82 dans le cas de PI. La description de la perméabilité relative est ensuite utilisée pour recaler par analyse inverse la perméabilité intrinsèque. La description de la perméabilité effective dans le cas de PIII, PV et PBP étant délicate (Figure 80), l'approche proposée est appliquée uniquement à PI. Les cinétiques de pertes de masse calculées par analyse inverse (pour différentes valeurs de perméabilité intrinsèque) sont superposées à la perte de masse expérimentale de PI (Annexe 8). Les perméabilités intrinsèques ainsi obtenues sont récapitulées dans le Tableau 41 et comparées à celle issue de la méthode classique (voir §3.3.2). La correspondance entre l'évolution de perméabilité effective évaluée classiquement par analyse inverse et celle déduite des essais à la coupelle est satisfaisante (valeurs du même ordre de grandeur, Figure 83). Cette comparaison nous conforte dans l'utilisation du dispositif expérimental mis en place. Une perspective de ce résultat serait d'affiner les mesures directes de perméabilité effective aux hautes HR afin d'approcher plus fidèlement la perméabilité intrinsèque.

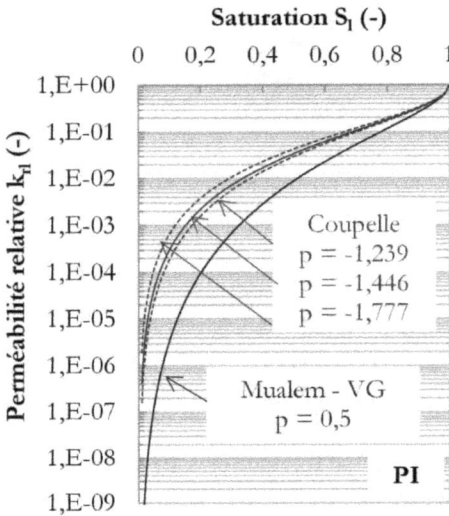

Figure 82 : Evolution de la perméabilité relative k_{rl} obtenue à partir des essais à la coupelle relatifs à PI - Comparaison avec le modèle de Mualem - van Genuchten.

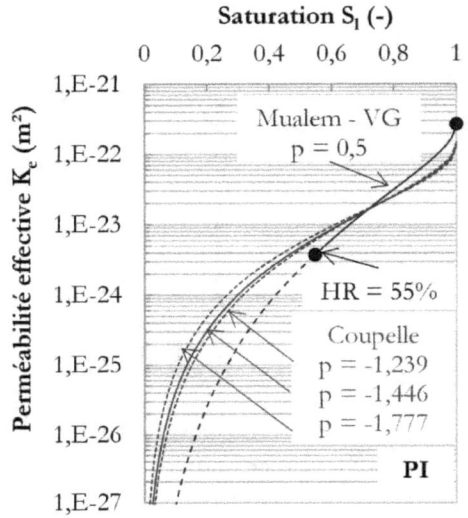

Figure 83 : Recalage de la perméabilité effective K_e relative à PI à partir des essais à la coupelle - Comparaison avec la méthode classique par analyse inverse.

Tableau 41 : Valeurs de perméabilités intrinsèques à l'eau liquide K_l (m²) de PI estimées au moyen des essais à la coupelle - Comparaison avec la valeur obtenue classiquement par analyse inverse.

K (Analyse-inverse) (m²)	K (coupelle) (m²)		
	K (S_l mini)	K (S_l moyen)	K (S_l maxi)
$2,7 \times 10^{-22}$	$1,3 \times 10^{-22}$	$1,4 \times 10^{-22}$	$1,5 \times 10^{-22}$

3.4 Conclusion

L'évaluation du comportement hydrique, à 25°C, des matériaux étudiés (PI, PIII, PV et PBP) est une étape clé pour la compréhension et l'interprétation des modifications de propriétés de transport d'eau induites par la carbonatation. Dans ce cadre, les différents paramètres physiques nécessaires à la résolution de l'équation de Richards [157], et donc à la description des transferts hydriques, ont été évalués.

Les valeurs des densités saturées et porosités totales ont été estimées au moyen de pesées hydrostatiques et d'essais de séchage à 80°C et 105°C. Sur la base des isothermes de désorption obtenues expérimentalement et *via* l'utilisation du modèle de Mualem - van Genuchten [159] [179], les perméabilités relatives à l'eau liquide (k_{rl}) ont été évaluées. De manière concomitante, les perméabilités intrinsèques à l'eau liquide (K_l) ont été estimées à partir de la connaissance de la cinétique de séchage isotherme (HR = 55%, 25°C) couplé à l'utilisation d'un modèle numérique [192]. Les résultats obtenus sont du même ordre de grandeur que ceux de l'étude précédente [4]. Les évolutions des perméabilités effectives (produit des perméabilités relative et intrinsèque à l'eau liquide) ont été représentées en fonction de la saturation liquide. Dans ce cadre, les propriétés de transport des matériaux se démarquent selon deux groupes : un relatif à PI, pour lequel la propriété de transport est « élevée » ($3,9 \times 10^{-24}$ m² à S = 0,55) et un autre regroupant les formulations composées (PIII, PV et PBP), pour lesquelles les propriétés de transport sont plus faibles (respectivement $1,0 \times 10^{-24}$ m², $8,2 \times 10^{-25}$ m² et $1,7 \times 10^{-24}$ m², à S = 0,55). Ces résultats sont directement reliés aux observations faites lors des caractérisations du cortège minéralogique. La propriété de transport des ciments composés PIII, PV et PBP apparait plus faible que celle de PI, fait directement corrélé à leur distribution de taille de pores fine, elle-même issue du développement de l'hydratation et de la réaction pouzzolanique.

Par ailleurs, du fait de l'impossibilité d'évaluer la perméabilité effective par analyse inverse sur les échantillons carbonatés (du fait de la faible épaisseur des échantillons), un dispositif expérimental d'essai à la coupelle a été mis en place. La propriété de transport a été estimée sur différentes gammes d'HR. La concordance entre les valeurs obtenues expérimentalement et celles obtenues *via* la méthode de référence (Mualem - van Genuchten) [192] [291] conforte l'emploi du dispositif d'essai et l'approche scientifique associée. En parallèle, le jeu de données requis pour l'évaluation de la perméabilité effective *via* la méthode classique a été optimisé afin de recaler cette dernière à partir des essais à la coupelle. Il ressort des données acquises un niveau de fiabilité élevé de l'essai à la coupelle, validant ainsi son emploi sur matériaux carbonatés.

Chapitre 4   Matériaux carbonatés

Les conclusions du chapitre précédent ont permis de définir l'état initial des pâtes de ciment de de l'étude. Que ce soit à l'échelle de la minéralogie, de la microstructure ou du transport, un fort *distinguo* est observé entre les ciments PI et avec ajouts (PIII, PV et PBP). Il est légitime de se demander si cette différence est maintenue après carbonatation. Mais avant toute chose, l'état général de carbonatation des matériaux doit être évalué, c'est l'objet de la première partie (§1). La campagne expérimentale qui suit vise à appréhender le comportement des matériaux carbonatés selon un modèle identique à celui employé sur matériaux sains. Dans ce cadre, les résultats des caractérisations menées sur matériaux carbonatés PI, PIII, PV et PBP sont présentés selon 3 axes majeurs :

- la minéralogie (§2),
- la microstructure (§3),
- les propriétés de transport d'eau (§4).

1. Suivi de carbonatation

1.1 Etat général des échantillons

Le prélèvement d'échantillons destinés au suivi de carbonatation a mis en évidence la fissuration de certains d'entre eux (PI et PV principalement), plusieurs étant même rompus (Figure 84). Le retrait induit par le couplage séchage/carbonatation est une cause plausible pour expliquer ce phénomène. Des mesures de retrait sont mises en place afin d'éclaircir cette hypothèse.

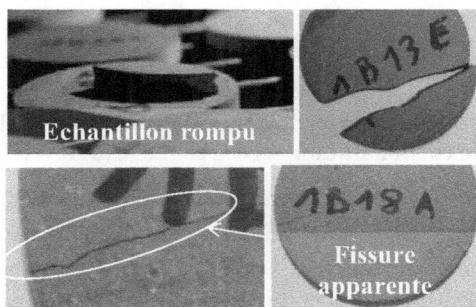

Figure 84 : Fissuration et fêlure de disques PI et PV lors des essais de carbonatation accélérée ($P_{CO2} \approx 3\%$, HR = 55%, 25°C).

1.2 Suivi massique

Les variations relatives de masses des lots d'échantillons[40] mesurées à différentes échéances de carbonatation accélérée sont superposées sur la Figure 85.

---

[40] Les lots relatifs à PIII, PV et PBP sont constitués de 5 échantillons (i.e. 5 disques) tandis que ceux relatifs à PI sont constitués de 7 échantillons.

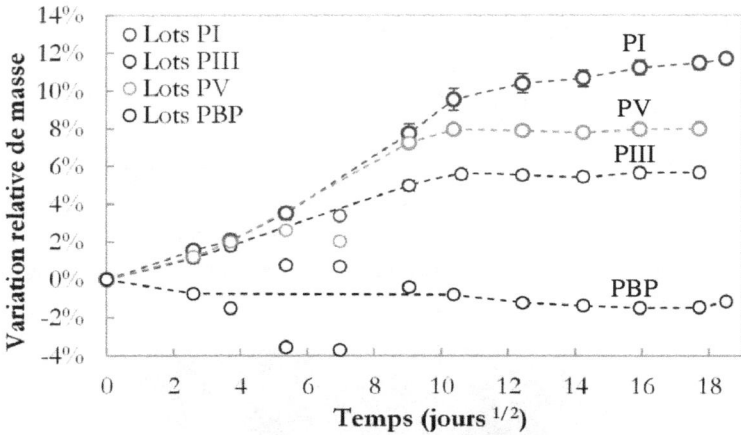

Figure 85 : Suivi de masse des lots d'échantillons issus de PI, PIII, PV et PBP au cours des essais de carbonatation accélérée (25°C, HR = 55% et $P_{CO_2} \approx 3\%$).

Il s'avère que tous les échantillons ont pris de la masse au cours de la carbonatation, excepté les échantillons PBP (Figure 85). Cela s'explique par un séchage important au début de la phase de carbonatation[41] (à 29 et 49 jours), compensant alors la prise de masse liée à la fixation du CO_2. L'absence initiale de portlandite dans PBP (Tableau 22), c'est à dire de matière préférentiellement carbonatable, tend à accentuer ce constat. Le ralentissement de la cinétique de carbonatation est également observé dans le cas des autres formulations. Notons que les matériaux se classent logiquement selon leur prise de masse croissante (en lien direct avec leur teneur initiale en portlandite) selon l'ordre : PI > PV > PIII > PBP. Au-delà de ces observations, quelle que soit la formulation, le suivi de masse montre que les échantillons ont atteint un état de carbonatation stabilisé (i.e. variation de masse quasi-constante).

1.3 Dosage du carbonate de calcium

Afin de présenter les résultats de manière homogène entre les différentes techniques, ceux-ci sont systématiquement exprimés sous la forme des évolutions des teneurs en carbone des échantillons au cours de la carbonatation. Cette grandeur est directement comparable à la quantité de carbonate de calcium formé. Dans ce cadre, la Figure 86 présente les évolutions obtenues pour PI, PIII, PV et PBP, au moyen d'un cotmètre

---

[41] Régulation de l'HR dans l'enceinte climatique à une valeur inférieure à la consigne fixée à 55% durant plusieurs jours.

ainsi que par suivi de masse au cours d'une expérience de séchage (à 80°C) et par ATG.

Chacune des techniques utilisées (Figure 86) permet une évaluation cohérente des concentrations en carbone, d'une formulation à l'autre. C'est-à-dire que plus la teneur initiale en portlandite est élevée et plus la quantité de carbonate de calcium formé est importante. Les matériaux sont alors classés selon leurs teneurs en carbone croissantes suivant l'ordre : PBP < PIII < PV < PI.

Le jeu de données obtenu tend, quelle que soit la méthode employée, vers l'atteinte d'un état de carbonatation stabilisé, confirmant ainsi les résultats de suivi massique (Figure 85). Une certaine variabilité est relevée entre les valeurs obtenues d'une technique à l'autre. Une perspective serait, par exemple, de coupler la spectroscopie gaz à l'ATG afin de quantifier plus finement le CO_2 et, par conséquent, les carbonates. L'état général de carbonatation des échantillons est néanmoins confirmé sur le plan qualitatif, l'objectif majeur de ce suivi est alors rempli. Les formulations PIII et PV ont été sortis de l'enceinte de carbonatation à 314 jours contre 349 jours pour les formulations PI et PBP. Les échantillons n'ont pas tous été simultanément sortis de l'enceinte pour des raisons pratiques. Ce fait n'a pas d'influence significative sur les résultats ; l'atteinte d'un état de carbonatation stabilisé permet de comparer de manière cohérente les matériaux entres eux.

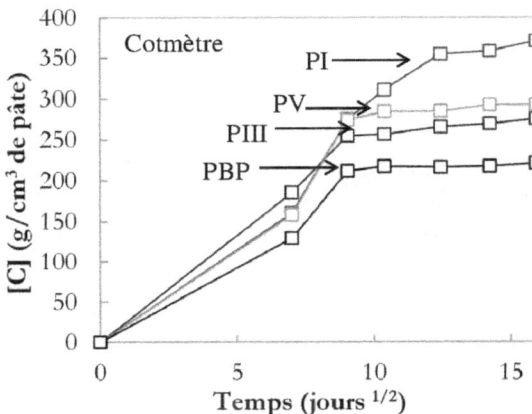

197

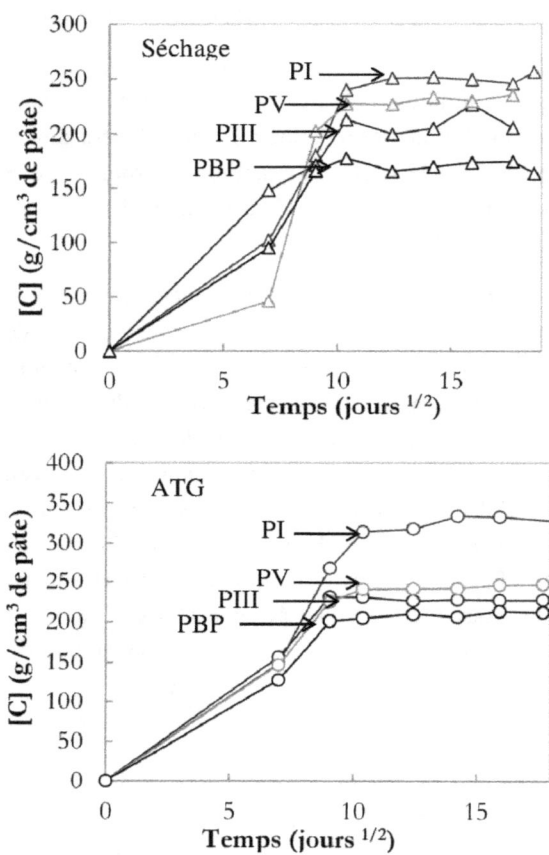

Figure 86 : Evolution des teneurs en carbone de PI, PIII, PV et PBP pour différentes échéances de carbonatation évaluées au moyen d'un cotmètre, d'expériences de séchage à 80°C et d'ATG.

2. Minéralogie

2.1 DRX

Les évolutions minéralogiques induites par la carbonatation ont été investiguées par DRX à différentes échéances (de manière concomitante au suivi de masse). Des profils de carbonatation ont été réalisés dans l'épaisseur des échantillons sur des échantillons PI après 49, 82, 108 et 155 jours de carbonatation accélérée (Annexe

10). Ces profils ont permis de mettre en évidence une carbonatation uniforme : la diffusion ne semble pas être l'étape limitante du processus. Des cartographies Raman (disponibles en Annexe 10), ont été réalisées en surface et en coupe d'un échantillon PI après 349 jours de carbonatation accélérée. Des carbonates de calcium ont alors été détectés en surface de l'échantillon et dans toute son épaisseur, confirmant une carbonatation uniforme. Ce résultat peut s'expliquer par la faible épaisseur des échantillons (6 mm), combiné à un taux de saturation favorisant la diffusion gazeuse (HR = 55%). Dans le cas présent, nous concluons que la carbonatation est pilotée par la cinétique des réactions chimiques plutôt que par la diffusion. Précisons que ces analyses sont valables pour l'ensemble des formulations étudiées.

Les profils DRX ont permis de mettre en évidence un autre point intéressant : la présence de calcite est systématiquement détectée avec une forte intensité en extrême surface quelle que soit la formulation. Ce phénomène est imputé à une croissance des cristaux de calcite selon une orientation préférentielle à la surface des échantillons. Ce résultat a été vérifié en examinant le rapport des intensités des différents pics de la calcite par rapport à son pic le plus intense (I = 100 %). A titre d'exemple, le Tableau 43 présente les rapports d'intensités correspondants obtenus sur le matériau PI pour deux échéances de carbonatation différentes (49 et 108 jours). Le rapport d'intensité des pics de la calcite par rapport au pic d'intensité maximale apparait alors systématiquement inférieur, d'environ 36%, aux valeurs fournies par la base de données DRX (JCPDS).

Du fait d'une carbonatation homogène, l'acquisition systématique de profils dans l'épaisseur des échantillons n'apporte pas d'informations pertinentes. C'est pourquoi, dans le cadre du suivi de carbonatation, les diffractogrammes sont réalisés uniquement en surface des échantillons. Ajoutons qu'aucune efflorescence particulière n'est détectée en surface. De fait, ces analyses en surface sont représentatives. Les Figure 87 à Figure 90 présentent les diffractogrammes obtenus, à la surface de PI, PIII, PV et PBP pour différentes échéances de carbonatation. Pour rappel, l'Annexe 2 récapitule la nomenclature minéralogique utilisée dans ce manuscrit.

Tableau 42 : Comparaison des rapports d'intensité, issus de la base de données et mesurés, des pics DRX de la calcite.

h	k	l	d (A)	2theta (°)	I théo (%)	I (u.a)	I exp (%)	I (u.a)	I exp (%)
						DRX surface PI (49 jours)		**DRX surface PI (108 jours)**	
0	1	2	3,860	23,022	**12**	763	**8 (-33%)**	985	**8 (-33%)**
1	0	4	3,035	29,406	**100**	9325	**100**	12909	**100**
1	1	3	2,285	39,402	**18**	1111	**12 (-33%)**	1501	**12 (-33%)**
2	0	2	2,095	43,146	**18**	927	**10 (-44%)**	1380	**11 (-39%)**
0	1	8	1,913	47,490	**17**	986	**11 (-35%)**	1414	**11 (-35%)**
1	1	6	1,875	48,514	**17**	951	**10 (-41%)**	1366	**11 (-35%)**

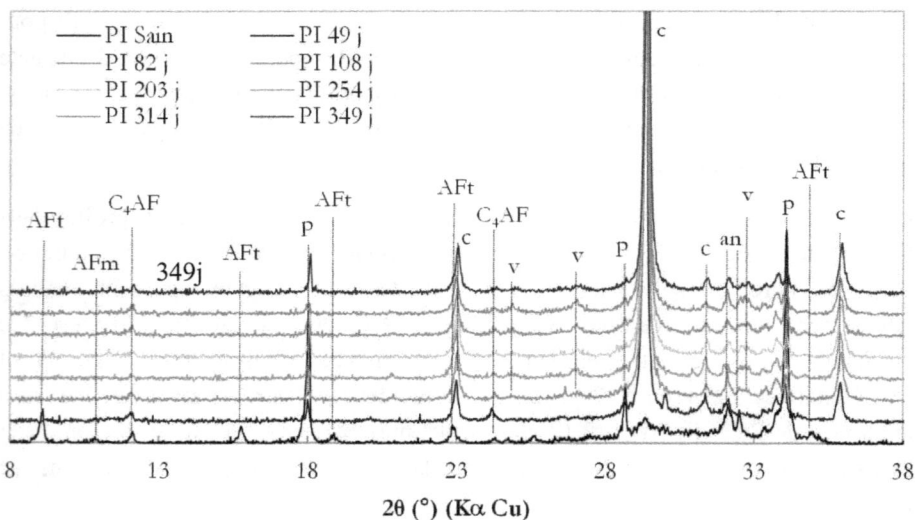

Figure 87 : Suivi de carbonatation de PI par DRX.

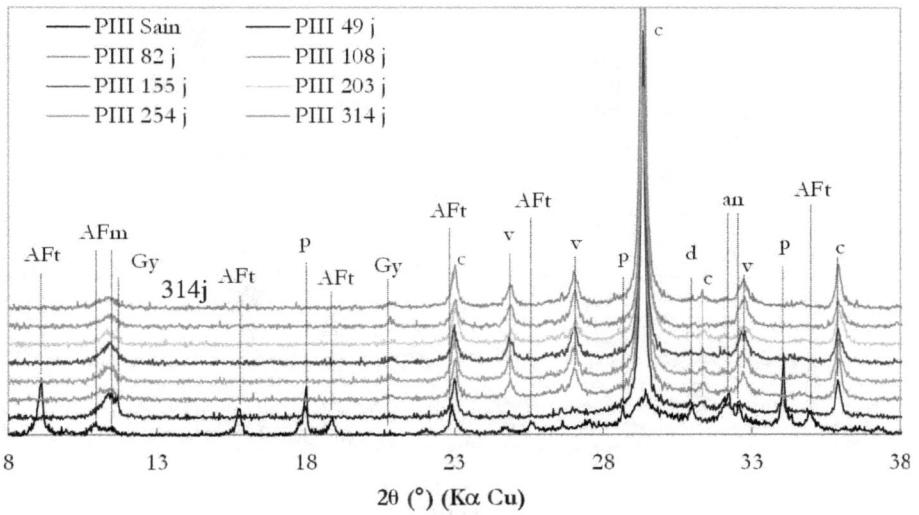

Figure 88 : Suivi de carbonatation de PIII par DRX.

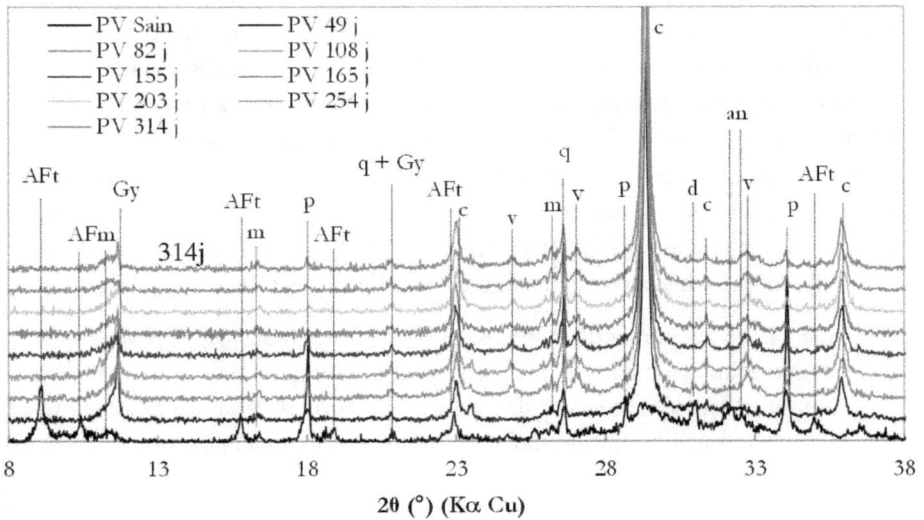

Figure 89 : Suivi de carbonatation de PV par DRX.

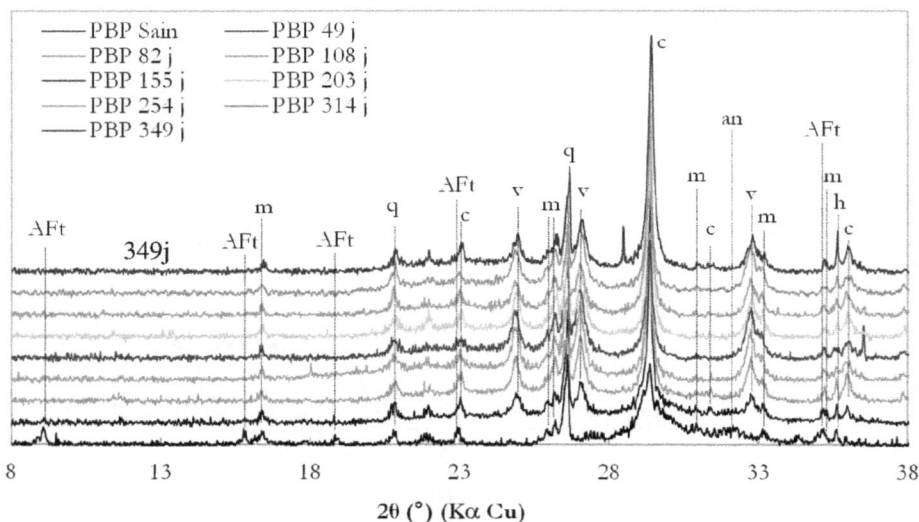

Figure 90 : Suivi de carbonatation de PBP par DRX.

Les analyses DRX mettent en évidence des modifications minéralogiques engendrées par la carbonatation telles que couramment observées. On relève notamment la dissolution de la portlandite dans le cas de PI, PIII et PV. La dissolution des C-S-H est quand-à-elle caractérisée par la disparition du massif large situé à $2\theta \approx 29°$. L'ettringite et les phases AFm se décomposent au profit de la précipitation de carbonates de calcium (calcite et vatérite) et de gypse. La décomposition de la katoïte contribue également à la formation de carbonate de calcium. La présence d'anhydres sous forme résiduelle est identifiée dans le cas de PI uniquement. Ces modifications minéralogiques sont également identifiées dans l'épaisseur des échantillons.

Par ailleurs, de la portlandite résiduelle est détectée dans PI et PV, à échéance avancée de carbonatation. Sa présence peut s'expliquer par la formation d'une gangue protectrice de carbonates de calcium à la surface des cristaux de portlandite durant le processus de carbonatation, hypothèse communément supportée dans la littérature [34] [35].

2.2 ATG

2.2.1 Résultats

La Figure 91 présente les thermogrammes relatifs à PI (a), PIII (b), PV (c) et PBP (d) pour les échéances de carbonatation 0, 82 et 349 jours. Afin de distinguer clairement les évolutions minéralogiques, les thermogrammes ne sont pas superposés pour l'ensemble des échéances de carbonatation.

Les analyses thermogravimétriques des différentes formulations sont en accord avec les analyses DRX. Quelle que soit la formulation, une diminution de la proportion des phases C-S-H, AFt, AFm et portlandite conjointement à une augmentation de la quantité de carbonates de calcium sont observées. Cependant, du fait d'un élargissement du domaine de décomposition des carbonates, la plage de deshydroxylation de la portlandite est partiellement masquée. La quantification résultante apparait quelque peu délicate. Ce problème ne se manifeste évidemment que pour les formulations contenant de la portlandite (i.e. PI, PIII et PV). Dans le cas de PBP (Figure 91, d), la quantification des carbonates est aisée. Ce résultat justifie l'utilisation de techniques alternatives telles que le cotmètre et les expériences de séchage dans le cadre du suivi de carbonatation (voir §1.3). La complémentarité de différentes techniques et méthodes est, en effet, essentielle pour justifier d'un état de carbonatation stabilisé.

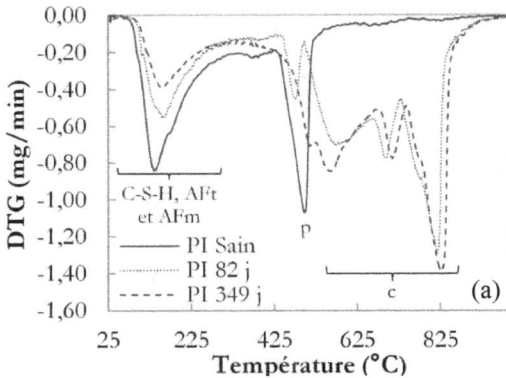

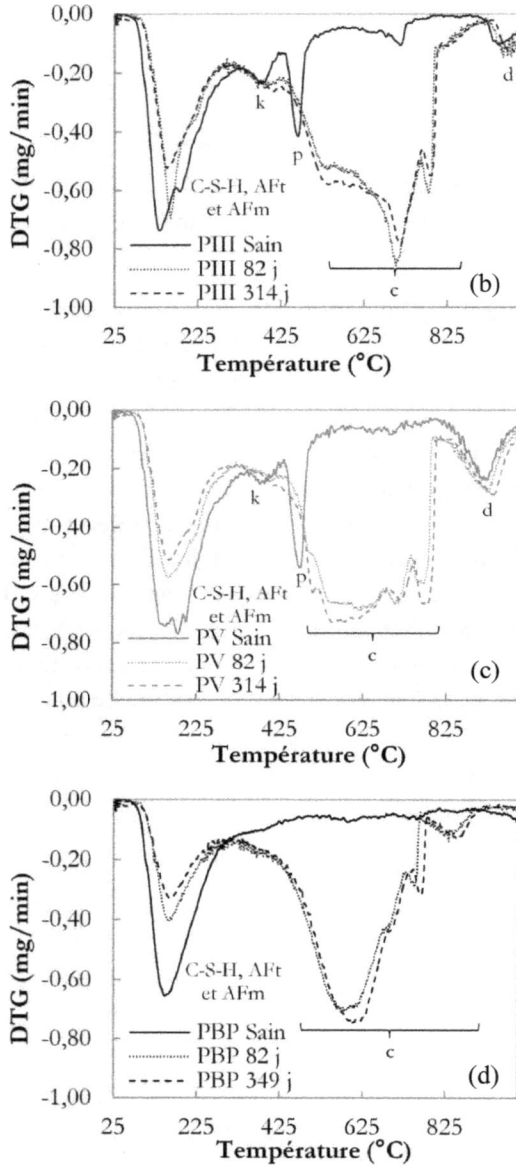

Figure 91 : Suivi de carbonatation des pâtes PI (a), PIII (b), PV (c) et PBP (d) par ATG.

Au-delà des difficultés de traitement des courbes DTG (liées à la définition de la plage de température de deshydroxylation de la portlandite de PI, PIII et PV), les évolutions des quantités de portlandite, carbonates de calcium, katoïte et dolomite sont tracées en fonction de la durée de carbonatation (Figure 92 a, b, c, et d). Les plages de température relatives à l'identification des phases minérales des matériaux carbonatés sont adaptées pour chacun d'entre eux et, pour différentes échéances de carbonatation (Tableau 43 à Tableau 46).

Tableau 43 : Plages de températures relatives à la quantification (par ATG) des phases minéralogiques du matériau carbonaté PI.

Echéance de carbonatation	Portlandite	Carbonate de calcium
49 jours	420-530°C	530-950°C
82 jours	430-490°C	490-950°C
108, 155, 203, 254, 314 et 349 jours	420-450°C	450-950°C

Tableau 44 : Plages de températures relatives à la quantification (par ATG) des phases minéralogiques du matériau carbonaté PIII.

Echéance de carbonatation	Katoïte	Portlandite	Carbonate de calcium	Dolomite
49 jours	330-430°C	430-480°C	480-900°C	900-1000°C
82 jours	330-430°C	430-480°C	480-900°C	900-1000°C
108, 155, 203, 254, et 314 jours	330-430°C	430-460°C	460-900°C	900-1000°C

Tableau 45 : Plages de températures relatives à la quantification (par ATG) des phases minéralogiques du matériau carbonaté PV.

Echéance de carbonatation	Katoïte	Portlandite	Carbonate de calcium	Dolomite
49 jours	350-430°C	430-480°C	480-800°C	800-1000°C
82 jours	350-420°C	420-450°C	450-810°C	810-1000°C
108, 155, 203, 254 et 314 jours	350-420°C	420-450°C	450-810°C	810-1000°C

Tableau 46 : Plages de températures relatives à la quantification (par ATG) des phases minéralogiques du matériau carbonaté PBP.

Echéance de carbonatation	Carbonate de calcium
49, 82, 108, 155, 203, 254, 314 et 349 jours	370-900°C

Quelle que soit la formulation (PI, PIII, PV ou PBP), dès 100 jours de carbonatation, les quantités de phases minérales évaluées par ATG (portlandite, katoïte, dolomite et carbonate de calcium) n'évoluent plus. Tous les échantillons étudiés apparaissent carbonatés jusqu'à un état stabilisé. Par ailleurs, on relève une évolution cohérente de la quantité de carbonate formé d'une formulation à l'autre : plus la teneur initiale en portlandite est élevée et, plus la quantité de carbonate de calcium formée est importante. Les matériaux se classent logiquement (à échéance ultime de carbonatation) par ordre croissant de teneur en carbonate de calcium ($CaCO_3$) selon : PBP < PIII < PV < PI. Ce classement met en évidence l'impact qu'a la composition minéralogique initiale sur le comportement des matériaux cimentaire face à la carbonatation.

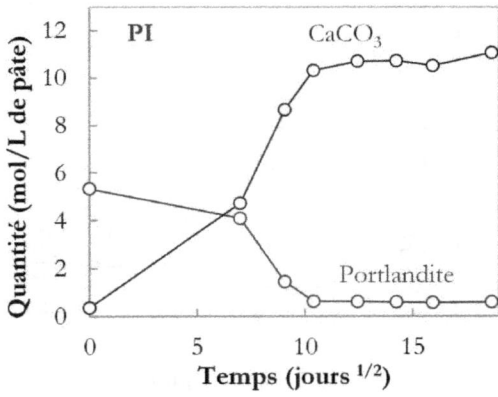

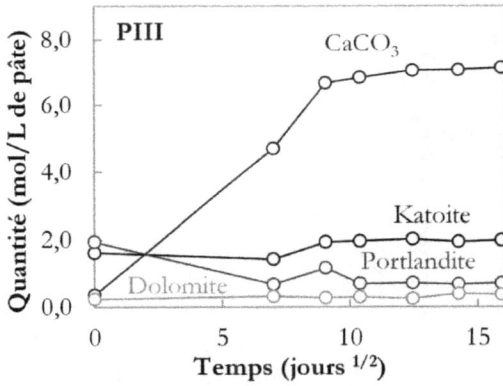

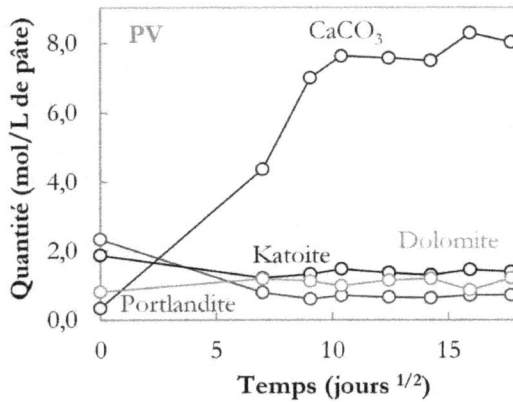

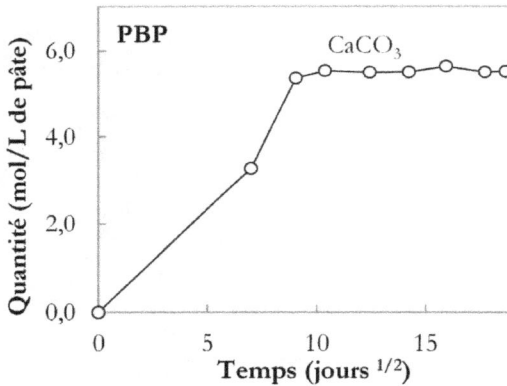

Figure 92 : Profils d'évolutions des quantités de portlandite, carbonates de calcium, katoïte et dolomite, estimées par ATG, en fonction de la durée de carbonatation (jours $^{1/2}$) des matériaux PI, PIII, PV et PBP.

2.2.2 Modes de décomposition du carbonate de calcium

Comme évoqué au *Chapitre 1 Etat de l'art* (§2.3.1), la littérature [29] [39] [68] fait référence à trois modes de décomposition du carbonate de calcium dans les matériaux cimentaires, correspondant à trois plages de températures distinctes. Ce fait est observé sur l'ensemble de nos thermogrammes.

Certains auteurs [39] [68] attribuent ces différents modes à une forme allotropique particulière de carbonate de calcium. Le mode I correspondrait à la calcite, tandis que les modes II et III seraient attribués aux phases aragonite, vatérite et à une phase amorphe de carbonate de calcium (précurseur des phases cristallines) (Figure 93). La littérature suggère également que les plages de température associées aux modes de décomposition des carbonates diffèrent selon la nature des échantillons [29]. Ce fait est directement observé dans le cas de nos matériaux (Tableau 47).

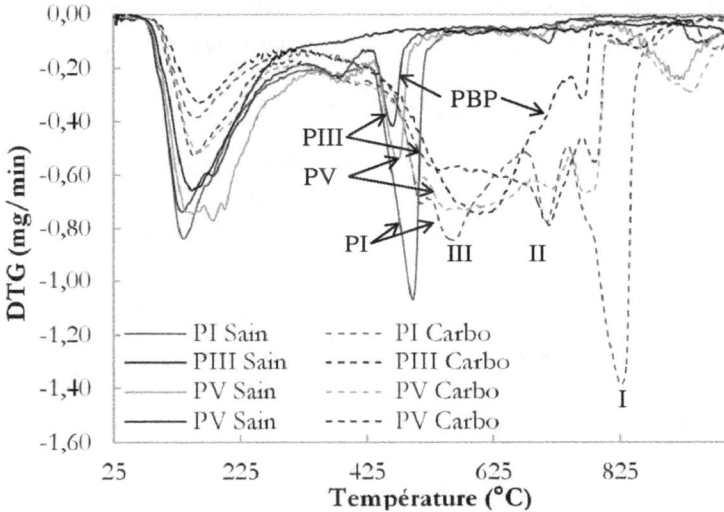

Figure 93 : Thermogrammes des pâtes saines et carbonatées PI, PIII, PV et PBP.

Tableau 47 : Plages de décomposition des carbonates de calcium, à échéance ultime de carbonatation, associées à PI, PIII, PV et PBP.

Formulation	Mode I (associé à la calcite [29])	Mode II et III (associés aux formes métastables de carbonates de calcium : vatérite, aragonite ou carbonate amorphe [29])
PI	740-950°C	520-740°C
PIII	760-930°C	520-760°C
PV	745-810°C	510-750°C
PBP	780-930°C	320-780°C

Le mode I (Figure 93) est d'autant plus marqué que la teneur initiale en portlandite est élevée. Ce fait corrobore les données de la littérature [29] [68] [78] quant à l'impact de la nature des réactifs. La carbonatation de portlandite mènerait

209

préférentiellement à la précipitation de calcite tandis que la carbonatation des C-S-H mènerait plutôt à la formation de vatérite et d'aragonite (modes II et III, Figure 93) [4] [38]. Contrairement aux observations de la littérature [29], la carbonatation semble entrainer un décalage des plages de décomposition vers les plus hautes températures (Figure 91). Afin d'éclaircir les données relatives aux modes de décomposition des carbonates de calcium, l'étude de matériaux modèles est pertinente (voir *Chapitre 5 Représentativité de la carbonatation accélérée*).

2.2.2.1 Evaluation du rapport C/S

La carbonatation est à l'origine de la décalcification des C-S-H, provoquant un relargage d'anions silicates ($Si_xO_y^{n-}$) [36]. Dans ce cadre, l'évolution du rapport C/S des C-S-H au cours du temps constitue un indicateur fidèle de l'avancement du processus de carbonatation.

Avant toute chose, la compatibilité entre le rapport C/S initial de la pâte évalué à partir des teneurs en portlandite et en C-S-H (E-73) et, celui du ciment évalué à partir des teneurs en CaO et SiO_2 (E-74) (voir fiches produits disponibles en Annexe 3), doit être vérifiée.

$$(\text{E-73}) \quad \frac{C}{S} = \frac{[CH] + 1,7[C-S-H]}{[C-S-H]}$$

$$(\text{E-74}) \quad \frac{C}{S} = \frac{(CaO)}{(SiO_2)}$$

où [CH] est la teneur initiale en portlandite (mol/L de pâte) évaluée par ATG, [C-S-H] est la teneur initiale en C-S-H (mol/L de pâte) évaluée à partir d'essais de sorption d'eau et *via* l'utilisation de la méthode Olson & Jennings [213] tandis que les quantités en (CaO) et (SiO_2) (%) sont extraites de la fiche produit (Annexe 3).

Le Tableau 48 compare les rapports C/S estimées à partir de (E-73) et (E-74) pour le CEM I.

Tableau 48 : Comparaison du rapport C/S initial de la pâte de ciment hydraté et celui du ciment anhydre dans le cas du CEM I.

Hydrates (mol/L)			Anhydres (%)		
Portlandite	C-S-H	**C/S de la pâte**	CaO	SiO_2	**C/S du ciment**
5,3	5,2	**2,7**	64,3	20,6	**3,1**

Les rapports C/S estimés sont proches. En raison de la non prise en compte de l'ensemble des phases hydratées contenant du calcium (AFt notamment), le rapport C/S estimé à partir des teneurs en portlandite et C-S-H est légèrement inférieur à celui évalué à partir des teneurs en CaO et SiO_2. La fiabilité de notre approche est, de fait, vérifiée.

Les évolutions du rapport C/S de PI, PIII, PV et PBP sont représentées pour différents temps de carbonatation (Figure 94). A échéance ultime de carbonatation, les rapports C/S des C-S-H tendent respectivement vers 0,48 pour PI, 0,83 pour PIII, 0,79 pour PV et 0,38 pour PBP. Partant d'un C-S-H de rapport C/S initial égal à 1,7, Morandeau [94] évalue l'état ultime de décalcification autour de C/S $\approx$ 0,4. Ce résultat s'accorde parfaitement avec l'état de décalcification final estimé dans PI. Dans le cas de PI, PIII et PV il est important de rappeler que la quantification de la portlandite par ATG est difficile (du fait d'un chevauchement des plages de décomposition des carbonates et de deshydroxylation de la portlandite). Dans ce cas, la quantification du rapport C/S est à prendre avec retenue. Les données extraites des spectres RMN [29]Si permettent de compléter ces résultats (voir §2.5). La limite de la présente approche réside dans la non prise en compte des phases aluminates initialement présentes dans la pâte de ciment. Or, dans la réalité, les phases aluminates hydratées (AFt et AFm notamment) se carbonatent et contribuent à la fixation du CO_2. Dans ce sens, on évalue une borne inférieure du rapport C/S. Ceci explique notamment pourquoi le rapport C/S est, à échéance de carbonatation avancée, plus élevé dans PIII et PV que dans PI et PBP, où les phases aluminates sont moindres. L'évaluation du rapport C/S *via* cette approche simplifiée doit donc être interprétée avec une certaine réserve quant-aux valeurs obtenues. Ce type de quantification vise uniquement à fournir un ordre de grandeur des valeurs vers lesquelles tendent les rapports C/S moyen de l'ensemble [C-S-H + S-H] (pour une échéance de carbonatation donnée). Ils mettent également en évidence la forte décalcification des C-S-H consécutivement à la carbonatation.

Afin de compléter et d'étendre ce modèle aux matériaux composés (PIII, PV et PBP), il apparait nécessaire d'ajouter les phases AFt et AFm en tant que constituant initial de la pâte de ciment. Pour cela, l'utilisation future d'un modèle d'hydratation couplé à un suivi DRX (*via* l'utilisation d'un étalon interne [292]) permettra d'estimer la quantité initiale d'AFt et de quantifier les quantités de composés formés par carbonatation.

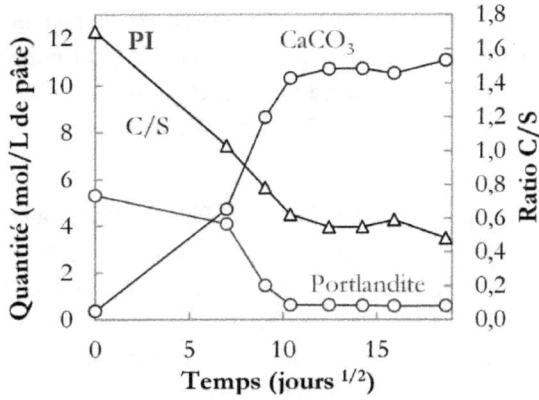

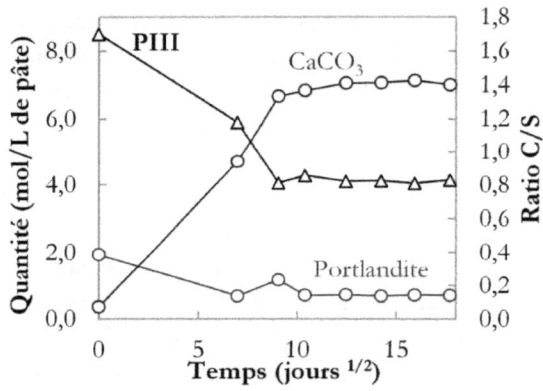

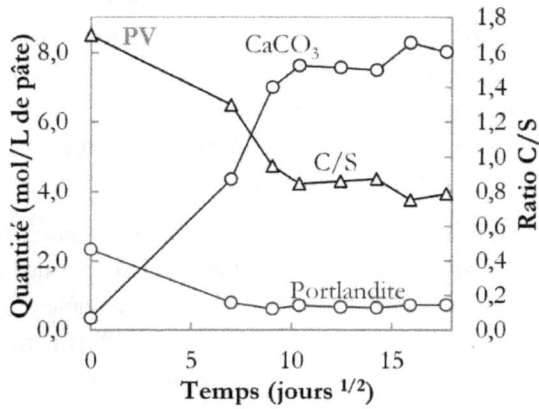

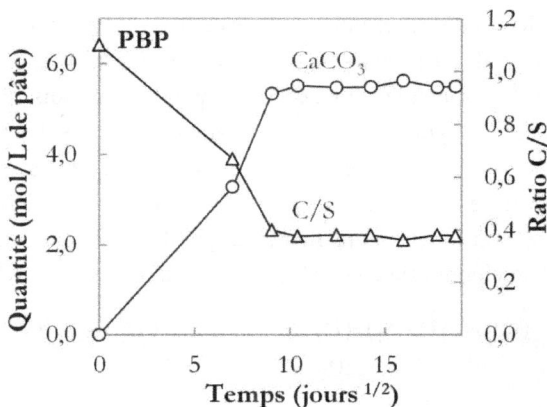

Figure 94 : Profils d'évolution du rapport C/S et des quantités de portlandite dissoute et de carbonates de calcium formée, pour PI, PIII, PV et PBP au cours de la carbonatation.

2.3 Teneur en eau liée

Les quantités d'eau liée mesurées dans PI, PIII, PV et PBP après carbonatation (w_{el}) sont récapitulées dans le Tableau 49. Les variations de teneur en eau liée entre les états sain et carbonaté sont notées Δw_{el}.

Tableau 49 : Quantification de la teneur en eau liée des matériaux PI, PIII, PV et PBP sains et carbonatés à partir des données ATG.

	PI	PIII	PV	PBP
w_{el} non-carbo (80°C) (%)	16,0	12,2	14,4	9,2
w_{el} carbo (80°C) (%)	10,6	9,5	12,5	8,8
Δw_{el} (80°C) (%)	**- 5,4**	**- 2,7**	**- 2,0**	**- 0,4**
w_{el} non-carbo (105°C) (%)	15,7	11,9	14,2	9,0
w_{el} carbo (105°C) (%)	10,6	9,4	12,4	8,8
Δw_{el} (105°C) (%)	- 5,2	- 2,5	- 1,8	- 0,2

Conformément aux réactions de carbonatation de la portlandite (E-7) et des C-S-H (E-14), le processus s'accompagne de la libération d'une partie de l'eau de structure (Tableau 49). L'eau relarguée peut alors contribuer à la composition chimique de la solution interstitielle et de même, influer sur les cinétiques de transfert. Selon Thiéry [29], la carbonatation de la portlandite serait à l'origine d'une augmentation de la teneur en eau liquide initialement piégée chimiquement. Tandis que l'eau liée aux C-S-H resterait fixée aux hydrates après carbonatation. Nos résultats concordent avec ces conclusions. A titre d'exemple, la diminution de la teneur en eau liée d'un matériau ayant une forte teneur en C-S-H (et une teneur en portlandite faible, voire nulle), type PBP, apparait bien moins marquée que dans PI (Tableau 49). De ce fait, pour un C-S-H de stœchiométrie $C_{1,7}S_1H_{1,5}$, l'équation (E-14) devient :

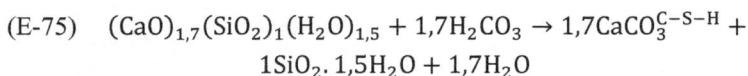

$$(\text{E-75}) \quad (CaO)_{1,7}(SiO_2)_1(H_2O)_{1,5} + 1,7H_2CO_3 \rightarrow 1,7CaCO_3^{C-S-H} +$$
$$1SiO_2 \cdot 1,5H_2O + 1,7H_2O$$

Conformément à l'équation (E-75), les 1,5 moles d'eau du C-S-H contribuent au gel de silice ($S-H_{1,5}$).

Les quantités de carbonate de calcium et de gel de silice formés peuvent alors s'exprimer à partir de la quantité de C-S-H carbonaté selon (E-76) et (E-77).

$$(\text{E-76}) \quad n_{C\bar{C}}^{C-S-H} = \frac{1}{1,7}(n_{C-S-H}^0 - n_{C-S-H})$$

$$(\text{E-77}) \quad n_{S-H_{1,5}} = (n_{C-S-H}^0 - n_{C-S-H})$$

Par ailleurs, la baisse de la quantité d'eau liée est avancée comme cause majeure à l'apparition d'un phénomène de retrait [102] [206]. Selon Swenson et Sereda [95] [293], le retrait de carbonatation ne serait pas uniquement dû à la carbonatation de la portlandite, mais s'expliquerait également par la déshydratation et la polymérisation du gel de silice formé, consécutivement à la carbonatation des C-S-H. Dans ce sens, l'utilisation de la RMN [29]Si permet de qualifier les modifications induites à l'échelle de la structure des C-S-H (voir §2.5). Groves et al. [35] complètent cette description en indiquant, qu'au cours du processus de carbonatation, le transfert de calcium du « C-S-H interne » vers le « C-S-H externe » pourrait conduire au retrait de carbonatation.

2.4 Teneur en C-S-H

Le Tableau 52 retranscrit les quantités de C-S-H dans les pâtes de ciment PI, PIII, PV et PBP saines et carbonatées.

Tableau 50 : Evaluation de la quantité de C-S-H (en mol/L de pâte) à partir d'essais de sorption d'eau et *via* l'utilisation de la méthode Olson & Jennings [213] sur les pâtes de ciment PI, PIII, PV et PBP saines et carbonatées.

	PI	PIII	PV	PBP
Teneur en eau w (20%) Non-carbo (%)	5,605	7,467	7,566	10,250
[C-S-H] Non-carbo (mol/L)	5,2	6,5	6,5	7,6
Teneur en eau w (20%) Carbo (%)	3,281	3,177	3,805	3,046
[C-S-H] Carbo (mol/L)	3,7	3,3	3,9	2,6
Δ[C-S-H]	**- 1,4**	**- 3,2**	**- 2,5**	**- 5,0**

Précisons que la présente approche suppose implicitement que le gel de silice formé suite à la carbonatation des C-S-H ne participe pas à w (20%).

Une baisse de la teneur en C-S-H est relevée suite à la carbonatation de l'ensemble des matériaux (Tableau 50). Cette évolution est un indicateur représentatif du niveau de décalcification des C-S-H. La chute de teneur en C-S-H apparait d'autant plus importante que la teneur initiale en C-S-H est élevée. Les matériaux se classent par baisse de teneur en C-S-H croissante selon: PI < PV < PIII < PBP. Ce résultat est à mettre en parallèle avec le pouvoir tampon qu'exerce la portlandite sur le pH de la solution porale qui, sous l'effet de la carbonatation, se voit diminué. En fonction de la teneur initiale en portlandite, le matériau cimentaire est plus ou moins sensible vis-à-vis de l'effet du CO_2. Ce qui se traduit, par exemple dans le cas de PBP, où la teneur initiale en portlandite est nulle, par une décalcification forte des C-S-H.

2.5 RMN

La démarche mise en œuvre ici est identique à celle employée sur matériaux sains (*Chapitre 3 Matériaux sains*, §1.5). Les Figure 95 à Figure 98 présentent les spectres RMN ^{29}Si et RMN ^{27}Al des matériaux carbonatés PI, PIII, PV et PBP.

La présence d'anhydres résiduels (Q_0) observée dans PI est conforme aux analyses DRX. L'espèce Q_0 est également visible dans le cas de PIII et PV, observation non corroborée par les analyses DRX du fait de la très faible quantité d'anhydres présente après carbonatation. Les spectres obtenus témoignent de modifications structurales importantes induites par la carbonatation. En effet, la carbonatation est à l'origine de la forte décalcification des C-S-H. Dans ce cadre, les chaines silicatées se polymérisent à d'autres monomères entrainant l'augmentation de leur longueur moyenne. L'apparition d'espèces $Q_{3\ gel}$ et $Q_{4\ gel}$ est caractéristique de la création de ponts entre les chaines (début de réticulation), menant à la formation d'un gel siliceux amorphe. Précisons que le choix d'utiliser deux raies ($Q_{3\ gel}$ et $Q_{4\ gel}$) vise uniquement à « remplir » la bande de carbonatation (déplacement chimique compris entre -90 ppm à -120 ppm). Ce choix repose également sur l'analyse physique de C-S-H carbonatés (voir *Chapitre 5 Représentativité de la carbonatation accélérée*, §2.1). Les espèces $Q_{3\ gel}$ et $Q_{4\ gel}$ se forment par consommation des espèces Q_1, Q_2^P et Q_2. Elles peuvent également incorporer des résidus de laitier (BFS). Il est intéressant de remarquer que subsistent des espèces Q_2 (résiduel) après carbonatation. Ce résultat montre que les groupes de bout de chaines (Q_1) et les groupes pontant (Q_2^P) sont attaqués préférentiellement par le CO_2 devant les groupes de milieu de chaine (Q_2), témoignant d'une cohésion forte vis-à-vis de la structure du C-S-H. Ces modifications sont en accord avec les observations faites dans la littérature [35] [44] [111].

La déconvolution des spectres RMN ^{29}Si (Tableau 51) est employée afin d'approcher le rapport C/S et la longueur des chaines silicatées (Tableau 52).

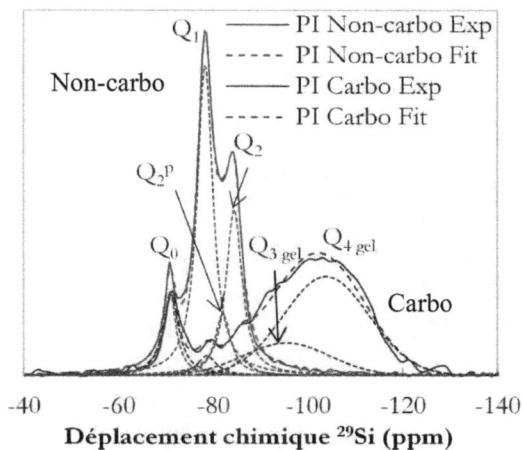

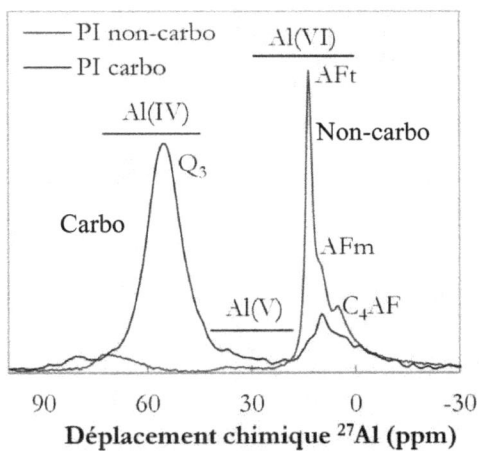

Figure 95 : Spectres RMN ^{29}Si (en haut) et RMN ^{27}Al (en bas) du matériau PI carbonaté.

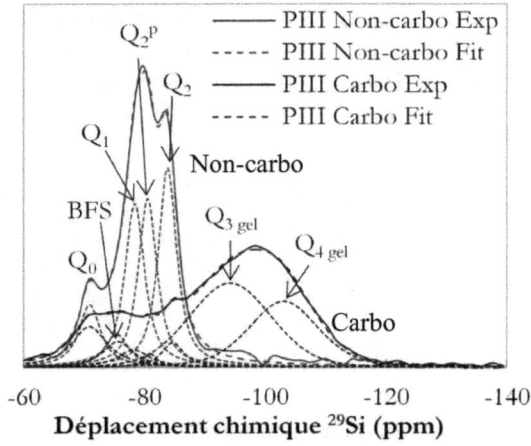

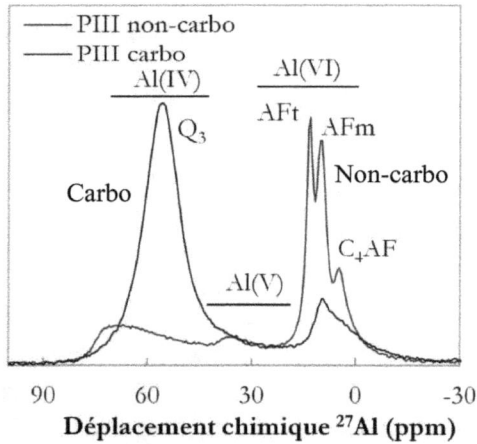

Figure 96 : Spectres RMN ^{29}Si (en haut) et RMN ^{27}Al (en bas) du matériau PIII carbonaté.

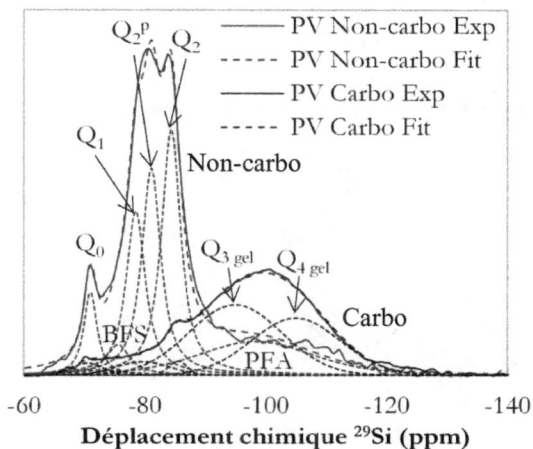

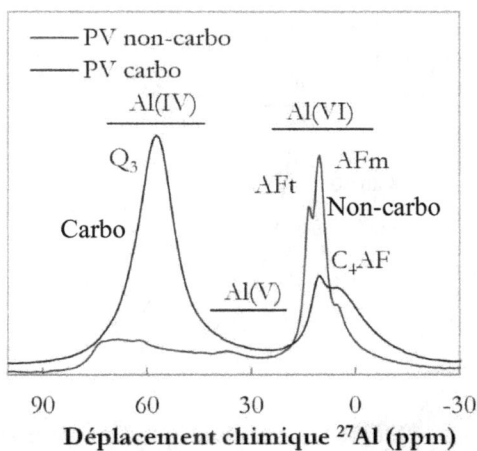

Figure 97 : Spectres RMN ^{29}Si (en haut) et RMN ^{27}Al (en bas) du matériau PV carbonaté.

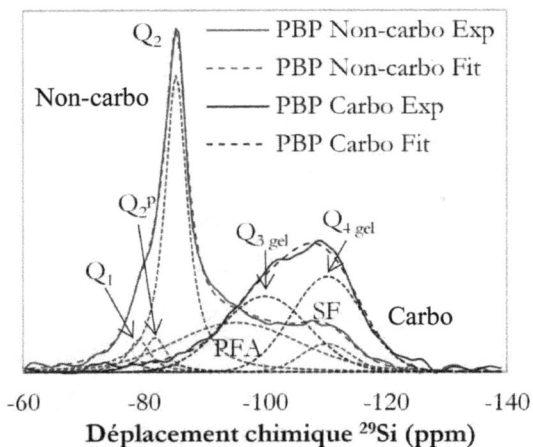

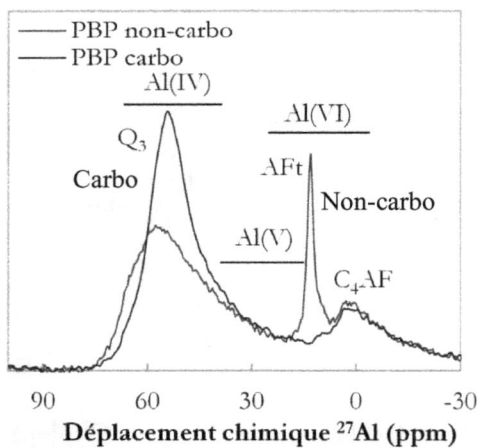

Figure 98 : Spectres RMN ^{29}Si (en haut) et RMN ^{27}Al (en bas) du matériau PBP carbonaté.

Tableau 51 : Déconvolution des spectres RMN ^{29}Si des matériaux carbonatés PI, PIII, PV et PBP.

	Q_0 (C_2S)	BFS	Q_1	$Q_2{}^p$	Q_2	PFA/$Q_{3\,gel}$	SF/$Q_{4\,gel}$
PI	13%	-	4%	-	3%	20%	60%
PIII	11%	6%	4%	2%	5%	42%	30%
PV	3%	-	1%	5%	2%	50%	39%
PBP	-	-	2%	-	2%	47%	49%

Tableau 52 : Résultats extraits de la décomposition des spectres RMN ^{29}Si des matériaux carbonatés PI, PIII, PV et PBP.

Matériaux	$\left(\dfrac{Q_1}{Q_2}\right)$	$\left(2 + 2\dfrac{Q_2}{Q_1}\right)$	C/S équivalent
PI	1,3	3,5	1,7
PIII	0,6	5,5	2,1
PV	0,1	16,0	0,7
PBP	1,0	4,0	12,1

La littérature [38] [39] [40] stipule généralement que la carbonatation mène à l'augmentation de la longueur des chaines de silicates, attestant ainsi de leur polymérisation. Ce fait est ici confirmé mais uniquement dans le cas de PV. L'augmentation de la longueur des chaines de silicates estimée dans PV peut être mise en parallèle avec les travaux de He et al. [294]. Ces derniers ont évalué, par RMN ^{29}Si, une longueur moyenne des chaines silicatées d'un C-S-H de synthèse (rapport C/S ≈ 0,6) à 15,5, valeur très proche de la nôtre (PV, Tableau 52).

On s'attendrait, par ailleurs, à observer une baisse du rapport C/S suite à la décalcification des C-S-H. Ce dernier n'évolue cependant pas dans le sens attendu, excepté dans le cas de PV où le C/S final est estimé à environ 0,7. Ce résultat corrobore les travaux de Nonat [259], stipulant que les C-S-H ne peuvent atteindre une valeur de rapport C/S inférieure à 0,66.

Nous venons de montrer, à travers différents résultats (DRX, ATG et RMN), que la structure chimique des matériaux cimentaires est fortement impactée par la carbonatation. Cependant, il apparait incohérent de mesurer par RMN un rapport C/S constant (cas de PI, Tableau 52) et une longueur de chaine qui diminue sous l'effet de la carbonatation (cas de PIII et de PBP, Tableau 52). Le fait d'avoir atteint un état de carbonatation fortement avancé (i.e. présence des espèces Q_3 et Q_4 en grandes quantités) fait que les unités représentatives du C-S-H initial (Q_1, Q_2^p et Q_2) sont, *in fine*, présentes en quantités très faibles (quasi-confondues avec le bruit de fond du signal RMN). La déconvolution résultante est par conséquent difficile et sujette à une forte incertitude quant aux valeurs obtenues.

Nous proposons d'évaluer l'évolution du rapport C/S selon une approche alternative. Partant d'un C-S-H dont le rapport C/S initial est connu, la déconvolution des spectres permet d'évaluer les quantités d'espèces $Q_{3\ gel}$ et $Q_{4\ gel}$ avant et après carbonatation. La quantité de gel de silice formée est alors directement représentative de l'évolution du rapport C/S. A titre d'exemple, le schéma de la Figure 99 illustre l'évolution des espèces Q_n consécutivement à la carbonatation de PI.

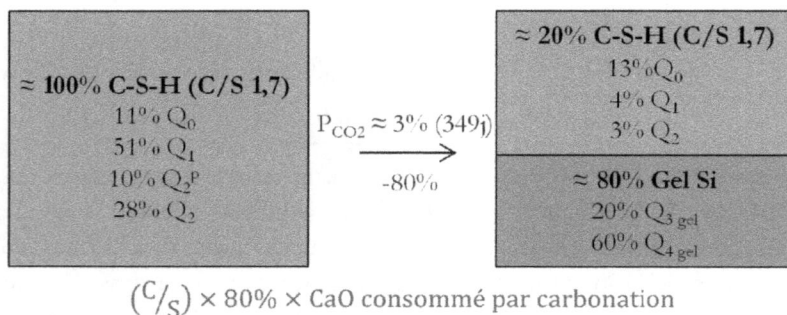

$$C_{1,7}S_1H_x + 1,7H_2CO_3 \rightarrow 1,7CaCO_3 + SiO_2.H_x$$

$$\left(^C/_S\right) \times 80\% \times CaO \text{ consommé par carbonation}$$

Figure 99 : Evolution des espèces Q_n dans PI consécutivement à la carbonatation.

Après carbonatation, nous distinguons le C-S-H résiduel (provenant du C-S-H initial de rapport C/S 1,7) et le gel de silice formé (S-H, de rapport C/S nul) selon l'expression (E-78).

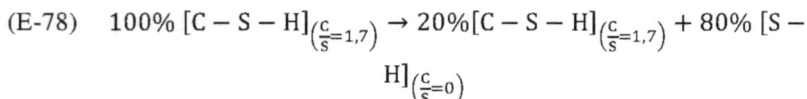

(E-78) $100\% [C-S-H]_{\left(\frac{c}{s}=1,7\right)} \rightarrow 20\%[C-S-H]_{\left(\frac{c}{s}=1,7\right)} + 80\% [S-H]_{\left(\frac{c}{s}=0\right)}$

On en déduit un rapport C/S ultime moyen représentatif d'un gel de silice enrichi en calcium [C-S-H +S-H]. Cette approche est appliquée à PI sur la base des données extraites de la déconvolution des spectres RMN (Figure 99).

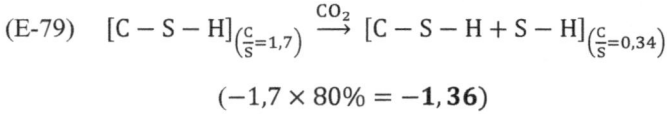

$$(\text{E-79}) \quad [C-S-H]_{\left(\frac{C}{S}=1,7\right)} \xrightarrow{CO_2} [C-S-H+S-H]_{\left(\frac{C}{S}=0,34\right)}$$

$$(-1,7 \times 80\% = -1,36)$$

Dans PI, la valeur du rapport C/S ultime moyen est égale à 0,34 (E-79). La présente approche est étendue à l'ensemble des matériaux (Tableau 53).

Tableau 53 : Valeurs des rapports C/S moyen des matériaux sains et carbonatés PI, PIII, PV et PBP évalués par RMN ^{29}Si.

	PI	PIII	PV	PBP
Non-carbo	1,70	1,70	1,70	1,10
Carbo	0,34	0,48	0,49	0,48

La décalcification des C-S-H se traduit par la baisse du rapport C/S moyen jusqu'à des valeurs de l'ordre de 0,3 pour PI et de 0,5 pour les ciments composés, données cohérentes avec celles de Morandeau [94]. De plus, ces résultats concordent avec le suivi ATG qui, pour rappel, a permis d'évaluer les rapports C/S ultimes dans PI et PBP à respectivement 0,48 et 0,38 (Figure 94). Le recoupement des techniques nous conforte et, permet de fiabiliser les résultats obtenus.

Par ailleurs, il faut garder à l'esprit que, dans un matériau cimentaire, le C-S-H coexiste sous différentes formes. Il s'étend d'un rapport C/S élevé (autour de 1,7 [14]) jusqu'à un rapport C/S bas caractéristique de la structure d'un gel de silice plus ou moins riche en calcium. Dans la réalité, les C-S-H ne peuvent atteindre une valeur de rapport C/S inférieure à 0,66 [259]. Aussi, nos résultats doivent être considérés à l'échelle de valeurs moyennes propre à l'ensemble [C-S-H + S-H] et valable à un niveau macroscopique uniquement.

La RMN ^{29}Al (Figure 95, Figure 96, Figure 97 et Figure 98) permet de mettre en évidence la dégradation des phases AFm et AFt sous l'effet de la carbonatation. L'anhydre C_4AF, identifié dans PI, disparait également complètement. L'aluminium libéré de ces phases contribue à la formation de gel d'alumine (Q_3) et/ou s'incorpore dans les C-S-H. Nous privilégions l'hypothèse selon laquelle la carbonatation des ciments mènerait plutôt à la formation d'un gel alumino-silicaté qu'à deux gels distincts, de silice et d'alumine. Les expériences de RMN ^{29}Si menées sur C-S-H de synthèse tendent à confirmer cette hypothèse (voir *Chapitre 5 Représentativité de la carbonatation accélérée*, §2.1).

2.6 Conclusion

Le suivi de masse périodique mené au cours des essais de carbonatation a mis en évidence une prise de masse de l'ensemble des échantillons, excepté PBP. L'explication la plus probable est que, du fait d'un séchage trop important au début de la phase de carbonatation, la prise de masse liée à la fixation du CO_2 soit compensée par la perte d'eau. Au-delà de cette observation, le jeu de données obtenu *via* différentes techniques (ATG, expériences de séchage et cotmètre) tend vers l'atteinte d'un état de carbonatation stabilisé, i.e. un état de carbonatation maximal.

Les modifications minéralogiques majeures engendrées par la carbonatation ont été identifiées par DRX : décomposition de portlandite et d'ettringite, précipitation de carbonates de calcium et formation de gypse. L'analyse DRX a mis en évidence que la carbonatation était limitée par la cinétique des réactions chimiques plutôt que par la diffusion : fait attribué essentiellement à la faible épaisseur des échantillons et aux conditions environnementales (HR = 55%). Un phénomène de croissance des cristaux de calcite, selon une orientation préférentielle en surface des échantillons, a également été observé.

Malgré les difficultés rencontrées en ATG (élargissement du domaine de décomposition des carbonates de calcium masquant partiellement la plage de deshydroxylation de la portlandite), on relève que plus la teneur initiale en portlandite est élevée plus la quantité de carbonate de calcium formé est importante. Par ailleurs, on identifie la présence des trois modes de décomposition du carbonate de calcium correspondant à trois plages de températures distinctes, tel que suggéré dans la littérature. L'attribution d'un polymorphe de carbonate de calcium donné à un mode de décomposition spécifique (I, II ou III) est également évoqué dans la littérature. Il nous est cependant difficile de statuer sur une attribution précise des modes. Nos résultats laissent simplement à penser que la carbonatation de la portlandite tendrait vers la précipitation de calcite essentiellement (mode I) tandis que, la carbonatation des C-S-H mènerait plutôt à la formation de vatérite et, éventuellement de carbonate de calcium amorphe mais sans pouvoir réellement l'identifier (modes II et III).

Une chute de teneur en eau liée est mesurée consécutivement à la carbonatation. Elle apparait d'autant plus marquée que la teneur initiale en portlandite est élevée et la teneur en C-S-H faible. Ce résultat tend à montrer que l'eau liée aux C-S-H resterait fixée aux hydrates au cours de la carbonatation et par conséquent, que la contribution de l'eau des C-S-H irait vers le gel de silice.

L'utilisation des RMN ^{29}Si et ^{27}Al a permis de mettre en évidence des modifications structurales importantes telles que :

- la décalcification des C-S-H, menant à la baisse du rapport C/S,
- la polymérisation des chaines de silicates,
- la formation de gel de silice et de gel d'alumine.

L'évolution du rapport C/S, consécutivement à la carbonatation, a été évaluée à partir de la déconvolution des spectres RMN ^{29}Si (quantification du gel de silice). Les données récoltées concordent avec le suivi thermogravimétrique, validant ainsi l'approche théorique proposée. A noter que l'acquisition de ces signatures RMN constitue une brique de référence à l'évaluation de la représentativité des essais de carbonatation accélérée (voir *Chapitre 5 Représentativité de la carbonatation accélérée*).

3. Microstructure

3.1 Distributions des tailles de pores

Les distributions de tailles de pores des matériaux PI, PIII, PV et PBP carbonatés sont présentées sur la Figure 100 sous la forme des distributions des volumes poreux en fonction des diamètres des pores (dV/dlogD).

La Figure 100 témoigne du colmatage des pores induit par la formation de carbonate de calcium ainsi que du déplacement du mode poreux principal vers des tailles de pores plus fines. On met en évidence une distribution de tailles de pores selon un mode majeur, situé entre 0,003 µm et 0,06 µm, correspondant aux pores du C-S-H [146]. La carbonatation entraine une réduction significative du pic situé à 0,003 µm. Cette observation est directement corrélée à des phénomènes concomitants mais, sans que l'on ne puisse réellement les distinguer les uns des autres :

- colmatage de la porosité interne des C-S-H,
- disparition des C-S-H,

- formation de gel de silice.

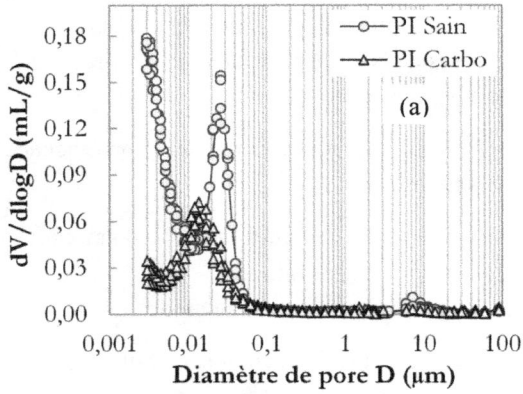

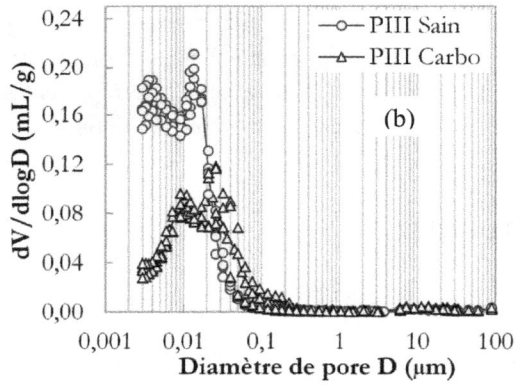

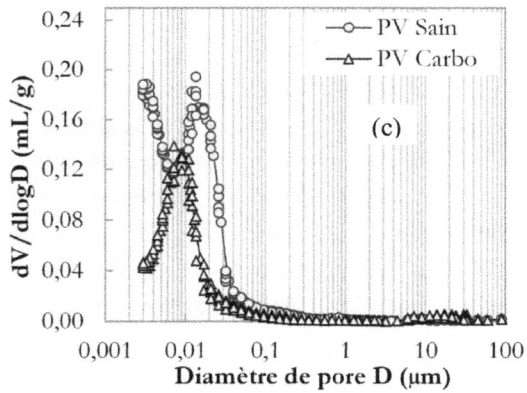

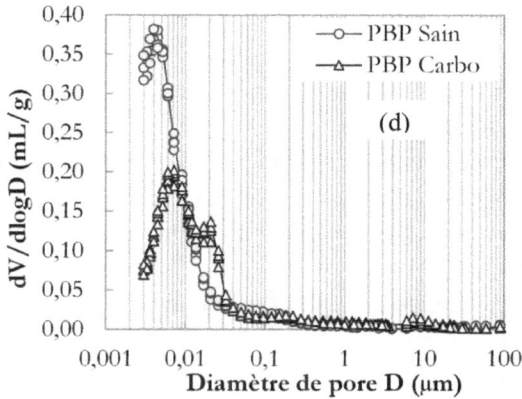

Figure 100 : Distribution des tailles de pores des matériaux sains et carbonatés PI (a), PIII (b), PV (c) et PBP (d) investiguée par porosimétrie au mercure.

Dans les cas de PIII et PBP, on observe une augmentation du rayon d'entrée des pores, caractérisée par un épaulement sur la courbe de distribution poreuse, localisé à 0,02 µm. On peut alors s'attendre à ce que cette « ouverture » du réseau poreux impacte les cinétiques de transferts.

Par ailleurs, dans le cas de PBP, une faible macroporosité, située à 0,2 µm est observée (Figure 100, d). Elle peut être imputée à la structure très poreuse du gel de silice formé par carbonatation des C-S-H. Ce résultat concorde avec ceux de Eitel [295] pour qui le gel de silice présenterait une porosité marquée autour de 0,2 µm (contre 0,8 µm selon Bier [87]). Par ailleurs, qualitativement, cette hypothèse est directement corrélée à l'absence de portlandite et, à la teneur en C-S-H élevée, dans la constitution initiale de PBP. Cela justifie également l'absence de cette famille de pores dans les matériaux PI, PIII et PV. Gardons cependant à l'esprit que la population de pores détectée à 0,2 µm est faible devant la population de pores située autour de 0,01 µm.

Un mode localisé autour de 8 µm, caractérisée par une « bosse » très faiblement marquée, se devine, quelle que soit la formulation, sur la Figure 100. Selon Johannesson & Utgenannt [97] et Miragliotta [93], la présence de cette gamme de pore peut être attribuée à l'apparition de microfissures, liée au retrait de carbonatation des C-S-H. Cette hypothèse semble viable dans la mesure où cette macroporosité apparait d'autant plus marquée que la teneur initiale en C-S-H est élevée (Tableau 24). Les données issues des essais en RMN [29]Si viennent étayer ces informations (voir §2.5). Des mesures de retrait (voir §3.7) contribuent également à élargir notre compréhension des mécanismes de carbonatation. D'autres hypothèses sont proposées pour répondre à l'apparition d'une macroporosité suite à la carbonatation. Selon Swenson & Sereda [95] la création d'un gradient hydrique à l'interface portlandite/carbonates mènerait à la microfissuration des carbonates et, par conséquent à la présence d'une macroporosité. Le protocole de séchage des échantillons est également une hypothèse fréquente pour justifier de l'apparition d'une macroporosité [231]. Gardons tout de même en tête que le mode poreux décrit ci-dessus n'apparait pas très clairement sur nos courbes.

3.2 Connectivité

Nous venons de montrer que la carbonatation impacte significativement la microstructure des matériaux cimentaires. Le colmatage important de la porosité, corrélé au déplacement du mode poreux principal vers des tailles de pores plus fines, influe nécessairement les possibilités de transfert à travers le milieu poreux. Cependant, au-delà de la valeur de la porosité, l'évolution des propriétés de transport dépend d'autres paramètres contrôlant préférentiellement l'écoulement tels que la tortuosité et la connectivité [296]. L'évolution de la connectivité du réseau poreux (exprimée qualitativement à travers le pourcentage de mercure piégé α) des matériaux PI, PIII, PV et PBP consécutivement à la carbonatation est présentée sur la Figure 101.

Une diminution de la connectivité est observée dans le cas de PI (i.e. augmentation de α) contre une augmentation dans le cas de PIII, PV et PBP (i.e. diminution de α). Cette augmentation semble d'autant plus forte que la teneur en portlandite initiale est faible. Aussi, il semble pertinent de corréler l'évolution de la connectivité ($\Delta\alpha$) à la composition minéralogique initiale et plus spécifiquement aux teneurs initiales en portlandite et C-S-H (Figure 101).

228

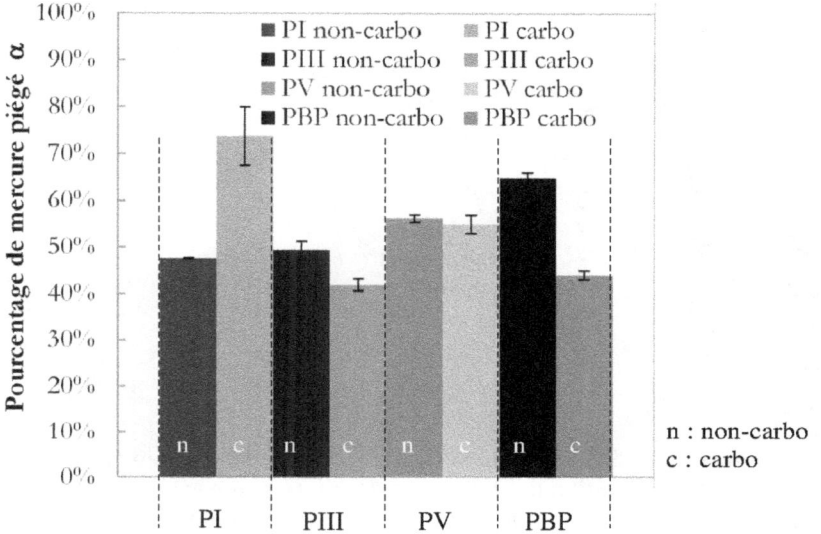

Figure 101 : Evolution de la connectivité du réseau poreux des matériaux PI, PIII, PV et PBP consécutivement à la carbonatation.

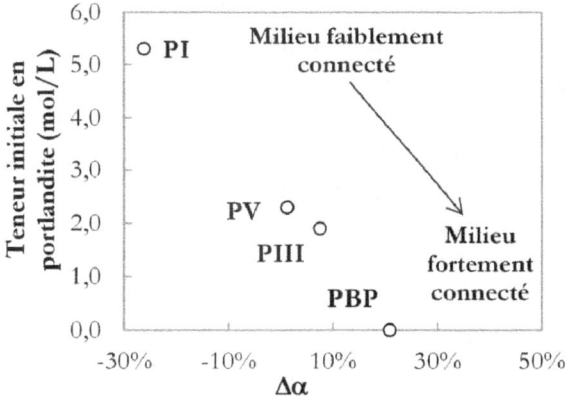

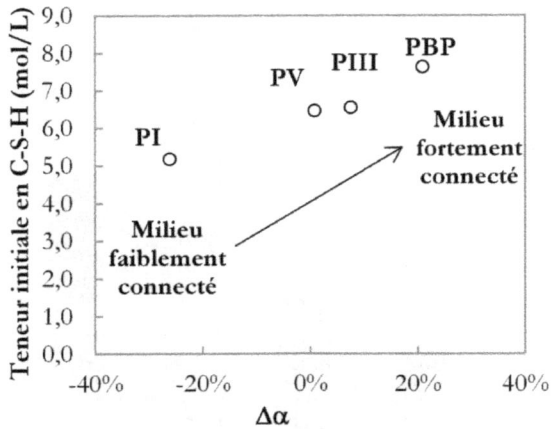

Figure 102 : Effet des teneurs initiales en portlandite (en haut) et en C-S-H (en bas) sur l'évolution de la connectivité du réseau poreux de PI, PIII, PV et PBP consécutivement à la carbonatation.

Face à la carbonatation, la teneur initiale en portlandite élevée dans PI mène à un milieu faiblement connecté (du fait de la précipitation d'une quantité importante de carbonates de calcium dans la porosité). Dans le cas de PIII, PV et PBP, le milieu poreux affiche une connectivité forte, résultat d'un colmatage du réseau poreux bien moins marqué que pour PI. Par ailleurs, l'effet de la quantité initiale de C-S-H semble s'opposer à celui de la portlandite : une teneur initiale en C-S-H élevée mène à un milieu fortement connecté (Figure 102). Nous supposons ce constat lié à la décalcification des C-S-H et à la polymérisation des chaines de silicates, menant à la formation d'un gel siliceux amorphe de microstructure très poreuse (voire « spongieuse »), telle qu'évoquée dans la littérature [105] [295]. Aussi, en supposant que le degré de décalcification est plus fort lorsque la teneur initiale en C-S-H est plus élevée, le gel de silice résultant pourrait contribuer à la forte connectivité du milieu poreux. Selon Kutchko et al. [297], la conséquence directe serait une augmentation de perméabilité. Une fissuration locale du gel de silice pourrait également contribuer à cette tendance. Par exemple, les analyses MEB de Morandeau [94] réalisées sur des échantillons de pâte de ciment (CEM I + 30% de cendres) carbonatés (P_{CO2} = 10%, 25°C, HR = 63% et 7 jours) mettent clairement en évidence cette morphologie de gel fissuré. Cependant, le prétraitement sous vide à 45°°C nécessaire à l'analyse MEB est connu pour induire une déshydratation et, par conséquent, un retrait et une fissuration locale du gel de silice. Il semble donc difficile de statuer sur ce point. Des observations MEB (analyses de surfaces fracturées en électrons secondaires) devront être menées à l'avenir afin de mettre en évidence la présence du gel de silice d'une part et, celle d'une gangue de carbonate de calcium à la surface des cristaux de portlandite d'autre part.

3.3 Tortuosité

Malgré une incertitude forte sur l'estimation des valeurs de conductivité électrique et *a fortiori* sur la tortuosité, cette dernière est réduite suite à la carbonatation. Cette diminution est directement corrélée à la densification de la microstructure induite par la précipitation de carbonate de calcium. Cette évolution permet d'expliquer la difficulté de retrait du mercure après l'essai de porosimétrie par intrusion de mercure. Ces résultats laissent à penser que le matériau cimentaire est moins diffusif après carbonatation. Le classement des matériaux par ordre croissant de tortuosité est inchangé après carbonatation : PI $\leq$ PV < PIII < PBP.

Tableau 54 : Valeurs de conductivité électrique et tortuosité des matériaux PI, PIII, PV et PBP sains et carbonatés, évaluées à partir des porosimétries au mercure.

		PI	PIII	PV	PBP
$\left(\frac{\sigma}{\sigma_0}\right)$ (-)	Non-carbo	0,097 ± 0,017	0,125 ± 0,016	0,099 ± 0,013	0,187 ± 0,017
	Carbo	0,025 ± 0,004	0,078 ± 0,010	0,053 ± 0,011	0,128 ± 0,008
Tortuosité (τ) (-)	Non-carbo	0,268 ± 0,047	0,315 ± 0,040	0,269 ± 0,036	0,456 ± 0,042
	Carbo	0,118 ± 0,021	0,268 ± 0,033	0,193 ± 0,038	0,359 ± 0,022

3.4 Surface spécifique

Les surfaces spécifiques des matériaux sains et carbonatés PI, PIII, PV et PBP ont été déterminées à partir des mesures de porosimétrie au mercure (Figure 103) et d'adsorption d'eau (Figure 104).

231

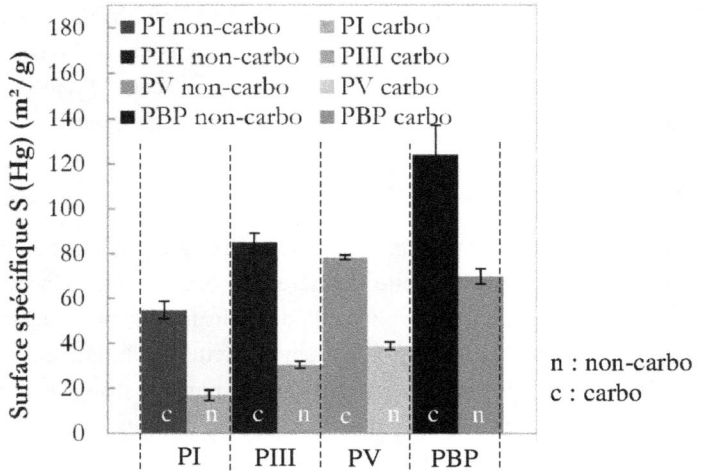

S (Hg) (m²/g)	PI	PIII	PV	PBP
Non-carbo (NC)	55	85	78	138
Carbo (C)	17	30	39	70
NC/C	3,2	2,8	2,0	2,0
ΔS (Hg)	**- 38**	**- 55**	**- 40**	**- 68**

Figure 103 : Evolution de la surface spécifique des matériaux PI, PIII, PV et PBP, consécutivement à la carbonatation, évaluée par porosimétrie au mercure.

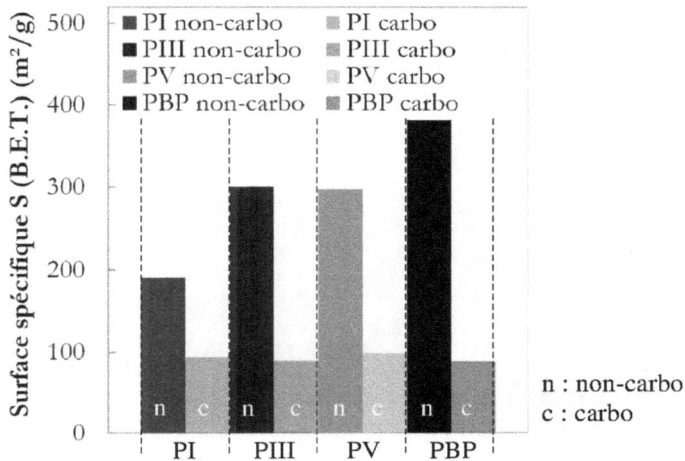

S (B.E.T) (m²/g)	PI	PIII	PV	PBP
Non-carbo (NC)	190	300	298	382
Carbo (C)	93	89	98	88
NC/C	2,0	3,4	3,0	4,3
ΔS (B.E.T.)	**- 97**	**- 211**	**- 200**	**- 294**

Figure 104 : Evolution de la surface spécifique des matériaux PI, PIII, PV et PBP, consécutivement à la carbonatation, évaluée par adsorption d'eau.

Conformément à la littérature [97] [298] [299], la carbonatation mène à la diminution de la surface spécifique (Figure 103 et Figure 104). Cette observation est directement corrélée à la diminution de la teneur globale en C-S-H (calculée au §2.4).

La Figure 105 présente la baisse de surface spécifique en fonction de la diminution de la teneur en C-S-H suite à la carbonatation de PI, PIII, PV et PBP. On montre alors que la réduction de surface spécifique des matériaux cimentaires est régie majoritairement par la carbonatation des C-S-H. Par ailleurs, nous avons montré, par RMN ^{29}Si, que les C-S-H tendent progressivement vers un gel siliceux amorphe enrichi en calcium sous l'effet de la carbonatation. Aussi, il est probable que la surface spécifique développée par le gel de silice soit très faible.

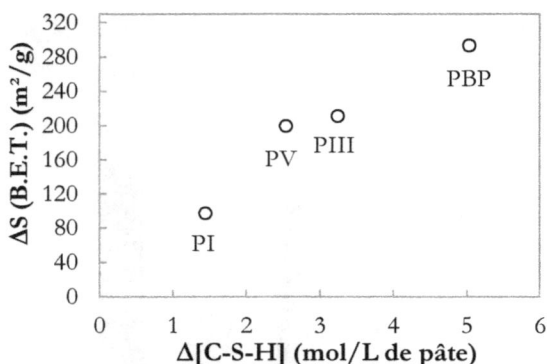

Figure 105 : Variation de la teneur en C-S-H en fonction de la baisse de surface spécifique ΔS (B.E.T.) des matériaux PI, PIII, PV et PBP consécutivement à la carbonatation.

Les énergies de liaison de la première couche E_1, calculées à partir des valeurs du paramètre C utilisé dans le modèle B.E.T. [164], sont fournies au Tableau 55 pour les matériaux PI, PIII, PV et PBP sains et carbonatés.

Tableau 55 : Valeurs des énergies d'adsorption de la première couche E_1 (kJ/mol) des matériaux carbonatés PI, PIII, PV et PBP.

	PI	PIII	PV	PBP
C	130,7	95,8	111,8	74,4
E_1 (kJ/mol)	56,1	55,3	55,7	54,7
Variation d'énergie de liaison suite à la carbonatation	+ 2,2	+ 2,9	+ 1,6	+ 1,2

Les travaux de Johannesson & Utgenannt [97] corroborent nos résultat dans la mesure où ils montrent que l'énergie nécessaire à l'adsorption des molécules d'eau à la surface d'un adsorbant est plus élevée sur matériau carbonaté. Ce résultat se traduit par une augmentation de la constante C dans le modèle B.E.T. (Tableau 55). Après carbonatation, les matériaux se classent logiquement par ordre croissant de valeur d'énergie E_1 selon : PBP < PIII < PV < PI. Les écarts mesurés entre les énergies d'adsorption relatives aux matériaux sains et carbonatés restent cependant très faibles. On en conclut alors que la carbonatation impacte peu la capacité d'adsorption des matériaux cimentaires mais altère significativement la microstructure.

3.5 Porosimétrie par adsorption

Les distributions des micro- et mésopores des matériaux sains et carbonatés PI, PIII, PV et PBP sont superposées sur la Figure 74.

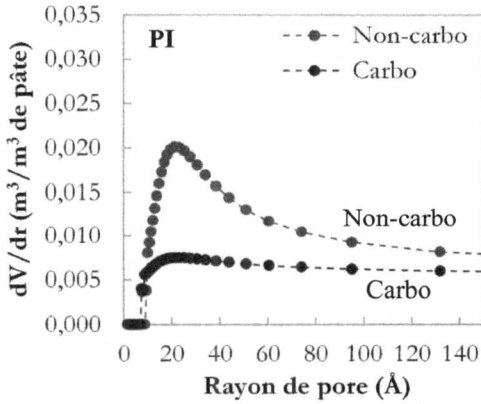

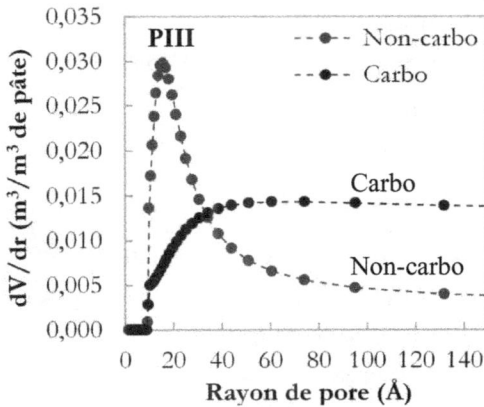

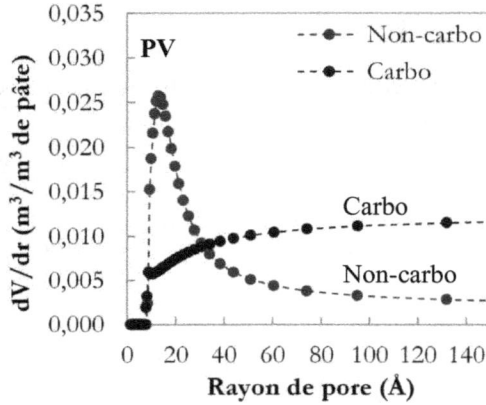

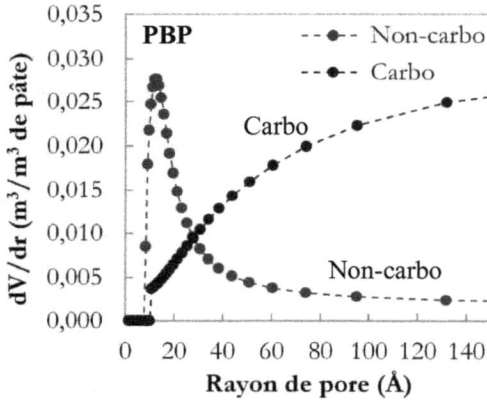

Figure 106 : Distribution de la porosité, estimée sur la base des isothermes de désorption, des matériaux sains et carbonatés PI, PIII, PV et PBP.

L'écrasement du pic relatif à la porosité des C-S-H est cohérent avec leur décalcification déjà mise en évidence. La diminution de l'aire sous la courbe de distribution poreuse est directement représentative de la baisse de teneur en C-S-H. La calculer nécessite, pour être exact, de passer par une forme intégrale. L'utilisation d'une somme de Riemann permet de calculer une valeur approchée de l'aire sous la courbe d'une fonction positive.

236

Soit une fonction f, définie sur l'intervalle [a ; b] et P = {x_0, x_1, x_2, ..., x_n} une partition de cet intervalle, où x_0 = a et x_n = b. La somme de Riemann correspond à la forme (E-80) :

$$(E-80) \quad \sum_{i=1}^{n} f(z_i) \Delta x_i$$

où z_i appartient à l'intervalle [x_{i-1} ; x_i] et $\Delta x_i = x_i - x_{i-1}$.

Les teneurs en C-S-H ainsi calculées peuvent être directement comparées à celles obtenues *via* la méthode Olson & Jennings [213]. Précisons que l'approximation de l'aire est bornée sur la région 10 - 30 Å. Une baisse de l'aire sous la courbe d'un facteur environ 2 est alors évaluée consécutivement à la carbonatation. Sur la base de ces résultats et, connaissant la teneur initiale en C-S-H (Tableau 24), la baisse de teneur en C-S-H est évaluée dans les matériaux carbonatés (E-81) (Tableau 56). La quantité de gel de silice formé (S-H) est calculée selon (E-82) (1 mole de C-S-H donnerait 1 mole de S-H) (Tableau 56).

$$(E-81) \quad \Delta[C - S - H] = -\int_{10}^{30} (dV_{nc} - dV_c) \, d_V$$

$$(E-82) \quad [S - H] = -\Delta[C - S - H]$$

Tableau 56 : Estimation des teneurs en C-S-H et en gel de silice (S-H) (mol/L de pâte).

	[C-S-H] (mol/L de pâte)			[S-H] (mol/L de pâte)
	Non-carbo	Carbo	Δ[C-S-H]	
PI	5,2	2,1	- 3,1	3,1
PIII	6,5	2,9	- 3,6	3,6
PV	6,5	3,0	- 3,5	3,5
PBP	7,6	3,5	- 4,1	4,1

Les baisses de teneur en C-S-H évaluées sont cohérentes avec le classement des matériaux déduits de la méthode Olson & Jennings [213] (voir §2.4). C'est-à-dire que plus la teneur en C-S-H initiale est élevée et plus la chute de teneur en C-S-H correspondante est significative.

Partant de l'hypothèse selon laquelle la carbonatation des C-S-H mène à un σψstème biphasé constitué de C-S-H résiduel (issu du C-S-H initial correspondant à C/S⁰) et de gel de silice, de rapport C/S) (E-83), il est possible d'évaluer le rapport C/S^f ultime moyen de l'ensemble [C-S-H + S-H] (E-84). Cette approche est similaire à celle employée lors de l'exploitation des spectres RMN ^{29}Si (voir §2.5).

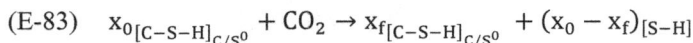

$$(E-83) \quad x_{0[C-S-H]_{C/S^0}} + CO_2 \rightarrow x_{f[C-S-H]_{C/S^0}} + (x_0 - x_f)_{[S-H]}$$

où $x_{0[C-S-H]_{C/S^0}}$ et $x_{f[C-S-H]_{C/S^0}}$ sont respectivement les teneurs initiale et finale en C-S-H (mol/L de pâte).

$$(E-84) \quad C/S^f_{[C-S-H+S-H]} = C/S^0 \frac{x_{f[C-S-H]_{C/S^0}}}{x_{0[C-S-H]_{C/S^0}}}$$

Les valeurs des rapports C/S calculés dans PI, PIII, PV et PBP à partir de l'expression (E-84) (Tableau 57) s'accordent, à l'erreur expérimentale près, avec les résultats de Nonat [259], pour qui les C-S-H ne peuvent atteindre une valeur de rapport C/S inférieure à 0,66.

Tableau 57 : Valeurs des rapports C/S $_{[C-S-H + SH]}$ des matériaux sains et carbonatés PI, PIII, PV et PBP évalués par à partir de la porosimétrie par adsorption.

C/S moyen	PI	PIII	PV	PBP
Non-carbo	1,70	1,70	1,70	1,10
Carbo	0,69	0,75	0,78	0,51

Les valeurs de surface spécifique (E-55) ainsi que les porosités volumiques totales (E-56) obtenues par porosimétrie par adsorption sont respectivement comparées aux surfaces spécifiques B.E.T. (Figure 104) et aux mesures de porosité à l'eau (Tableau 61).

238

Tableau 58 : Comparaison des valeurs de surface spécifique et de porosité volumique totale obtenues à partir de la porosimétrie par adsorption à celles obtenues expérimentalement à partir des isothermes de désorption de la vapeur d'eau sur les matériaux carbonatés PI, PIII, PV et PBP.

	Surface spécifique (m²/g)		Porosité (%)	
	Porosimétrie par adsorption	B.E.T.	Porosimétrie par adsorption	Porosité à l'eau
PI	101,6	93	20,1	21,1
PIII	102,7	89	27,6	29,3
PV	107,3	98	24,0	27,6
PBP	96,3	88	30,5	35,5

3.6 Microfissuration

Des clichés de la surface d'échantillons sains et carbonatés PI, PIII, PV et PBP, imprégnés avec une résine fluorescente, sont pris sous une lampe UV (Figure 107, Figure 108, Figure 109 et Figure 110). La présence de fissures est mise en évidence à la surface de l'ensemble des échantillons carbonatés. Le phénomène apparait plus ou moins marqué selon la formulation. Des analyses par traitement d'images permettent d'évaluer la quantité de fissures développées à la surface des échantillons après carbonatation (Tableau 59). Cette démarche est également appliquée aux matériaux sains. De ce fait, le résultat obtenu est purement comparatif entre états sain et carbonaté. Plus spécifiquement, le nombre de fissures évalué sur le matériau sain, imputable à un « bruit de fond » lié au protocole de traitement d'image, est soustrait au nombre de fissures évalué sur matériau carbonaté.

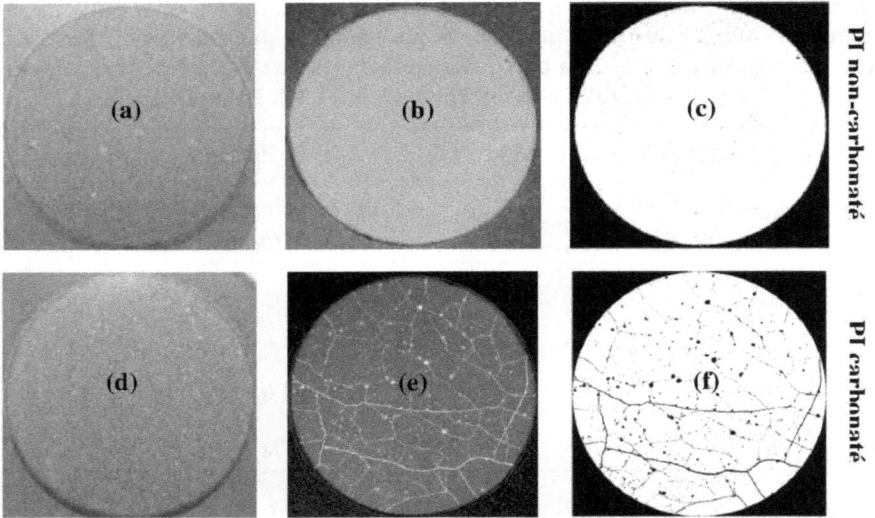

Figure 107 : Imprégnation des échantillons PI sains et carbonatés (HR = 55%)
(a et d), observation sous lampe UV (b et e) et traitement d'image (c et f).

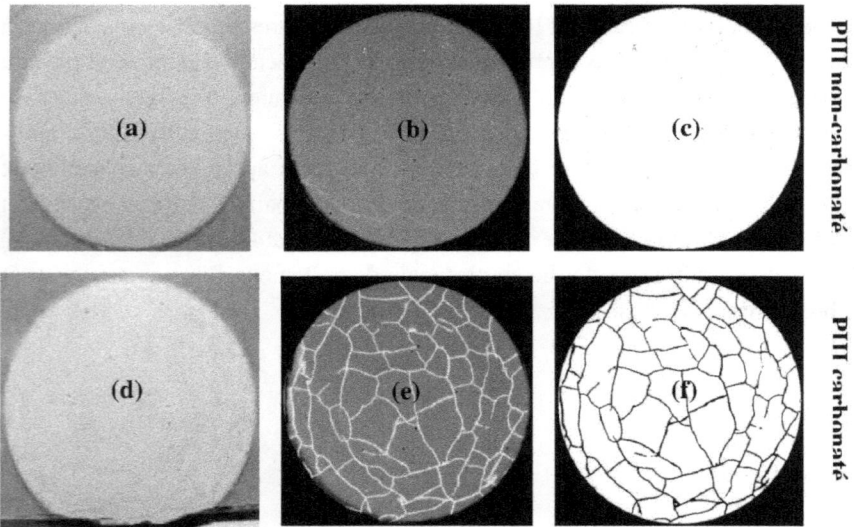

Figure 108 : Imprégnation des échantillons PIII sains et carbonatés (HR = 55%)
(a et d), observation sous lampe UV (b et e) et traitement d'image (c et f).

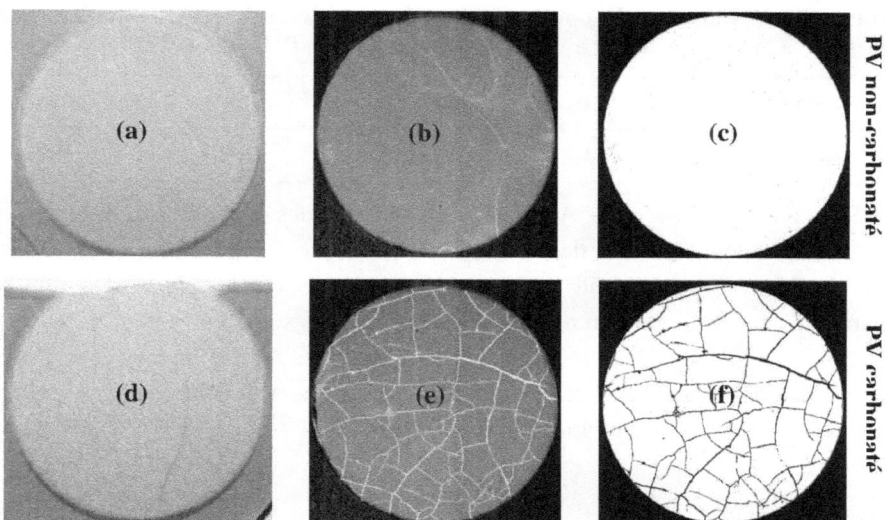

Figure 109 : Imprégnation des échantillons PV sains et carbonatés (HR = 55%)
(a et d), observation sous lampe UV (b et e) et traitement d'image (c et f).

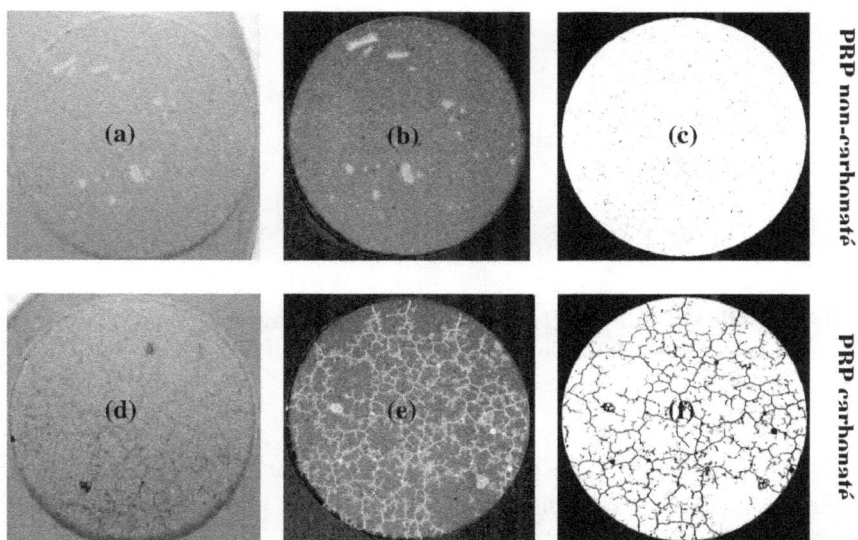

Figure 110 : Imprégnation des échantillons PBP sains et carbonatés (HR = 55%)
(a et d), observation sous lampe UV (b et e) et traitement d'image (c et f).

Tableau 59 : Evaluation du pourcentage de fissures (P_f) selon (E-57) développées à la surface des échantillons carbonatés PI, PIII, PV et PBP.

	PI	PIII	PV	PBP
P_f (%)	4,2	8,7	6,8	9,7

Par microscopie optique (voir Annexe 11), on mesure des ouvertures de fissures du même ordre pour l'ensemble des matériaux (de quelque µm à plusieurs dizaines de µm). On note toutefois une différence significative de morphologie entre la fissuration de PBP et les autres formulations. Les mesures correspondantes sont retranscrites en Figure 111. Précisons que cette approche n'a été mise en œuvre que sur un seul échantillon par formulation, elle vise uniquement à fournir un ordre de grandeur et se veut purement illustrative.

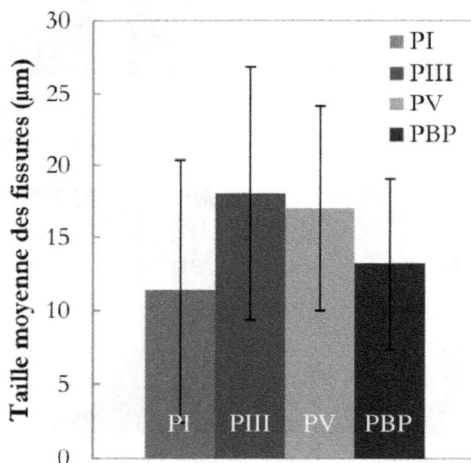

Figure 111 : Taille moyenne des fissures mesurées, par microscopie optique, à la surface des échantillons carbonatés PI, PIII, PV et PBP.

3.7 Retrait

Le retrait induit par le couplage séchage/carbonatation est évoqué comme cause majeure au phénomène de microfissuration observé. Dans ce cadre, la Figure 112 compare les cinétiques de retraits de dessiccation mesurées entre PI, PIII, PV et PBP. Les cinétiques expérimentales sont extrapolés *via* le Code Modèle CEB-FIP 1990 [300]. Notons que des problèmes liés au positionnement des capteurs de déplacement ont causé des erreurs de mesure significatives. Cela explique notamment pourquoi la zone (100 à 256 jours) n'est pas décrite expérimentalement.

En accord avec les cinétiques de séchages (HR = 55%, 25°C) relatives à PI, PIII, PV et PBP simulées *via* Cast3m (Figure 41), les matériaux se classent logiquement selon leurs vitesse de retrait croissante : PV > PBP > PIII > PI. Il ressort de ces essais des niveaux de retrait peu importants.

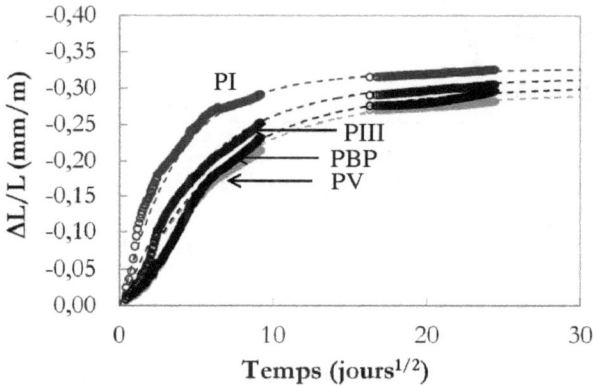

Figure 112 : Comparaison des retraits de dessiccation (HR = 55%, 25°C) des formulations PI, PIII, PV et PBP.

Dans le but d'observer la superposition d'un retrait de carbonatation au retrait de dessiccation, un échantillon par formulation est sorti de l'enceinte de dessiccation à 81 jours d'essai (9 jours ½) et, est placé en carbonatation accélérée ($P_{CO2} \approx 3\%$, HR = 55% et 25°C). Les mesures de retrait de dessiccation se poursuivent sur un seul échantillon (par formulation). Les mesures correspondantes sont présentées sur la Figure 113.

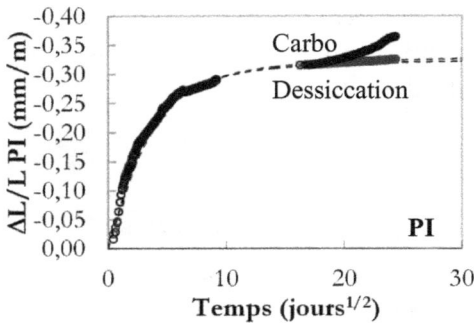

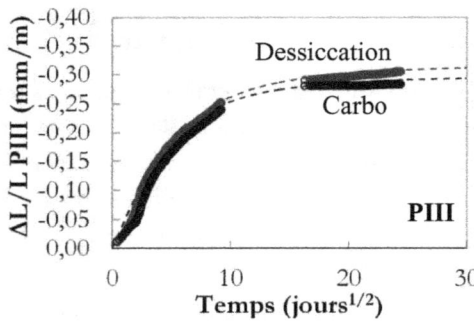

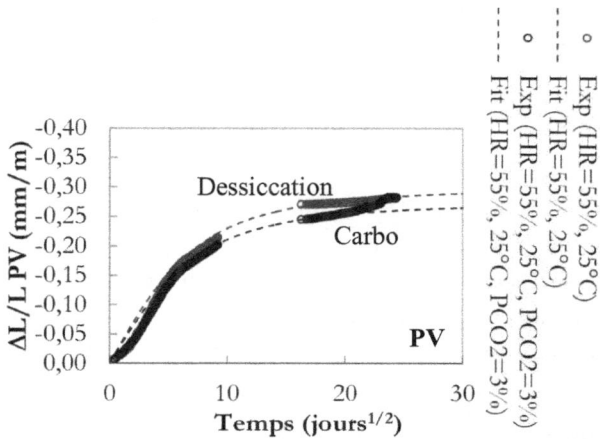

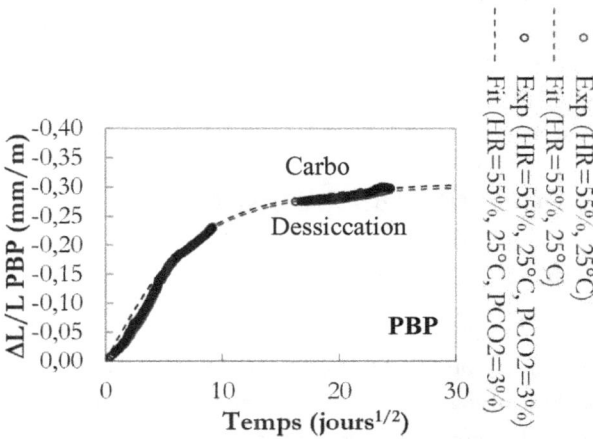

Figure 113 : Mesure des retraits de dessiccation (HR = 55%, 25°C) et de carbonatation ($P_{CO2} \approx 3\%$, HR = 55%, 25°C) de PI, PIII, PV et PBP.

La superposition d'un retrait de carbonatation au retrait de dessiccation (i.e. changement de cinétique) est observée pour des temps avancés et, dans le cas de PI et PV uniquement (Figure 113). Ce résultat est cohérent avec la diminution de la quantité d'eau chimiquement liée mesurée précédemment (Tableau 49), avancée comme origine au retrait de carbonatation [102]. Il est également directement corrélé à la déshydratation et, à la polymérisation du gel de silice formé par carbonatation des

C-S-H, telle qu'observé par RMN ^{29}Si (Figure 95 et Figure 97). Ces résultats sont prometteurs mais pas assez matures pour se prononcer sur un éventuel mécanisme.

3.8 Conclusion

La distribution des tailles de pore est modifiée sous l'effet de la carbonatation. Une réduction du volume poreux et de la surface spécifique des matériaux est observée. La densification de la microstructure induite par la précipitation de carbonate de calcium mène à une baisse de tortuosité. Les carbonates formés obturent les pores, donc la porosité totale diminue et le mode poreux des capillaires est déplacé vers les plus grands diamètres (i.e. la porosité capillaire augmente pour PIII et PBP uniquement).

De la microfissuration est observée à la surface des échantillons carbonatés PI, PIII, PV et PBP. Par traitement d'image, le pourcentage de fissures développé en surface est évalué. Dans ce cadre, les ciments composés affichent environ deux fois plus de fissures que PI. Leur teneur initiale en C-S-H plus élevée pourrait être à l'origine d'un retrait, lié à la décalcification des C-S-H, significatif. L'existence d'un retrait de carbonatation a d'ailleurs été mise en évidence. Les résultats restent, cependant, à ce jour peu aboutis du fait de la durée d'acquisition de données extrêmement longue.

4. Description du transport d'eau

4.1 Densité et porosité

Les valeurs de densité saturée et porosité totale de PI, PIII, PV et PBP sont présentées dans les Tableau 60 et Tableau 61. Les porosités correspondantes sont comparées avec les valeurs obtenues par porosimétrie au mercure (Tableau 62). Pour des raisons de représentativité, les porosités accessibles à l'eau sont évaluées sur plusieurs échantillons par formulation (disques ou morceaux, Figure 114) puis moyennées (à titre informatif, le volume total testé est fourni).

Tableau 60 : Valeurs moyennes des densités saturées (état carbonaté).

	PI	PIII	PV	PBP
Densité saturée	$2,29 \pm 0,01$	$2,19 \pm 0,01$	$2,16 \pm 0,01$	$1,91 \pm 0,01$
Volume total (cm^3)	26	38	33	32

Tableau 61 : Valeurs des porosités totales $\varnothing_{eau}$ (%) obtenues par séchage à 80°C et 105°C sur PI, PIII, PV et PBP (état carbonaté).

Porosité à l'eau $\varnothing_{eau}$ (%)	PI	PIII	PV	PBP
$\varnothing_{eau}$ (80°C) non-carbo	36,3	39,8	36,9	41,0
$\varnothing_{eau}$ (80°C) carbo	21,1	29,3	27,6	35,5
$\Delta\varnothing_{eau}$ **(80°C)**	**- 15,2**	**- 10,5**	**- 9,3**	**- 5,5**
$\varnothing_{eau}$ (105°C) non- carbo	37,7	40,8	38,2	42,8
$\varnothing_{eau}$ (105°C) carbo	22,9	31,1	29,5	36,2
$\Delta\varnothing_{eau}$ (105°C)	- 14,8	- 9,7	- 8,7	- 6,6

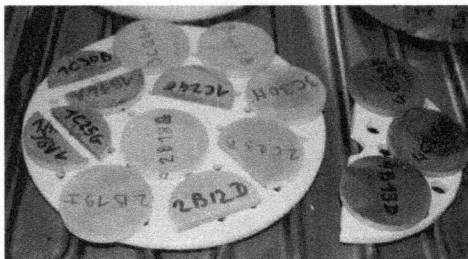

Figure 114 : Echantillons utilisés pour les mesures de porosité accessible à l'eau.

Porosité au mercure $\varnothing_{Hg}$ (%)	PI	PIII	PV	PBP
$\varnothing_{Hg}$ non-carbo	19,6 ± 0,1	27,3 ± 1,1	25,5 ± 0,4	29,1 ± 1,7
$\varnothing_{Hg}$ carbo	10,3 ± 0,9	18,2 ± 1,2	15,6 ± 1,0	27,6 ± 1,1
$\Delta\varnothing_{Hg}$	- 9,3	- 9,0	- 9,9	- 1,5

Notons que les chutes de porosité mesurées par PIM (Tableau 62) sont du même ordre de grandeur que celles mesurées classiquement dans la littérature [10] [29] [85] [90] [91] excepté pour PBP. Cela peut être lié à une distribution de taille de pores fine, corrélée à une teneur en C-S-H élevée par rapport à PI, PIII et PV. Dans ce cas, il est possible que le domaine poreux affecté par la chute de porosité induite par carbonatation ne corresponde pas à la gamme de pores investiguée par le mercure (0,003 µm < D < 360 µm) ; autrement dit, que la chute de porosité correspondante soit localisée pour des pores de diamètre inférieur à 0,003 µm.

Les chutes de porosité mesurées par porosité à l'eau et porosité au mercure sont des indicateurs comparables et représentatifs de l'évolution du réseau poreux. Dans ce cadre, les deux techniques indiquent une baisse de porosité semblable (autour de 10%) après carbonatation dans PIII et PV. Dans le cas de PI et PBP, les chutes de porosité estimées par porosité à l'eau sont supérieures à celles obtenues par porosimétrie au mercure (de facteurs respectifs 1,6 et 3,7). Comme évoqué précédemment dans le cas de PBP, il apparait évident que la chute de porosité correspondante soit localisée pour des pores de diamètre inférieur à 0,003 µm et donc non investis par le mercure.

Il est communément admis que la réduction totale de porosité est principalement liée à la carbonatation de la portlandite, menant à l'augmentation du volume de phase solide. Cependant, la variation de volume molaire liée à la carbonatation des C-S-H doit également être prise en compte. Selon Thiéry [29], elle peut être évaluée si on considère la variation de porosité liée uniquement à la carbonatation de la portlandite et des C-S-H. Autrement dit, la carbonatation des phases hydratées minoritaires (AFt et AFm notamment) est négligée. Cette hypothèse est du même ordre que celle définie au §2.2.2.1 pour l'évaluation du rapport C/S des C-S-H à partir des données issues de l'ATG. La méthode de calcul employée vise à décrire la baisse de porosité $\Delta\emptyset_{th}$ (E-85). Dans ce cadre, il faut garder à l'esprit que l'augmentation de volume de la phase solide dépend du polymorphe de carbonate de calcium formé. Aussi, la chute de porosité est directement liée aux proportions de polymorphes de carbonates formés. En considérant que toute la portlandite consommée contribue à la formation de carbonate de calcium (calcite dans notre calcul) et, que le C-S-H a pour stœchiométrie $C_{1,7}S_1H_{1,5}$ (excepté pour PBP), alors on a :

$$(E-85) \quad \Delta\emptyset_{th} = [\bar{v}_{C\bar{C}} - \bar{v}_{CH}]n_{C\bar{C}}^{CH} + \Delta\bar{v}_{C-S-H}n_{C\bar{C}}^{C-S-H}$$

où $n_{C\bar{C}}^{CH}$ et $n_{C\bar{C}}^{C-S-H}$ sont les quantités de carbonates formés à la suite de la carbonatation respective de la portlandite et des C-S-H (déduite des dosages ATG, sur la base d'un système minéral initial constitué uniquement de portlandite et de C-S-H), $\bar{v}_{CH}$ et $\bar{v}_{C\bar{C}}$ sont les volumes molaires de portlandite et de calcite, respectivement 33 et 35 cm^3/mol [301] et $\Delta\bar{v}_{C-S-H}$ est la variation de volume molaire liée à la carbonatation des C-S-H.

La valeur de $\Delta\bar{v}_{C-S-H}$ est déterminée par minimisation de l'écart entre les chutes de porosités mesurées par porosimétrie au mercure (ou à l'eau) et celles estimées théoriquement. Les variations de volume molaire correspondantes pour PI, PIII, PV et PBP sont compilées dans le Tableau 63.

Tableau 63 : Variations de volume molaire liée à la carbonatation des C-S-H (cm³/mol) dans PI, PIII, PV et PBP.

$\Delta\bar{v}_{C-S-H}$ (cm³/mol)	PI	PIII	PV	PBP
Porosité au mercure	13,1	15,0	14,9	2,7
Porosité à l'eau	22,4	17,4	13,9	10,0

Les valeurs de $\Delta\bar{v}_{C-S-H}$ obtenues (Tableau 63) sont inférieures à celle estimée par Thiéry [29] sur une pâte de CEM I (E/C = 0,45, $\Delta\bar{v}_{C-S-H}$ = 39 cm^3/mol). On relève par ailleurs une gradation des valeurs de $\Delta\bar{v}_{C-S-H}$ entre les matériaux. Plus spécifiquement, $\Delta\bar{v}_{C-S-H}$ tend à diminuer suivant le classement : PI > PV ≈ PIII > PBP. Aussi, il n'y a pas une réponse unique (constante) d'un matériau à l'autre. Ce résultat pourrait être relié au rapport C/S des C-S-H, qui pour rappel est supposé égal à 1,7 pour PI, PIII et PV. Or, il est probable que celui-ci soit en réalité plus faible pour les ciments composés en raison de leurs teneurs en C-S-H plus forte et, en portlandite plus faible.

En accord avec les travaux de Thiéry & Villain [302], les baisses de porosité liées respectivement à la carbonatation de la portlandite seule $[\Delta\emptyset_{th}(CH)]$ et, à la carbonatation des C-S-H et de la portlandite $[\Delta\emptyset_{th}(CH + C\text{-}S\text{-}H)]$, sont estimées selon (E-86) et (E-87) :

$$(E\text{-}86) \quad \Delta\emptyset_{th}(CH) = \Delta\bar{v}_{CH} \times n_{C\bar{C}}^{CH}$$

$$(E\text{-}87) \quad \Delta\emptyset_{th}[CH + C - S - H] = \Delta\bar{v}_{CH} \times n_{C\bar{C}}^{CH} + \Delta\bar{v}_{C-S-H} \times n_{C\bar{C}}^{C-S-H}$$

où $\Delta\bar{v}_{CH}$ est la variation de volume molaire entre la portlandite et les carbonates de calcium, elle est prise égale à 2 cm^3/mol, $\Delta\bar{v}_{C-S-H}$ est la variation de volume molaire entre les C-S-H et les carbonates de calcium dont les valeurs ont été calculées et, compilées dans le Tableau 63.

Les évolutions de porosité liées à la carbonatation de la portlandite et des C-S-H, calculées respectivement à partir de (E-86) et (E-87), sont compilées dans le Tableau 64. A titre indicatif, les chutes de porosité totale évaluées expérimentalement (à l'eau et au mercure) sont fournies.

Tableau 64 : Calcul des variations théoriques de porosité liées à la carbonatation de la portlandite $\Delta\emptyset$ [CH] et des C-S-H $\Delta\emptyset$ [CH + C-S-H] obtenues à partir des résultats de porosimétrie à l'eau et au mercure.

		PI	PIII	PV	PBP
Calcul	$\Delta\emptyset$ [CH] (%) (E-86)	- 0,9	- 0,2	- 0,3	- 0,0
	$\Delta\emptyset_{eau}$ [CH + C-S-H] (%) (E-87)	- 14,2	- 10,3	- 9,6	- 5,5
	$\Delta\emptyset_{Hg}$ [CH + C-S-H] (%) (E-87)	- 8,3	- 8,8	- 9,6	- 1,5
Expérimental	$\Delta\emptyset_{eau}$ (%)	- 15,2	- 10,5	- 9,3	- 5,5
	$\Delta\emptyset_{Hg}$ (%)	- 9,3	- 9,0	- 9,9	- 1,5

La chute de porosité calculée est associée principalement à la carbonatation des C-S-H mais, également à d'autres phases hydratées (non prises en compte dans cette approche). N'oublions pas que l'approche mise en œuvre ici est fondée sur un système minéralogique initial constitué uniquement de portlandite et de C-S-H. La quantité de carbonate de calcium formée par carbonatation des C-S-H ($n_{C\bar{C}}^{C-S-H}$) estimée, dans notre cas par ATG, doit être prise avec retenue. Il serait intéressant d'enrichir la présente démarche en intégrant à notre jeu de donnée la baisse de la teneur en C-S-H, telle qu'estimée au §2.4, corrélée à la quantité de gel de silice formée (à laquelle on peut notamment accéder par RMN, voir §2.5).

L'approche que l'on a présentée ici a pour but de corréler la réduction de porosité totale à la carbonatation de la portlandite et des C-S-H. Ce point pourrait servir de donnée d'entrée afin d'alimenter des modèles de carbonatation. On pourrait par exemple imaginer modéliser le colmatage de la porosité consécutivement à la carbonatation en prenant en compte des données accessibles par l'expérience telles que :

- des taux de conversion de la portlandite et des C-S-H en carbonates de calcium,
- une teneur en portlandite résiduelle,
- une baisse de teneur en C-S-H globale (baisse du rapport C/S),
- la formation de gel de silice.

4.2 Isothermes de désorption

La Figure 115 décrit les évolutions respectives de la teneur en eau massique de PI (a), PIII (b), PV (c) et PBP (d) en fonction de l'HR (pour différentes échéances). Le suivi de masse se fait sur des lots de 3 échantillons par HR (disques de 6 mm d'épaisseur et de diamètre 50 mm), excepté pour PI où, du fait de plusieurs échantillons fissurés ou rompus à l'issue des essais de carbonatation (Figure 84), des morceaux d'échantillons supplémentaires sont utilisés.

Sur la base du critère d'arrêt des isothermes fixé (C = 0,05%/j) et, des cinétiques de pertes de masse calculées, l'équilibre hydrique, pour chacune des HR considérées, des matériaux PI, PIII, PV et PBP est déclaré atteint (i.e. C < 0,05%/j). Les cinétiques de perte de masse à 20°C des essais de désorption nécessaire à l'obtention des isothermes des matériaux carbonatés PI, PIII, PV et PBP sont visibles en Annexe 4.

Tableau 65 : Valeurs du critère d'arrêt des isothermes C des matériaux carbonatés PI, PIII, PV et PBP à différentes échéances.

PI	PIII	PV	PBP
—◇— 4 jours C < 8%	—●— 4 jours C < 10%	—◇— 4 jours C < 7,5%	—◇— 4 jours C < 8%
—●— 17 jours C < 1,5%	—●— 22 jours C < 1,5%	—○— 22 jours C < 1,1%	—●— 17 jours C < 1,5%
—○— 74 jours C < 0,3%	—○— 74 jours C < 0,4%	—○— 74 jours C < 0,2%	—○— 74 jours C < 0,2%
—○— 131 jours C < 0,09%	—●— 99 jours C < 0,2%	—●— 99 jours C < 0,1%	—○— 131 jours C < 0,07%
—○— 173 jours C < 0,05%	—○— 121 jours C < 0,1%	—○— 121 jours C < 0,08%	—○— 173 jours C < 0,06%
—●— 222 jours C < 0,04%	—○— 198 jours C < 0,07%	—○— 198 jours C < 0,05%	—●— 222 jours C < 0,04%
—○— 272 jours C < 0,03%	—○— 247 jours C < 0,05%	—○— 247 jours C < 0,04%	—○— 272 jours C < 0,03%
	—○— 297 jours C < 0,03%	—○— 297 jours C < 0,03%	

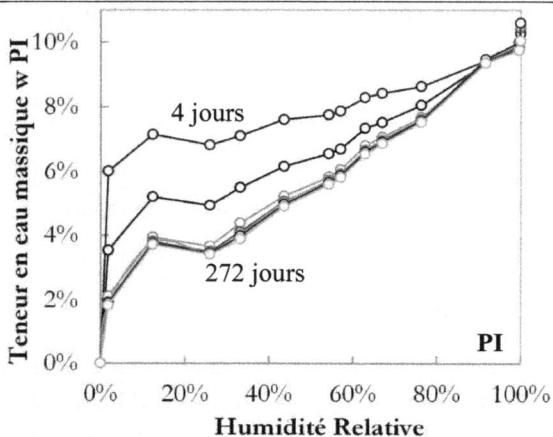

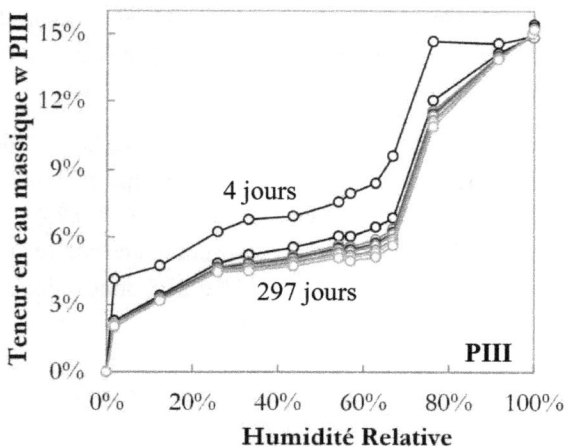

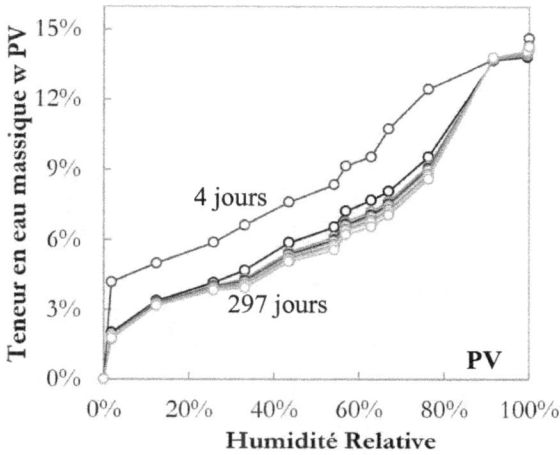

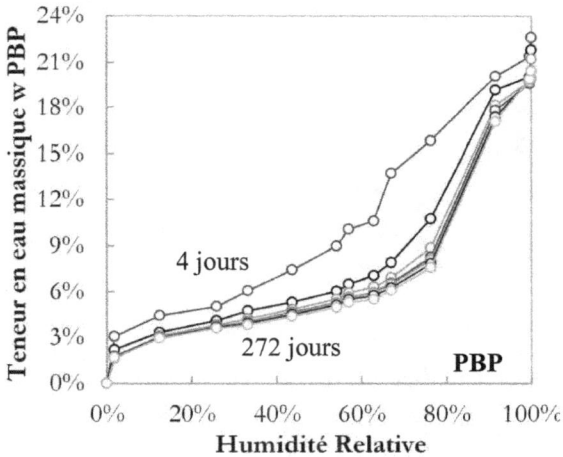

Figure 115 : Isothermes des matériaux PI, PIII, PV et PBP (état carbonaté) obtenues à différentes échéances - C représente l'écart relatif entre deux pesées successives espacées de 24h.

Les isothermes des matériaux PI, PIII, PV et PBP sains et carbonatées, ajustées *via* le modèle de Pickett (Tableau 66), sont superposées sur la Figure 116.

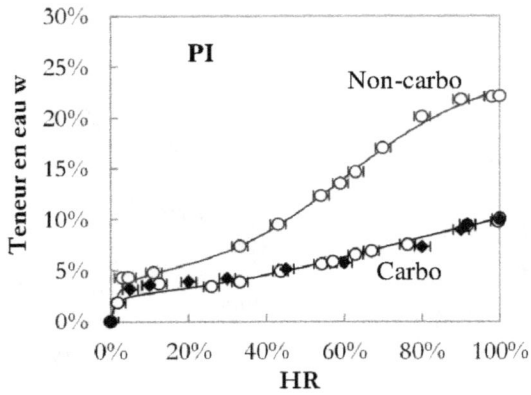

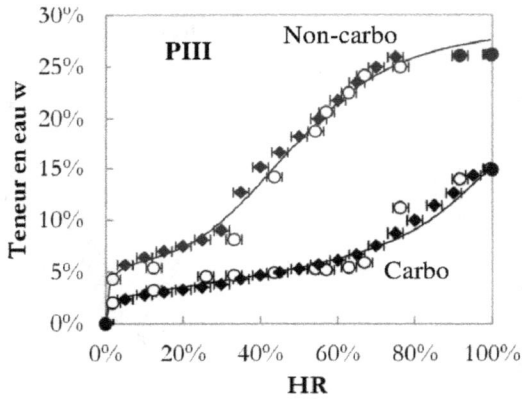

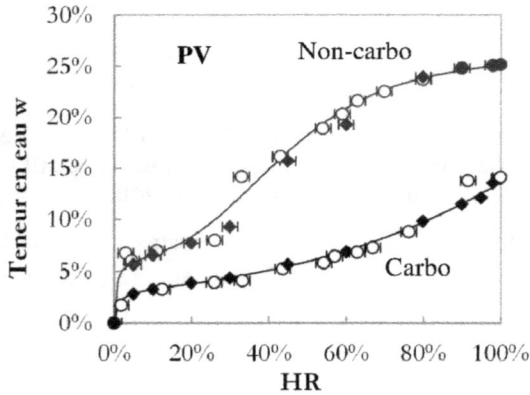

254

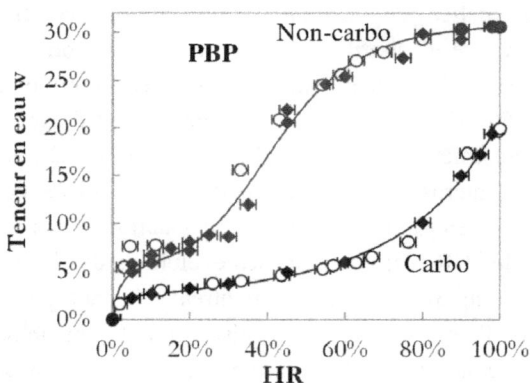

Figure 116 : Effet de la carbonatation sur les isothermes de désorption des matériaux PI, PIII, PV et PBP.

Tableau 66 : Paramètres de Pickett utilisés pour la description des isothermes de désorption des matériaux carbonatés PI, PIII, PV et PBP.

	C	w_m	b	n
PI	118,27	2,68%	0,64	3,75
PIII	147,09	2,63%	0,23	5,81
PV	112,85	3,15%	0,00	4,31
PBP	142,33	2,50%	0,00	8,33

Du fait de l'évolution de la microstructure consécutivement à la carbonatation : colmatage des pores et redistribution vers des tailles de pore plus fines, la mise à l'équilibre hydrique est « facilitée ». La décalcification des C-S-H corrélée à la dissolution partielle de la portlandite mène à un réseau poreux où l'eau contenue dans les pores est plus accessible, ce qui favorise les transferts hydriques et, *a fortiori*, diminue les temps de mise à l'équilibre.

Par comparaison des isothermes des matériaux sains et carbonatés (Figure 116), une chute de la teneur en eau est observée. Ce fait est directement corrélé au colmatage des pores, combiné à la densification de la microstructure. Ces résultats confirment ceux de la littérature [92] [103] [105] et tendent à montrer que la carbonatation modifie fortement l'état d'équilibre des matériaux cimentaires. L'allure des isothermes est également fortement impactée, c'est à dire qu'on observe un

« écrasement » du palier de saturation, directement corrélé aux évolutions microstructurales. A titre illustratif, les isothermes de désorption de la vapeur d'eau des matériaux PI, PIII, PV et PBP sont représentés en saturation : S = S(HR) (voir Annexe 6, Figure 156). Ce mode de représentation permet d'apprécier clairement les modifications microstructurales, en s'affranchissant de l'effet mécanique de densification de la microstructure. Les modifications observées sur l'isotherme relative à PI (exprimée en saturation) après carbonatation apparaissent peu marquées et limitées aux faibles HR. Au contraire, les évolutions des isothermes des ciments composés sont plus significatives et se montrent d'autant plus marquées que la quantité d'éléments d'ajout est élevée. Précisons qu'Hyvert obtient des isothermes très ressemblantes aux nôtres suite à la carbonatation de mortiers à base de CEM I et de CEM III [10].

Par ailleurs, la carbonatation tend à lisser les isothermes, c'est à dire que leur allure semble quasi-identique d'une formulation à l'autre sur la plage $0 < HR < 75\%$ (Figure 117). Ce résultat est cohérent avec la réduction de surface spécifique mesurée précédemment (voir §3.4) qui, pour rappel, est régie par la carbonatation des C-S-H. Elle se traduit ici physiquement par l'abaissement du « genou » de l'isotherme (Figure 116). Aussi, quel que soit le matériau, la hauteur du genou est sensiblement la même et, les valeurs de surface spécifique plafonnent, *in fine*, autour d'une valeur commune de l'ordre de 92 ± 5 m²/g. Notre évaluation des teneurs en C-S-H dans les matériaux carbonatés (voir §2.4) corrobore ces résultats puisque les valeurs mesurées sont très proches ($\approx 3,4 \pm 0,6$ mol/L de pâte carbonatée). Le croisement des données récoltées permet de conclure sur le fait que les C-S-H ont atteint un niveau de dégradation qui est tel que les matériaux sont directement comparables les uns avec les autres, indépendamment de leur composition minéralogique initiale.

La distribution des tailles de pores conditionne les cinétiques de transfert et, donc les propriétés de transport d'eau. Les chutes de porosité totale mesurées couplé à la modification des isothermes témoignent de l'effet qu'à la carbonatation sur l'état d'équilibre des matériaux. On s'attend alors à observer une baisse des propriétés de transport sous l'effet du colmatage des pores induit par la carbonatation. *A contrario*, les matériaux affichant des pores de diamètres plus larges devraient voir leurs propriétés de transport augmenter en raison de l'ouverture de la porosité.

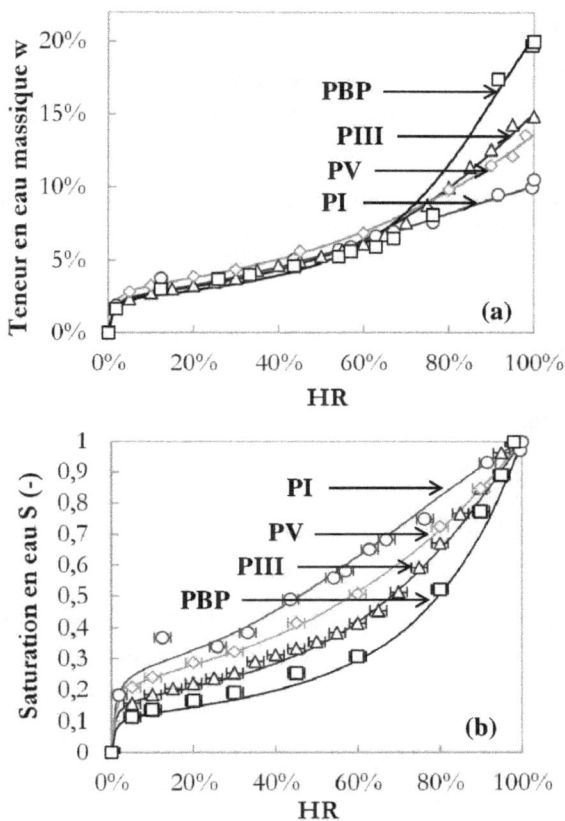

Figure 117 : Isothermes de désorption à 20°C des matériaux carbonatés PI, PIII, PV et PBP exprimées respectivement (a) en teneur en eau et (b) en saturation - Courbes d'ajustement selon le modèle de Pickett [177].

4.3 Propriété de transport

Le processus de carbonatation intègre un couplage chimie-transport fort. L'évolution du système global est, en effet, pilotée par :

- d'une part, les équilibres et cinétiques chimiques,
- d'autre part, le transfert d'humidité et de CO_2 à l'interface matériau/atmosphère (milieu poreux plus ou moins saturé et ouvert sur l'extérieur), auquel il faut ajouter le transfert d'ions à travers le réseau poreux.

4.3.1 Katz & Thompson

Le Tableau 67 récapitule les valeurs de perméabilités intrinsèques K obtenues, *via* la méthode de Katz & Thompson [236] respectivement sur matériaux sains et carbonatés.

Tableau 67 : Valeurs des perméabilités intrinsèques à l'eau liquide K (m²) de PI, PIII, PV et PBP (états sain et carbonaté) estimées *via* la méthode de Katz & Thompson [236].

K ($\times 10^{-20}$ m²)	PI	PIII	PV	PBP
K non-carbo (m²)	41,0	9,1	9,4	4,3
K carbo (m²)	2,2	43	1,8	17
$\Delta K = K_{\text{non-carbo}} - K_{\text{carbo}}$	- 38,8	+ 33,9	- 7,6	+ 12,7

Les données du Tableau 67 témoignent de comportements différents selon les matériaux :

- Dans le cas de PI et PV, une baisse de perméabilité est observée suite à la carbonatation. Cette tendance concorde avec le fort colmatage de la porosité (Tableau 61), combinée au déplacement de la distribution poreuse vers des tailles de pore plus fines (Figure 100).
- Dans le cas de PIII et PBP, le comportement opposé est mis en évidence. Malgré les chutes de porosité induite par précipitation de carbonates de calcium, la perméabilité augmente. Ce résultat est une conséquence directe de la microfissuration conjuguée à l'augmentation du rayon d'entrée des pores (i.e. apparition d'un mode poreux situé autour de 0,02 µm, Figure 100).

D'un matériau à l'autre, la perméabilité évolue différemment. Les compositions minéralogiques initiales différentes permettent d'expliquer ce comportement : carbonater de la portlandite ou des C-S-H ne conduit pas physiquement au même résultat, point notamment développé au *Chapitre 5 Représentativité de la carbonatation accélérée*. Par ailleurs, il est important de garder à l'esprit que la méthode de Katz & Thompson repose uniquement sur les données extraites des données de porosimétrie au mercure. L'obstacle majeur rencontré ici vise en la représentativité de la méthode, adaptée aux milieux continus. Or, la présence de fissures à la surface de l'ensemble de nos échantillons carbonatés induit des discontinuités au sein du milieu poreux, faussant alors le raisonnement. Aussi, les données acquises sont complétées par des mesures directes de perméabilité au moyen d'essais à la coupelle.

4.3.2 Essais à la coupelle

Les perméabilités effectives évaluées sur les matériaux PI, PIII, PV et PBP sains et carbonatés sont tracées en fonction de la saturation en eau liquide (Figure 118). La tendance décrite par les essais à la coupelle est ajustée au moyen de l'équation de Mualem - van Genuchten mais sans contrainte sur la valeur du facteur d'interaction « p » (E-72).

Les valeurs des perméabilités intrinsèques des matériaux carbonatés sont calculées à partir de l'expression (E-88) (Tableau 68). Les valeurs du facteur d'interaction « p » sont données à titre informatif.

$$(E\text{-}88) \quad K_e(S_l) = K_c^{exp} S_l^p \left[1 - \left(1 - S_l^{1/m} \right)^m \right]^2$$

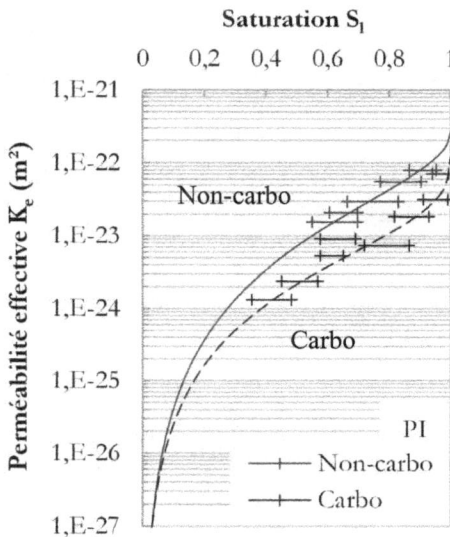

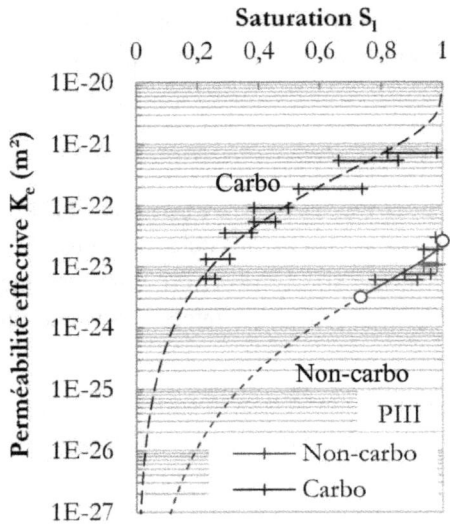

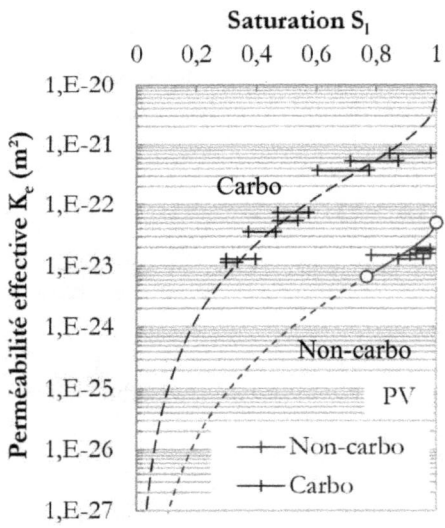

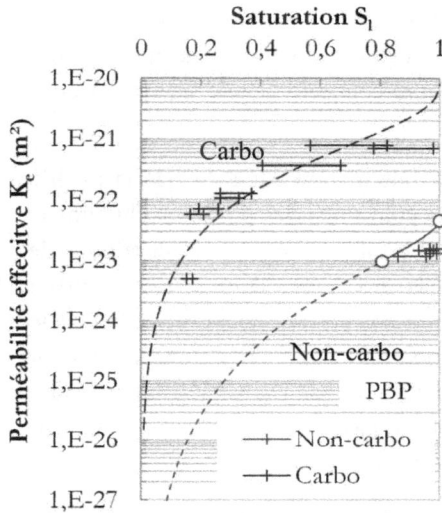

Figure 118 : Evolution des perméabilités effectives K_e des matériaux PI, PIII, PV et PBP sains et carbonatés en fonction de la saturation S_l.

Tableau 68 : Valeurs des perméabilités intrinsèques des matériaux carbonatés (K_c^{exp}) PI, PIII, PV et PBP.

	PI	PIII	PV	PBP
K_c^{exp} ($\times 10^{-22}$ m^2)	1,16	74,82	74,39	81,48
p	-3,31	-2,59	-1,83	-2,18

Une chute de la propriété de transport est observée dans le cas de PI. Ce résultat confirme la baisse de perméabilité évaluée *via* la méthode Katz & Thompson (Tableau 67) et est directement imputée au colmatage des pores. Dans le cas des ciments composés (PIII, PV et PBP), c'est le comportement inverse qui est observé (i.e. augmentation de la perméabilité effective). Plusieurs hypothèses sont proposées afin d'expliquer cette différence de comportement entre ciments Portland (PI) et composés (PIII, PV et PBP) dont :

- L'augmentation de connectivité du réseau poreux,
- l'augmentation du rayon d'entrée des pores,
- la microfissuration.

L'augmentation de perméabilité observée dans le cas des ciments composés est cohérente vis-à-vis de l'augmentation de connectivité du réseau poreux déjà mise en évidence (ouverture d'une connectivité *via* un réseau de microfissuration) (Figure 101).

En second lieu, nous avons montré par PIM que la modification du réseau poreux (Figure 100) conduit au colmatage des pores les plus fins et ce pour l'ensemble des matériaux. Cependant, il est à noter que le rayon critique de percolation du mercure est déplacé vers les plus gros pores dans le cas de PIII et PBP, ce qui régit un écoulement préférentiel à travers ces pores et contrebalance l'effet de la chute de porosité. Ce résultat pourrait expliquer l'augmentation de perméabilité observée néanmoins, ce constat ne s'applique pas à PV. L'augmentation du rayon d'entrée des pores n'est, par conséquent, pas retenue comme une cause plausible à l'augmentation de perméabilité des ciments composés.

La microfissuration de surface est avancée comme raison principale à l'augmentation de perméabilité des ciments composés. Spécifiquement, l'augmentation de perméabilité apparait d'autant plus forte que l'effet de la microfissuration est marquée (nombre et ouverture de fissure significatifs, voir §3.5).

La Figure 119 retrace l'évolution de perméabilité effective (i.e. le rapport des perméabilités des matériaux carbonatés sur celles des matériaux sains, il est noté R_K) mesurée pour chacun des matériaux (Tableau 69) en fonction de la fraction surfacique de fissures mesurée (Tableau 59). On distingue une zone relative à PI où la perméabilité diminue sous l'effet de la carbonatation ($R_K < 1$). Dans ce cas, le colmatage de la porosité est prédominant devant l'effet de la microfissuration. La seconde zone identifiée caractérise quant à elle les matériaux PIII, PV et PBP, dont la perméabilité augmente suite à leur carbonatation ($R_K > 1$). Dans cette zone, l'impact de la microfissuration prédomine devant la réduction de porosité.

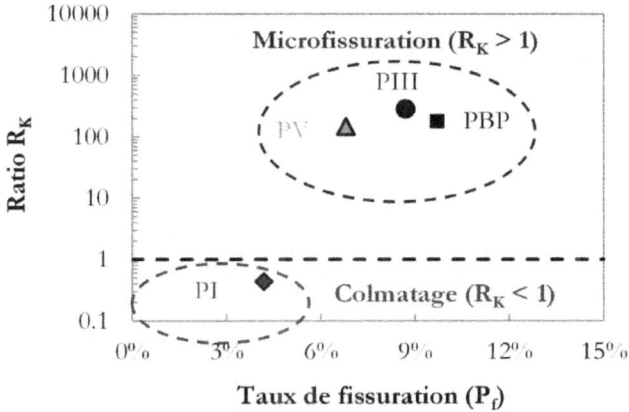

Figure 119 : Variation de la perméabilité intrinsèque (R_K) des matériaux PI, PIII, PV et PBP en fonction du taux de fissuration (P_f).

Tableau 69 : Variation de la perméabilité intrinsèque (R_K) des matériaux PI, PIII, PV et PBP consécutivement à la carbonatation.

$K\ (\times 10^{-22}\ m^2)$	PI	PIII	PV	PBP
Non-carbo (K_{nc})	2,70	0,26	0,50	0,45
Carbo (K_c^{exp})	1,16	74,82	74,39	81,48
$R_K = K_c^{exp}/K_{nc}$	0,43	287,38	148,78	181,07

La microfissuration semble directement corrélée à la composition minéralogique initiale, c'est à dire qu'une teneur initiale en C-S-H élevée et, une teneur en portlandite faible, mène à une microfissuration diffuse et, par conséquent, à une augmentation de perméabilité significative (Figure 119 et Figure 120). Cette tendance corrobore directement la thèse d'un retrait de carbonatation (voir §3.7) lié à la décalcification des C-S-H et à la polymérisation et déshydratation du gel de silice (voir §2.5). Ce résultat est d'autant plus vrai que la présence d'une teneur initiale en portlandite élevée impose un pouvoir tampon fort et, *a fortiori* une résistance à la carbonatation accrue (colmatage significatif de la porosité, voir Figure 102).

263

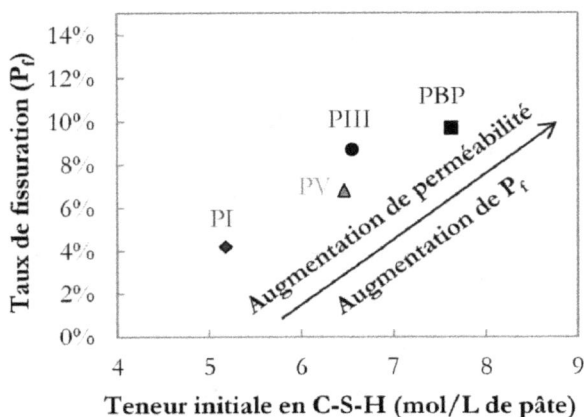

Figure 120 : Évolution du taux de fissuration (P_f) des matériaux PI, PIII, PV et PBP en fonction de leur teneur initiale en C-S-H.

Une perspective de ces travaux serait d'établir une loi modélisant l'augmentation de perméabilité en fonction du rapport C/S et à plus large échelle en fonction de l'état de microfissuration.

En première approximation, il semble pertinent d'évoquer l'aspect fissuration. Par convention, la perméabilité de fissures est estimée à partir de l'ouverture de fissure par application de la loi de Poiseuille [303]. On parle notamment du modèle des « plaques parallèles » [304], permettant de décrire l'écoulement d'un fluide incompressible en régime laminaire à travers une fissure. Sur la base de l'hypothèse géométrique que les parois de la fissure sont assimilables à deux plaques parallèles lisses, séparés d'une ouverture e, la perméabilité (K_f) peut être définie en fonction de l'ouverture de fissure à partir de la loi de Poiseuille (E-89). On introduit un facteur correctif ε (< 1) lié à la rugosité des plaques. Ce facteur est pris égal à 0,02 conformément aux travaux de Edvardsen [305].

$$(E-89) \quad K_f = \varepsilon \frac{e^2}{12}$$

Conformément aux mesures d'ouverture moyenne de fissures (Figure 111) et, par application de la loi de Poiseuille, les perméabilités moyennes des fissures sont évaluées (Tableau 70).

264

Tableau 70 : Perméabilité de fissure (K$_f$), calculée à partir de la loi de Poiseuille (E-89), des matériaux carbonatés PI, PIII, PV et PBP.

	PI	PIII	PV	PBP
K$_f$ ($\times 10^{-19}$ m²)	2.2	5.5	4.9	2.9

Les matériaux se classent par valeurs croissantes de perméabilité moyenne de fissure (K$_f$) selon : PI < PPB < PV< PIII. La perméabilité de fissure relative à PI est inférieure à celles de PIII, PV et PBP, ce qui est cohérent avec l'évolution de perméabilité effective précédemment décrite (Figure 118). Une des limites de l'approche employée provient de la non prise en compte de la densité de fissures (Tableau 59). Ce constat explique notamment pourquoi PBP affiche une perméabilité de fissure plus faible que PV, malgré une augmentation de perméabilité effective supérieure. Par ailleurs, il faut préciser que la présente théorie surestime l'écoulement dans une fissure réelle de par notamment l'hypothèse forte faite sur la géométrie du système [306]. Une fissure présente en réalité une géométrie et une morphologie spécifique (rugosité, tortuosité, ouvertures variables, ...). La description de la perméabilité *via* cette loi est intéressante en première approximation mais, demeure incomplète à plus large échelle. On peut citer les travaux de Rastiello [307] qui a proposé plusieurs formulations pour corriger le modèle classique, en intégrant notamment une « ouverture moyenne représentative a » et un « facteur correctif □ □» évalué à partir des données de Witherspoon et al. [308]. D'autres auteurs tels que Zhou et al. [309], se sont intéressés au lien fissuration-transport en intégrant notamment la densité et la géométrie des fissures dans leur analyse.

Une autre approche du problème vise à réutiliser les données acquises pour décrire l'effet du colmatage sur la perméabilité. Dans ce cadre, on peut utiliser une loi dérivée de Kozeny-Carman [310] (E-90).

$$(\text{E-90}) \quad K_c^{K-C} = K_{nc} \left(\frac{\emptyset_c}{\emptyset_{nc}}\right)^3 \left(\frac{1-\emptyset_{nc}}{1-\emptyset_c}\right)^2$$

Où K$_{nc}$ et K$_c^{K-C}$ sont les perméabilités intrinsèques respectives des matériaux sains et carbonatés tandis que $\emptyset_{nc}$ et $\emptyset_c$ sont les porosités totales respectives des matériaux sains et carbonatés. Le ratio R$_K$ a été évalué et représenté précédemment (Figure 119). Ici, on se propose d'évaluer la perméabilité des matériaux carbonatés à partir de l'équation (E-90) (Tableau 71). Les résultats correspondants sont visibles sur la Figure 121. Pour PI, la perméabilité mesurée est du même ordre de grandeur que celle calculée à partir de l'expression (E-90) si ce n'est qu'elle est environ trois fois plus élevée. Ce résultat suggère que l'effet du colmatage est contrebalancé par la microfissuration. Les données obtenues sur ciments composés (PIII, PV et PBP) apparaissent significativement différents. L'écart entre données expérimentales et calculées augmente avec le taux de fissuration (P_f). Ce constat tend à montrer que dans ce cas précis, la microfissuration est la cause principale de l'augmentation de perméabilité et le colmatage de la porosité a un impact négligeable. Ce résultat complète les données acquises jusqu'ici et permet de mettre en évidence la compétition forte entre colmatage et microfissuration, impactant directement la perméabilité des matériaux cimentaires.

Tableau 71 : Influence du colmatage de la porosité sur la perméabilité.

Perméabilité ($\times 10^{-22}$ m^2)	PI	PIII	PV	PBP
K_{nc}	2,70	0,26	0,50	0,45
K_c^{exp}	1,16	74,82	74,39	81,48
K_c^{K-C} (E-90)	0,35	0,08	0,16	0,24

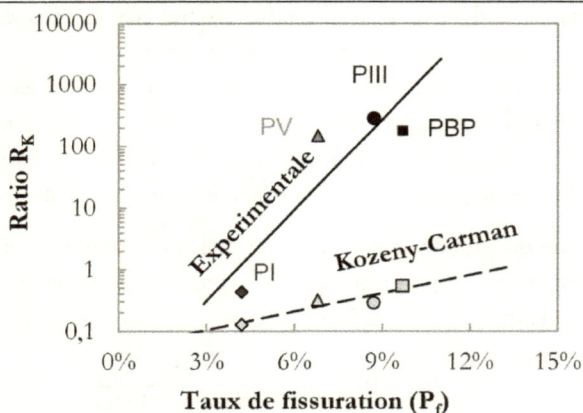

Figure 121 : Compétition entre colmatage de la porosité et microfissuration

4.3.2.1 Coefficient de diffusion du CO_2

Il est clair que le transport du CO_2, par diffusion à travers la phase gazeuse, joue un rôle non-négligeable au sein du processus de carbonatation. La prise en compte du coefficient de diffusion (ou diffusivité) du CO_2 dans notre démarche apparait, par conséquent, pertinente. Précisons avant toute chose, que l'approche mise en œuvre ici est purement théorique et n'est présentée que dans un but illustratif.

Pour rappel, notre description des transferts hydriques suppose une pression totale de gaz constante et égale à la pression atmosphérique. En d'autres termes, on suppose que la variation de la pression du gaz au sein du réseau poreux se dissipera rapidement sous l'action de la perméation de la phase gazeuse. Le transport du CO_2 est, de fait, régi simplement par la diffusion à travers la phase gazeuse.

Le flux molaire de CO_2 (v_{CO2}) s'exprime selon (E-91) :

$$\text{(E-91)} \quad v_{CO_2} = -D_{CO_2}(\emptyset, S)\overrightarrow{grad}(CO_2)$$

où D_{CO2} est le coefficient de diffusion effectif du CO_2 au sein du milieu poreux, interdépendant de la porosité $\emptyset$ ainsi que du taux de saturation S du matériau et CO_2 est la concentration en dioxyde de carbone.

Selon Papadakis et al. [311], le coefficient de diffusion effectif d'un gaz est inversement proportionnel à la racine carré de la masse molaire du gaz en question. Cette approximation permet notamment de passer d'une valeur de diffusivité à une autre lorsqu'on change de gaz. L'équation classique de diffusion d'un gaz (D_g) dans un milieu poreux s'exprime de la manière suivante :

$$\text{(E-92)} \quad D_g = D^0{}_g\, \emptyset(1-S)\tau_g$$

Où $D^0{}_g$ est le coefficient de diffusion du gaz hors milieu poreux, $\square_g$ est la tortuosité de la phase gazeuse (i.e. chemin à parcourir par le gaz pour traverser le milieu poreux), elle s'exprime selon :

$$\text{(E-93)} \quad \tau_g = \emptyset^a(1-S)^b$$

Où a et b sont des constantes (égales respectivement à 1,74 et 3,2 dans le cas du CO_2).

Par prise en compte de la tortuosité de la phase gazeuse (τ_g), on obtient l'expression du coefficient de diffusion effectif du CO_2 selon (E-94) :

$$\text{(E-94)} \quad D_{CO_2} = D^0{}_{CO_2}\emptyset^{2,74}(1-S)^{4,2}$$

La Figure 122 retrace l'évolution du coefficient de diffusion effectif du CO_2 gazeux, en fonction de la saturation en eau liquide, pour différentes valeurs de porosité totale, associées respectivement à PI, PIII, PV et PBP (voir Tableau 61).

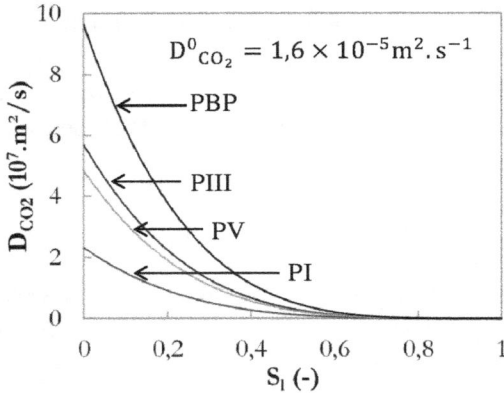

Figure 122 : Evolution du coefficient de diffusion effectif du CO_2 gazeux (D_{CO2}) dans le cas des matériaux PI, PIII, PV et PBP en fonction de la saturation en eau liquide (S_l).

Le coefficient de diffusion effectif du CO_2 chute lorsque la saturation en eau liquide augmente. Par ailleurs, les matériaux peuvent être classés par ordre croissant de valeur de coefficient de diffusion effectif (pour une valeur de saturation donnée) : PI < PV < PIII < PBP. Ce classement montre qu'une porosité totale élevée induirait, conformément à l'expression (E-94), une diffusivité forte. Ce constat se vérifie, par exemple, en comparant les matériaux PI et PBP. N'oublions pas que ces résultats sont purement expectatifs dans la mesure où nous ne disposons pas des résultats expérimentaux correspondant.

La limite de ce modèle analytique provient principalement de sa sensibilité vis-à-vis de la valeur du coefficient de diffusion du CO_2 (D_{CO2}). A titre d'illustration, pour un taux de saturation fixé à 0,2, le coefficient de diffusion effectif du CO_2 gazeux est, dans le cas de PI, réduit d'un facteur proche de 2 lorsque D_{CO2} passe de $1,65 \times 10^{-5}$ m²/s à $1,00 \times 10^{-5}$ m²/s.

Au-delà des incertitudes liées au modèle de Papadakis et al. [311] et aux données d'entrée, les résultats obtenus s'accordent sur une tendance commune. Nous avons en effet montré au cours de ce chapitre que les ciments composés présentent une moins

268

bonne résistance vis-à-vis de la carbonatation qu'un ciment Portland. Ces différences de comportement s'expliquent notamment par :

1. Le pouvoir tampon des ciments composés est plus faible (peu, voire pas de portlandite), le colmatage de la porosité résultant de la dissolution de la portlandite est, de fait, moins marqué que dans PI.
2. La teneur en C-S-H initiale dans les ciments composés est plus élevée que dans PI, or leur décalcification peut causer un retrait non négligeable, menant à l'apparition de microfissures.
3. L'augmentation de perméabilité des ciments composés tend à montrer que le colmatage de la porosité n'est pas suffisant pour s'opposer à l'effet de la microfissuration. De fait, les ciments composés pourraient apparaitre plus diffusifs que le ciment Portland.

4. Conclusion

Les résultats relatifs aux propriétés de transport d'eau des matériaux carbonatés mettent en évidence des évolutions en accord avec les caractérisations minéralogiques et microstructurales conduites précédemment.

Une augmentation de la densité saturée et une réduction de la porosité totale (à l'eau et au mercure) des pâtes de ciments sont mesurées. La chute de porosité apparait d'autant plus significative que la teneur initiale en portlandite est élevée, résultat logique puisque la carbonatation d'une teneur en portlandite élevée mène à la précipitation d'une quantité importante de carbonate de calcium, telle que constaté par ATG. Par ailleurs, il est remarqué que le classement des matériaux par ordre de porosité croissante est inchangé après carbonatation : PI < PV < PIII < PBP.

La comparaison des isothermes de désorption obtenues sur matériaux sains et carbonatés montre une forte déviation vers de plus faibles teneurs en eau consécutivement à la carbonatation. C'est le colmatage de la porosité qui est à l'origine de l'abaissement de la teneur en eau à l'équilibre. En plus de ce constat, la morphologie des isothermes est fortement impactée. On relève un « écrasement » du palier de saturation, directement lié aux évolutions du réseau poreux telles que précédemment constatées. Par ailleurs, l'ensemble des matériaux tend vers une morphologie commune d'isotherme sur une plage d'HR comprise entre 0 et 80%. On relève une hauteur du genou des isothermes quasi-identique après carbonatation. Cette observation est cohérente avec les valeurs de surface spécifique et de teneur en C-S-H précédemment évaluées et, sensiblement identiques entre les matériaux. On peut donc supposer avoir atteint un état de carbonatation des C-S-H qui est tel que les matériaux sont directement comparables, indépendamment de leur cortège minéralogique initial. Ce dernier point est supporté par les spectres RMN acquis, qui témoignent d'un niveau de décalcification des C-S-H comparable entre les matériaux.

L'application de la méthode Katz & Thompson met en évidence une baisse de perméabilité pour PI et PV contre une augmentation dans les cas de PIII et PBP suite à leur carbonatation. La baisse de perméabilité s'explique par le fort colmatage des pores, combinée au déplacement de la distribution poreuse vers des tailles de pore plus fines. L'augmentation de perméabilité est quant à elle ici due à l'augmentation du rayon d'entrée des pores évalué par porosimétrie au mercure. La méthode affiche ici sa limite majeure. Du fait qu'elle soit fondée uniquement sur les données de porosimétrie au mercure, elle ne donne pas accès à l'ensemble du spectre poreux dont notamment la porosité « fine » des C-S-H (D < 3 nm). Cette gamme de pores joue cependant un rôle essentiel dans les processus de transport d'eau. Or, nous avons vu, par RMN ^{29}Si notamment, que les C-S-H sont fortement altérés sous l'effet de la carbonatation. Il y a donc nécessité de compléter ces données par des mesures directes de perméabilité au moyen d'essais à la coupelle.

Les essais à la coupelle mettent en évidence une baisse de perméabilité dans le cas de PI, corroborant ainsi la tendance décrite *via* la méthode Katz & Thompson. Le comportement inverse est observé pour PIII, PV et PBP. Dans ce sens, la microfissuration est présentée comme cause majeure à l'augmentation de perméabilité mesurée. On peut alors définir une zone « limite » caractéristique du comportement des matériaux cimentaires où :

- d'un côté le colmatage de la porosité est telle que la perméabilité diminue sous l'effet de la carbonatation,
- de l'autre côté, la microfissuration prédomine devant le colmatage, entrainant une augmentation de la propriété de transport.

Cette hypothèse se justifie à travers deux raisons majeurs :

1. La teneur en portlandite est, dans les ciments composés, faible voire nulle, leur pouvoir tampon est, par conséquent, moindre par rapport à PI. La chute de porosité évaluée dans les ciments composés carbonatés ne suffit alors pas à contrecarrer l'effet de la microfissuration.
2. L'augmentation de perméabilité est d'autant plus forte que l'effet de la microfissuration est marqué (fraction surfacique et ouverture de fissure importante). Ce constat est supposé directement lié à la teneur initiale en C-S-H élevée dans les ciments composés, qui mènerait un à retrait de carbonatation significatif.

Nous avons intégré à notre description du processus de carbonatation la diffusion du CO_2. Précisons cependant que la démarche mise en œuvre est donnée à titre purement illustratif, du fait qu'elle considère une expression de la diffusivité du CO_2 basé uniquement sur un ajustement de résultats expérimentaux issus de la littérature [311]. Dans ce cadre, on note que le coefficient de diffusion effectif du CO_2 chute lorsque la saturation en eau liquide augmente. Une porosité totale élevée induirait une diffusivité forte. Aussi, la combinaison des données acquises laisse à penser que les

271

ciments composés seraient, consécutivement à la carbonatation, plus diffusifs que le ciment Portland.

Chapitre 5 Représentativité de la carbonatation accélérée

Afin d'acquérir des données dans des durées limitées, des essais accélérés sont couramment mis en œuvre à l'échelle laboratoire. Se pose alors logiquement la question de la représentativité des essais de carbonatation accélérée ($P_{CO2} \approx 3\%$ dans notre cas) vis-à-vis de la carbonatation naturelle ($P_{CO2} \approx 0,04\%$). Dans ce cadre, la partie 1 de ce chapitre est dédiée à l'extension des données acquises sur les pâtes de ciments de l'étude à des analogues carbonatés naturellement pendant plusieurs années.

Par ailleurs, décliner cette approche à l'échelle de matériaux modèles (phases minéralogiques pures) est intéressant, c'est l'objet de la partie 2. Plus précisément, il s'agit d'évaluer la représentativité de la carbonatation accélérée vis-à-vis de la carbonatation naturelle à l'échelle fine de phases minéralogiques constitutives de la pâte de ciment. Ce type d'information est pertinent dans l'optique de différencier l'effet de la carbonatation en fonction des minéraux carbonatés et, *a fortiori*, de mieux comprendre les différences de comportent observées d'un matériau à l'autre consécutivement à la carbonatation. De plus, les données de la littérature relatives à l'abondance polymorphique des carbonates de calcium sont encore incertaines et contradictoires. Travailler avec des phases minéralogiques pures prend alors tout son sens.

1. Analogues naturels

La représentativité des essais de carbonatation accélérée ($P_{CO2} \approx 3\%$) vis-à-vis de la carbonatation naturelle ($P_{CO2} \approx 0,04\%$) est évaluée *via* la caractérisation d'anciens échantillons. Un échantillon de pâte de ciment (CEM I, E/C = 0,4, curé 5 mois et séché 2 mois à 45°C), placé en conditions de carbonatation naturelle depuis octobre 2011 (20°C et HR = 65%) est utilisé. Ce dernier fait office de référence en tant que ciment Portland ordinaire carbonaté naturellement. Les signatures minéralogiques correspondantes sont directement comparées à celles obtenues sur un matériau similaire (i.e. PI) carbonaté de manière accélérée. Des échantillons de pâte de CEM V/A (E/C = 0,4) fabriqués en 1994 par Gallé [201] et conservés au laboratoire à l'air libre (épaisseur carbonatée de l'ordre de quelques millimètres) sont également utilisés à cet effet. Ce corpus est un candidat idéal pour évaluer la représentativité des essais accélérée dans le cas d'un ciment composé type PV.

Des bétons naturellement carbonatés depuis plus de 30 ans (carottes issus d'ouvrages réels) ont été caractérisés. Cependant, compte tenu de la durée longue des essais, les résultats correspondants n'apparaissent pas dans le manuscrit. Ils seront utilisés, dans le futur, pour étendre les données acquises sur pâtes de ciment (en termes d'évolution de propriétés de transport notamment).

1.1 Minéralogie

1.1.1 DRX et ATG

Nous avons observé, par pulvérisation de phénolphtaléine (Figure 39), que l'échantillon de pâte de CEM I était fortement microfissuré. Aussi, l'analyse du cortège minéralogique est délicate. Les parties saine et carbonatée sont récupérées par grattage de la surface. Les poudres correspondantes sont analysées par DRX (Figure 123) et ATG (Figure 124). Les échantillons de pâte de CEM V/A sont analysés selon une approche identique (Figure 148 et Figure 149). Les parties saine et carbonatée sont obtenues par prélèvement de morceaux issus d'échantillons massifs. L'état, sain ou carbonaté, est vérifié par pulvérisation de phénolphtaléine.

Les diffractogrammes mettent en évidence la présence de carbonate de calcium sous les formes calcite, vatérite et aragonite. Cette identification est conforme aux résultats d'Anstice et al. [55]. Par ailleurs, quelle que soit la P_{CO2}, de la portlandite subsiste après carbonatation, telle que couramment observée dans la littérature [34] [35]. On relève la présence d'un pic large à $2\theta \approx 13°$, identifié uniquement en carbonatation naturelle. Ce dernier est attribué aux C-S-H. D'après Grangeon et al. [312], ce pic serait caractéristique de la tobermorite. Il serait en revanche inhibé par le désordre structural des empilements des feuillets (turbostratisme) et la précipitation entre les feuillets (interstratification).

Les signatures DRX obtenues en carbonatation naturelle affichent une bonne correspondance avec celles obtenues après carbonatation accélérée (Figure 87 à Figure 90). La persistance des phases métastables de carbonate de calcium (vatérite et aragonite) est observée, à long terme, en carbonatation accélérée et naturelle. L'accélération ne semble donc pas induire d'artefact de ce point de vue. Seules les intensités des raies de diffraction relatives à la vatérite et à l'aragonite diffèrent entre carbonatation naturelle et accélérée. Ce résultat peut être attribué aux conditions environnementales spécifiques (HR et P_{CO2}). Par exemple, les travaux de Sauman [59] tendent à montrer que la formation de vatérite est inversement proportionnelle à l'HR. Plus récemment, Drouet et al. [313] ont montré que les phases vatérite et aragonite étaient plus abondantes aux faibles HR plutôt qu'aux HR élevées. Ces résultats suggèrent une inhibition des transformations polymorphiques (transformation de la vatérite et de l'aragonite vers la calcite) à faible HR.

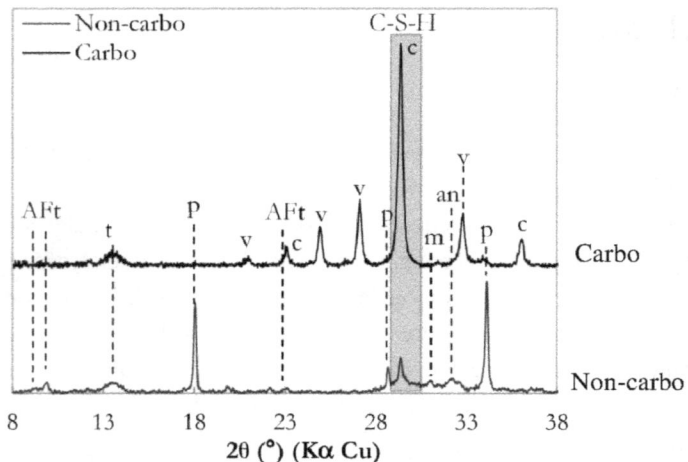

Figure 123 : Diffractogrammes d'un échantillon de pâte de CEM I carbonaté naturellement.

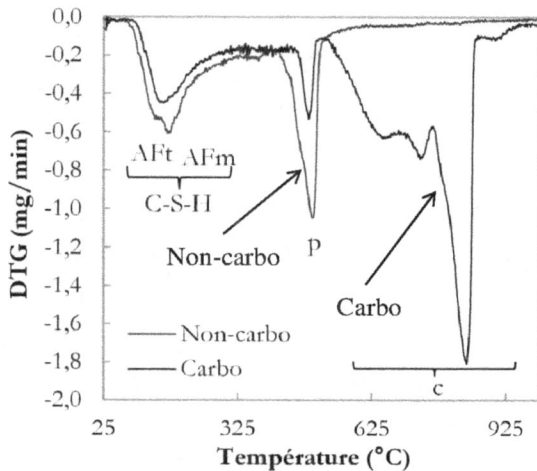

Figure 124 : Thermogrammes d'un échantillon de pâte de CEM I carbonaté naturellement.

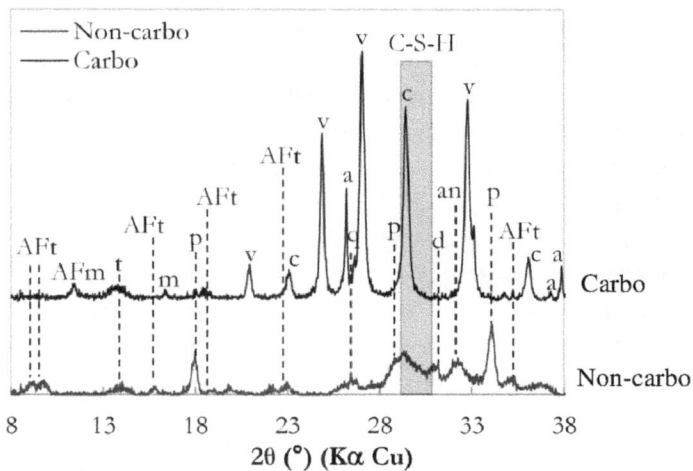

Figure 125 : Diffractogrammes d'un échantillon de pâte de ciment CEM V/A carbonaté naturellement.

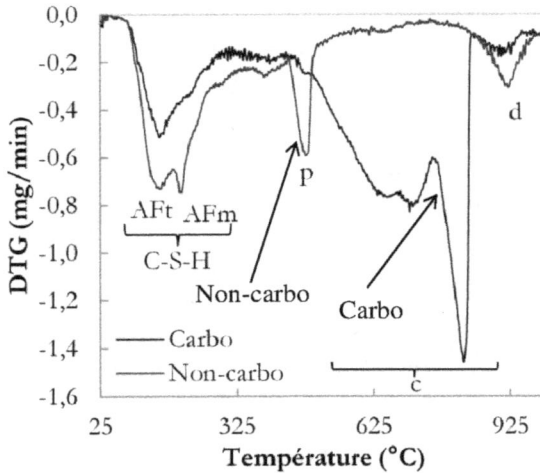

**Figure 126 : Thermogrammes d'un échantillon de pâte de ciment CEM V/A
carbonaté naturellement.**

La comparaison des signatures DRX entre CEM I et CEM V/A permet d'émettre une hypothèse quant à l'impact de la nature des réactifs sur l'abondance polymorphique. Il est remarqué que les intensités des raies de diffraction relatives à la vatérite sont plus élevées dans le CEM V/A que dans le CEM I. Par ailleurs, nous avons montré au *Chapitre 3 Matériaux sains*, que la différence majeure de composition minéralogique entre ciment Portland et ciment composé provient notamment de leur composition chimique, de leurs teneurs respectives en portlandite et C-S-H. Les ciments composés, en l'occurrence CEM V/A, affichent systématiquement une teneur en C-S-H plus élevée que dans un CEM I. La carbonatation des C-S-H menant préférentiellement à la formation des phases métastables de carbonate de calcium (vatérite et aragonite) (voir §2), il n'est pas aberrant de penser que la carbonatation d'une teneur élevée en C-S-H entraine la précipitation d'une quantité d'aragonite et de vatérite d'autant plus importante.

Les quantités de portlandite, de carbonate de calcium et d'eau liée (w_{el}) sont évaluées par ATG. Les quantités initiales de portlandite correspondantes sont identiques à celles mesurées dans les matériaux PI et PV étudiés aux *Chapitre 3 Matériaux sains* et *Chapitre 4 Matériaux carbonatés* (avant carbonatation accélérée). Conformément à l'analyse DRX, la carbonatation mène à une réduction notable de la teneur en portlandite au profit de la précipitation de carbonate de calcium. La quantité de

278

carbonate de calcium formée par carbonatation naturelle (Tableau 72) est quasi-identique à celle mesurée après carbonatation accélérée (Figure 92, matériau PV). Comme en carbonatation accélérée, c'est la carbonatation des C-S-H qui contribue majoritairement à la précipitation de carbonate de calcium.

L'ATG met aussi en évidence la présence des trois polymorphes de carbonate de calcium (calcite, vatérite et aragonite) à travers les 3 modes de décomposition des carbonates de calcium identifiés sur les pâtes de ciment carbonatées de manière accélérée (voir *Chapitre 4 Matériaux carbonatés*, §2.2.2). Cette observation contredit les résultats de Sauman [59] tendant à montrer qu'à échéance de carbonatation avancée le seul polymorphe de carbonate de calcium détecté est la calcite. Par ailleurs, il est intéressant de remarquer que la quantité de portlandite résiduelle dosée par ATG est environ deux fois supérieure à celle mesurée dans le cas des ciments carbonatés de manière accélérée (CEM I et CEM V/A respectivement). Deux raisons sont évoquées pour expliquer ce phénomène :

- La variation de P_{CO2} entre carbonatations naturelle et accélérée peut influer sur la cinétique de formation d'une éventuelle couche protectrice (gangue) de carbonate de calcium à la surface des cristaux de portlandite [34] [35].
- Le mode de prélèvement des échantillons est délicat (frontière entre zones saine et carbonatée mal définie). La pulvérisation de phénolphtaléine est en effet connue pour sous-estimer la profondeur de carbonatation. Il faut garder en tête que cet indicateur coloré vire du violet dans la zone saine (pH $\approx$ 13) à incolore dans la zone carbonatée (pH $\approx$ 9) et, qu'entre ces deux zones, subsiste un intervalle non détectée. L'épaisseur de cette zone dépend notamment de la pente du front de carbonatation. Dans le cas où la carbonatation n'est que partielle, la phénolphtaléine ne vire pas systématiquement et il devient difficile de repérer le front de carbonatation. En plus de cela, le degré de carbonatation n'est pas nécessairement le même après carbonatation naturelle et accélérée (taux de conversion des hydrates en carbonate de calcium différents). Ces incertitudes liées au mode de prélèvement expliquent en partie pourquoi la teneur en portlandite mesurée en carbonatation naturelle est plus élevée que celle en carbonatation accélérée.

Tableau 72 : Quantification par ATG de la portlandite, des carbonates de calcium (liés à la carbonatation de la portlandite et des C-S-H) et de la teneur en eau liée w_{el} (80 et 105°C) dans des échantillons de pâte de ciment CEM I et CEM V/A carbonatés naturellement.

	CEM I		CEM V/A	
	Non-carbo	Carbo	Non-carbo	Carbo
Portlandite (mol/L)	5,3	1,6	1,8	1,0
Carbonate de calcium (mol/L)	0,4	8,5	0,1	9,6
$w_{el}(80°C)$ (%)	16,4	9,3	16,8	11,7
Δw_{el} (80°C) (%)	**- 7,1**		**- 5,1**	
$w_{el}(105°C)$ (%)	16,2	9,3	16,6	11,6
Δw_{el} (105°C) (%)	**- 6,9**		**- 5,0**	
$n_{C\bar{C}}^{CH}$ (mol/L de pâte)	-	3,8	-	0,8
$n_{C\bar{C}}^{C-S-H}$ (mol/L de pâte)	-	4,7	-	8,8

Une baisse de la teneur en eau liée est observée consécutivement à la carbonatation naturelle. Cette évolution est comparable aux données acquises en carbonatation accélérée (Tableau 49). L'effet de la P_{CO2} (de 0,04% à 3%) ne semble pas influencer significativement la quantité d'eau relarguée lors du processus de carbonatation.

1.1.2 RMN

Les chapitres précédents nous ont permis de valider l'utilisation de la RMN en tant qu'outil adapté à l'observation de l'effet du CO_2 sur la minéralogie des matériaux cimentaires. Dans ce cadre, la comparaison des signatures RMN obtenues sur matériaux carbonatés à $P_{CO2} \approx 3\%$ et celles obtenues sur matériaux carbonatés durant plusieurs années à l'atmosphère constitue un bon indicateur de la représentativité des essais de carbonatation accélérée. Cette comparaison apporte également un niveau de compréhension supplémentaire vis-à-vis de l'effet de la P_{CO2} sur le cortège minéralogique. La nomenclature relative à l'exploitation des spectres RMN est détaillée au *0*

Programme expérimental, §3.3.5. Les signatures RMN ^{29}Si obtenues sur matériaux carbonatées naturellement sont comparées à celles obtenues sur matériaux carbonatées de manière accélérée. Les résultats relatifs aux matériaux CEM I et CEM V/A sont respectivement représentés sur les Figure 127 et Figure 128. Les informations extraites de la déconvolution des spectres correspondants sont compilées dans les Tableau 73 et Tableau 74. On note que les états initiaux des matériaux, avant carbonatation naturelle et accélérée, ne sont pas exactement les mêmes, mais restent comparables.

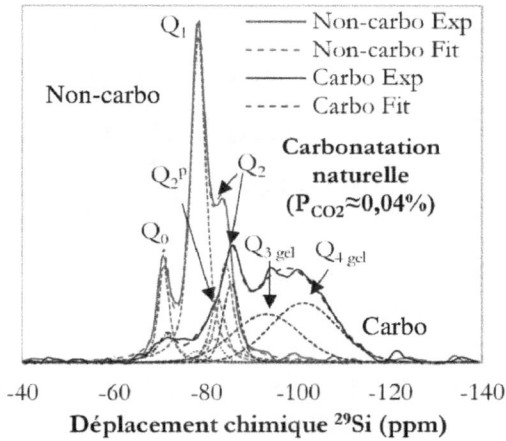

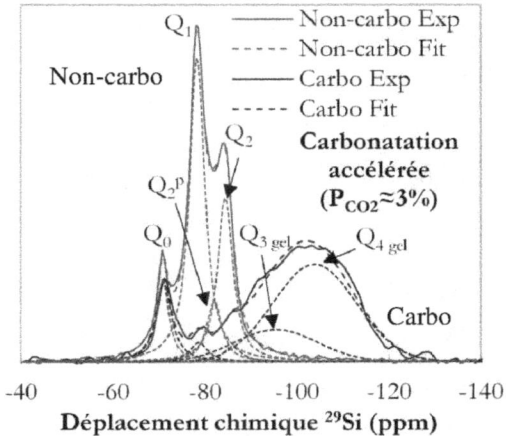

Figure 127 : Spectres RMN ^{29}Si d'échantillons de pâtes de CEM I après 3 ans de carbonatation naturelle (haut) et 349 jours de carbonatation accélérée (bas).

Tableau 73 : Déconvolution des spectres RMN ^{29}Si des matériaux CEM I carbonatés naturellement et de manière accélérée.

CEM I	Carbonatation naturelle		Carbonatation accélérée	
	Non-carbo	Carbo	Non-carbo	Carbo
Q_0 (C_2S)	13,1%	7,8%	11%	13%
Q_1	58,1%	2,1%	51%	4%
Q_2^P	11,3%	4,4%	10%	-
Q_2	17,5%	14,3%	28%	3%
$Q_{3\ gel}$	-	32,0%	-	20%
$Q_{4\ gel}$	-	39,3%	-	60%

Tableau 74 : Déconvolution des spectres RMN ^{29}Si des matériaux CEM V/A carbonatés naturellement et de manière accélérée.

CEM V/A	Carbonatation naturelle		Carbonatation accélérée	
	Non-carbo	Carbo	Non-carbo	Carbo
Q_0 (C_2S)	7,3%	3,2%	7%	3%
BFS	7,5%	2,6%	4%	-
Q_1	13,2%	1,6%	19%	1%
Q_2^P	30,7%	2,3%	24%	5%
Q_2	33,3%	10,8%	28%	2%
PFA/$Q_{3\ gel}$	8,1%	37,6%	18%	50%
$Q_{4\ gel}$	-	42,0%	-	39%

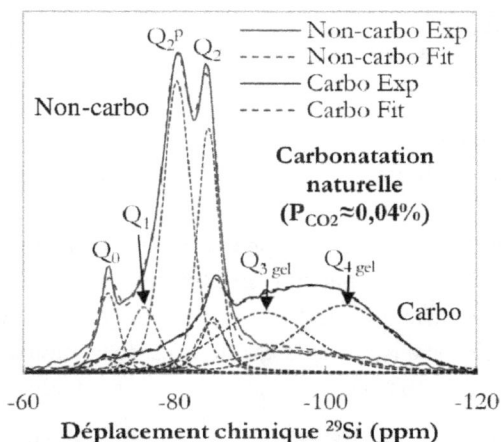

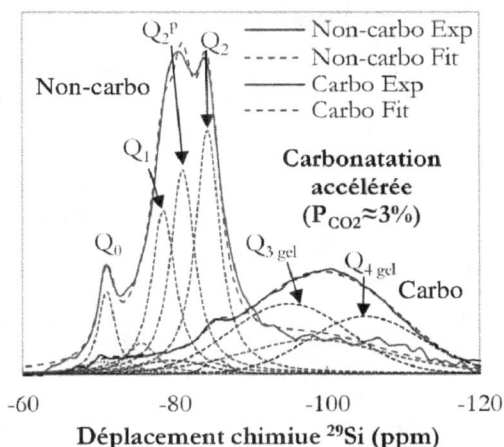

Figure 128 : Spectres RMN ^{29}Si d'échantillons de pâtes de CEM V/A après 18 ans de carbonatation naturelle (haut) et 315 jours de carbonatation accélérée (bas).

Après carbonatation naturelle ou accélérée, une forte décalcification des C-S-H, associée à la polymérisation des chaines silicatées, est observée. Ces observations se traduisent visuellement par la diminution, voire la disparition, des pics Q_1, Q_2 et Q_2^p au profit de la formation d'espèces $Q_{3\,gel}$/$Q_{4\,gel}$ caractéristiques de la structure d'un gel siliceux amorphe [35] [111]. La présence d'espèces Q_2, sous forme résiduelle, montre que le produit final n'est pas un gel de silice pur mais plutôt un gel de silice enrichi en calcium (le gel incorpore en plus de l'aluminium et du fer provenant du laitier).

283

Remarquons que les signatures minéralogiques obtenues sur matériaux carbonatés naturellement sont, qualitativement, très proches de celles obtenues en carbonatation accélérée. Les faibles différences observées sont imputées à :

- la présence d'anhydres (Q_0) en quantités supérieures dans le CEM I carbonaté de manière accélérée par rapport au CEM I carbonaté naturellement (Figure 127),
- la persistance des espèces Q_2 après carbonatation naturelle (présentes en quantités environ 5 fois supérieure en comparaison avec les données obtenues après carbonatation accélérée). Ce résultat témoigne d'un état de carbonatation légèrement moins avancé dans le cas de la carbonatation naturelle. Ce résultat nous laisse à penser que la carbonatation accélérée est plus agressive.

Le degré de polymérisation des C-S-H (i.e. le rapport C/S) est évalué à partir de la quantification des espèces Q_n (Tableau 75).

Tableau 75 : Valeurs du rapport C/S moyen et teneur en gel de silice (S-H) des matériaux sains et carbonatés (naturelle et accélérée) CEM I et CEM V/A évalués par RMN ^{29}Si.

	Carbonatation naturelle			Carbonatation accélérée		
	Non-carbo	Carbo	[S-H] (%)	Non-carbo	Carbo	[S-H] (%)
CEM I	1,70	0,49	71,3	1,70	0,34	80,0
CEM V/A	1,70	0,48	71,5	1,70	0,49	71,0

Que ce soient en conditions de carbonatation naturelle ou accélérée, les valeurs de C/S estimées sont très proches (valeur plateau autour de 0,40). Ces résultats sont à mettre en parallèle avec les travaux de Kobayashi et al. [75]. Ces derniers ont évalué le rapport C/S d'échantillons de béton, issus d'ouvrages réels, carbonatés naturellement pendant plusieurs années. Dans ce cadre, le C/S de deux échantillons de béton, prélevés sur un pont autoroutier japonais (dalles âgées respectivement de 10 et 34 ans) est évalué à respectivement 0,32 et 0,51. Ces valeurs concordent tout à fait avec nos résultats, confirmant la validité de la démarche employée.

La Figure 129 compare les signatures RMN ^{27}Al obtenues sur des échantillons de CEM V/A, avant et après, carbonatation naturelle (a) et accélérée (b). Dans ce cadre, on observe une forte similarité entre les spectres des matériaux carbonatés naturellement et de manière accélérée. La RMN ^{27}Al met en évidence la diminution des phases AFm et C$_4$AF ainsi que, la formation d'un gel d'alumine associé et/ou une éventuelle incorporation d'aluminium dans les C-S-H (pic Q$_3$, en site Al(IV)). Le pic de l'ettringite (AFt) a complètement disparu après carbonatation accélérée mais subsiste, sous la forme d'un épaulement peu marqué, en carbonatation naturelle, observation déjà évoquée dans la littérature [111].

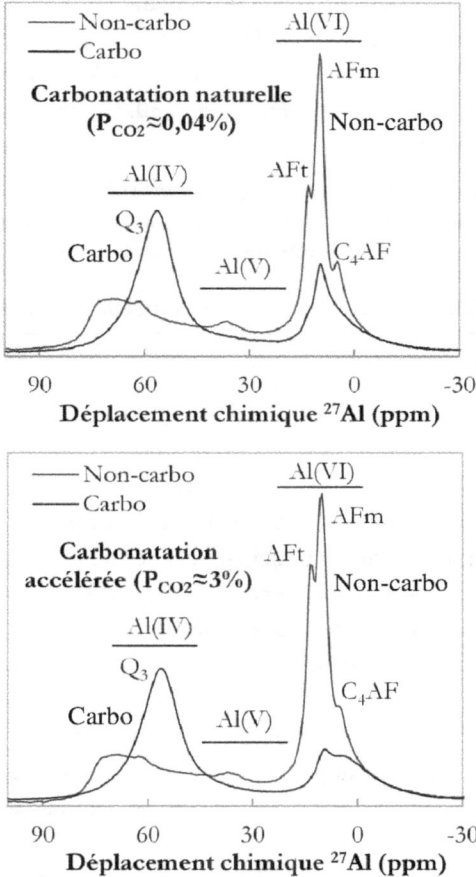

Figure 129 : Spectres RMN ^{27}Al d'échantillons de pâtes de CEM V/A après 18 ans de carbonatation naturelle (haut) et 315 jours de carbonatation accélérée (bas).

1.2 Microstructure

1.2.1 Porosimétrie au mercure

Pour rappel, l'exploitation des essais de porosimétrie au mercure donne accès à différents paramètres physiques dont : la distribution de tailles de pores, la porosité volumique totale, la tortuosité ou encore la surface spécifique.

Précisons qu'aucune caractérisation microstructurale n'est mise en œuvre sur le matériau CEM I du fait de la trop faible quantité de matière disponible. Les distributions poreuses relatives aux échantillons CEM V/A carbonatés naturellement et, de manière accélérée, sont comparées Figure 130. Les porosités totales au mercure sont fournies dans le Tableau 76.

Tableau 76 : Valeurs moyennes des porosités totales Ø (%), mesurées par porosimétrie au mercure, d'échantillons de pâtes de ciment CEM V/A après carbonatations naturelle et accélérée.

Porosité $Ø_{exp}$ (%)	Carbonatation naturelle	Carbonatation accélérée
Non-carbonaté	23,0	25,5
Carbonaté	20,9	15,6
$ΔØ_{exp}$	**- 2,1**	**- 9,9**

La carbonatation, naturelle ou accélérée, mène au colmatage des pores (Tableau 76) et au déplacement du mode poreux principal vers des tailles de pores réduites (Figure 130). On relève cependant une différence liée à l'identification des modes poreux, systématiquement décalés vers des tailles de pores plus larges dans le cas de la carbonatation naturelle. Il est possible que le degré d'hydratation initial soit plus abouti dans le cas des matériaux dédiés aux essais de carbonatation accélérée. Le choix de la solution de cure, en l'occurrence une solution enrichie en alcalins, mènerait logiquement à un réseau poreux plus fin qu'avec une cure sous eau. De plus, n'oublions pas que les ciments que l'on compare ne sont pas exactement les mêmes (20 ans d'écart).

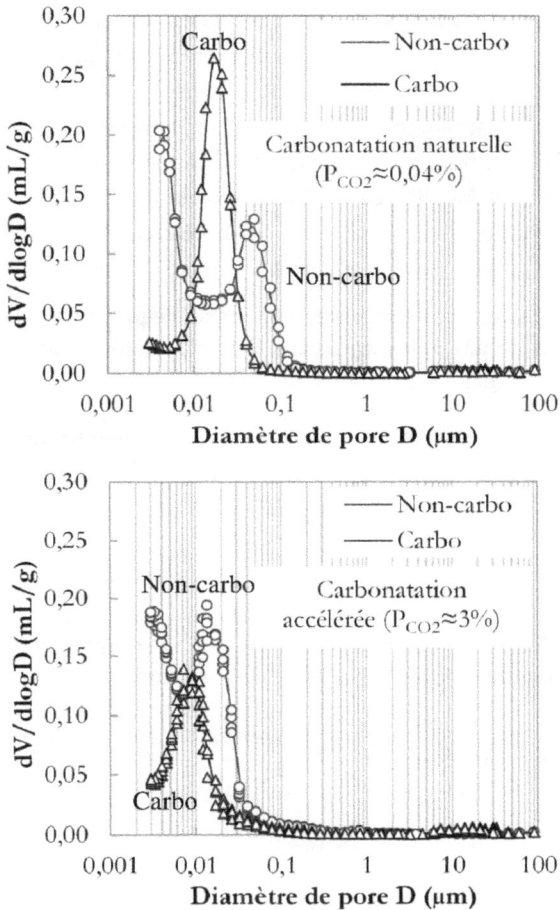

Figure 130 : Distribution des tailles de pores d'échantillons de pâtes de ciment CEM V/A après 18 ans de carbonatation naturelle (a) et 315 jours de carbonatation accélérée (b).

Des essais en balance de sorption (DVS), mis en œuvre sur les parties saine et carbonatée, permettront une comparaison intéressante avec les isothermes acquises sur PV (Figure 116). Ces données donneront notamment accès à des paramètres et grandeurs physiques tels que la teneur en C-S-H, la surface spécifique et à plus large échelle aux modifications microstructurales globales.

Que ce soit après carbonatation naturelle ou accélérée, la connectivité du réseau poreux, évaluée à partir du pourcentage de mercure piégé dans le réseau poreux, est quasi-constante (Tableau 77). Par ailleurs, n'ayant pas accès aux valeurs de porosité à l'eau des échantillons carbonatés naturellement, les tortuosités sont évaluées à partir des porosités totales au mercure (Tableau 78). Les valeurs résultantes sont, de fait, surestimées par rapport à celles calculées au moyen des porosités à l'eau (Tableau 54). Suite à leur carbonatation, naturelle ou accélérée, les matériaux voient leur tortuosité diminuer jusqu'à une valeur quasi-identique.

Tableau 77 : Evolution du pourcentage de mercure piégé dans le réseau poreux (α) d'échantillons de pâtes de ciment CEM V/A après carbonatations naturelle et accélérée.

α(%)	Carbonatation naturelle	Carbonatation accélérée
Non-carbo	$59,1 \pm 0,6$	$56,2 \pm 0,8$
Carbo	$62,1 \pm 0,7$	$55,4 \pm 1,7$
$\Delta\alpha$	$+ 3$	$- 0,8$

Tableau 78 : Valeurs des conductivités électriques et tortuosités d'échantillons de pâtes de ciment CEM V/A après carbonatations naturelle et accélérée.

		Carbonatation naturelle	Carbonatation accélérée
$\left(\frac{\sigma}{\sigma_0}\right)$ (-)	Non-carbo	$0,112 \pm 0,010$	$0,099 \pm 0,013$
	Carbo	$0,076 \pm 0,011$	$0,053 \pm 0,011$
Tortuosité (τ) (-)	Non-carbo	$0,455 \pm 0,085$	$0,351 \pm 0,016$
	Carbo	$0,365 \pm 0,054$	$0,343 \pm 0,057$

Bien que quelque que peu différentes à l'état sain, les surfaces spécifiques des matériaux sont réduites après carbonatation, naturelle et accélérée, d'un facteur d'environ 2 (Tableau 79).

Tableau 79 : Evolution de la surface spécifique S (Hg) d'échantillons de pâtes de ciment CEM V/A après carbonatations naturelle et accélérée.

S (Hg) (m²/g)	Carbonatation naturelle	Carbonatation accélérée
Non-carbo	65,1 ± 4,0	78,4 ± 0,8
Carbo	31,7 ± 0,9	38,9 ± 1,7
ΔS (Hg)	**- 33,4**	**- 39,5**

1.2.2   Microfissuration

Un réseau de microfissures est observé à la surface des échantillons de CEM V/A carbonatés naturellement. Le faciès de fissuration correspondant est comparé à celui obtenu sur des échantillons similaires carbonatés de manière accélérée (Figure 131). La surface développée par les microfissures est évaluée par traitement d'image (Tableau 80). Que ce soit, après carbonatation accélérée ou naturelle, les morphologies de microfissuration ainsi que les quantités de fissures sont très proches.

Il faut, par ailleurs, garder à l'esprit que nous ne disposons pas, dans le cas de la carbonatation naturelle, de l'état d'un matériau qui aurait séché sans CO_2. On ne peut, dans ce cas, écarter totalement la thèse d'une fissuration induite par un retrait de dessiccation (malgré que le phénomène ne soit pas observé sur nos échantillons).

Tableau 80 : Evaluation du pourcentage de fissures (P_f) selon (E-57) développées à la surface d'échantillons CEM V/A après carbonatation naturelle et accélérée.

	Carbonatation accélérée	Carbonatation naturelle
P_f (%)	6,8	5,4

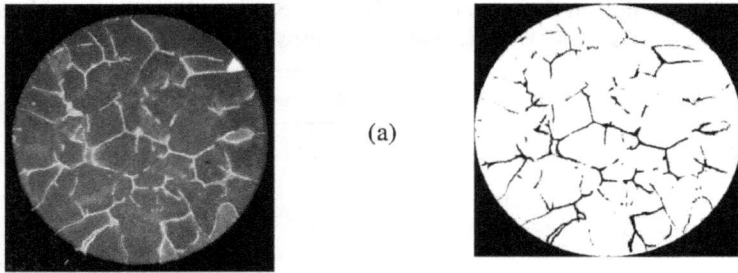

(a)

Carbonatation naturelle

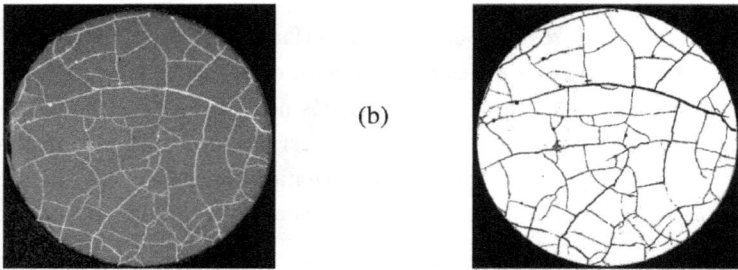

(b)

Carbonatation accélérée

Figure 131 : Microfissuration des échantillons CEM V/A après carbonatation naturelle (a) et accélérée (b).

1.3 Conclusion

La représentativité des essais de carbonatation accélérée ($P_{CO2} \approx 3\%$) vis-à-vis de la carbonatation naturelle ($P_{CO2} \approx 0,04\%$) a été évaluée *via* la caractérisation d'anciens échantillons. La comparaison des signatures minéralogiques et microstructurales obtenues a permis de juger les essais de carbonatation accélérée représentatifs des conditions de carbonatation naturelle. Les données récoltées au cours de cette étude (voir *Chapitre 4 Matériaux carbonatés*) peuvent alors être étendus et, appliqués avec un bon niveau de confiance, aux conditions réelles.

Une des perspectives de cette approche vise à évaluer la propriété de transport (perméabilité) sur des bétons issus d'ouvrages réels (i.e. carbonatés naturellement) à partir d'essais à la coupelle.

2. Matériaux modèles

Le comportement de phases minéralogiques pures face à la carbonatation est étudié. Des C-S-H (différents rapports C/S), de la portlandite et de l'ettringite sont carbonatées d'une part, dans le dispositif de carbonatation accélérée du laboratoire ($P_{CO2} \approx 3\%$, 25°C et 55% d'HR) et d'autre part en conditions naturelles maitrisées (25°C et 55% d'HR). Les signatures minéralogiques obtenues par DRX, ATG et RMN ^{29}Si sont directement comparées.

2.1 C-S-H

Des C-S-H de rapports C/S 0,8 ; 1,2 ; 1,5 et 1,7, synthétisés au laboratoire (Annexe 9), sont analysés par DRX avant carbonatation (Figure 132).

La morphologie fibreuse et la faible cristallinité des C-S-H [14], rendent leur identification quelque peu délicate par rapport à, par exemple, l'analyse d'un ciment Portland où les raies de diffraction sont clairement définies (voir Figure 61). Les diffractogrammes des C-S-H se présentent sous la forme de massifs larges, conséquence directe de domaines cohérents de diffraction à l'échelle nanométriques ; ce qui concorde avec la dimension des particules des C-S-H évaluée à 60×50×5 nm^3 par Gauffinet et al. [19]. Classiquement, ils sont détectés par DRX autour de $2\theta \approx 29°$ [258] [259]. Cependant, ce pic est superposé au pic principal de la calcite. L'ATG est utilisée en substitution afin de vérifier la pureté des produits synthétisés. Les thermogrammes des C-S-H de rapports C/S 0,8 et 1,7 sont présentés sur la Figure 133. D'après Taylor [14], la deshydroxylation des C-S-H s'opère sur la plage de température 25-550°C. Néanmoins, les thermogrammes de la Figure 133 affichent dès 300°C une quantité d'eau libérée par les C-S-H négligeable. Cette observation est en accord avec les analyses de Borges [74]. Par ailleurs, les diffractogrammes des C-S-H de haut rapport C/S (1,5 et 1,7, Figure 132) mettent en évidence la présence de portlandite (détectée à $2\theta \approx 18°$), telle que déjà observée dans la littérature [269] [314]. Ce fait est également mis en évidence par ATG où la deshydroxylation de la portlandite se produit sur la plage 370-490°C (Figure 133). Cette précipitation de portlandite est directement liée à la quantité importante de calcium introduite lors de la synthèse, combinée à une durée de réaction entre CaO et SiO$_2$, lors de la synthèse, probablement insuffisante. La quantité de portlandite formée est cependant faible devant la quantité de C-S-H. Dans ce cadre, cette observation n'entrave en rien les analyses menées ultérieurement. Malgré les difficultés d'identification des C-S-H rencontrées en DRX, ces derniers affichent tout de même un certain ordre à longue distance. Aussi, par comparaison des diffractogrammes issus de la littérature [202] [315] [316] avec ceux acquis ici, les raies caractéristiques des C-S-H ressortent parfaitement. La validité des produits synthétisée est, de fait, vérifiée.

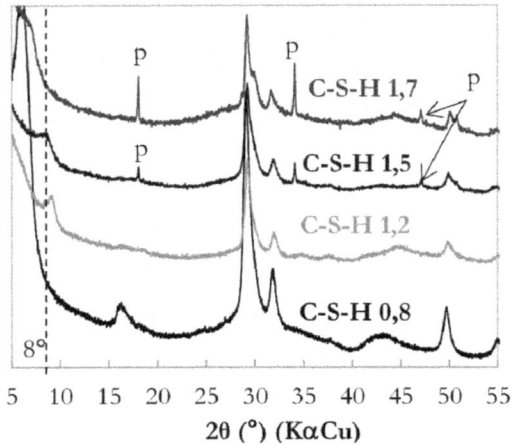

Figure 132 : Diffractogrammes des C-S-H de synthèse de C/S 0,8 ; 1,2 ; 1,5 et 1,7 (état sain).

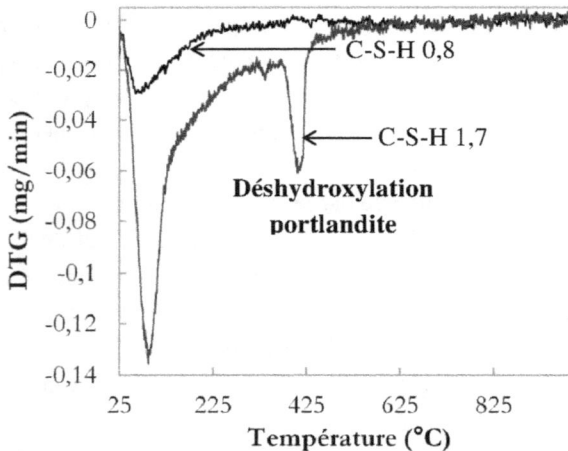

Figure 133 : Thermogrammes des C-S-H de synthèse de C/S 0,8 et 1,7 (état sain).

La variation de position des raies de diffraction des C-S-H aux petits angles fournit des informations sur l'empilement des C-S-H (feuillets). La position du pic de diffraction (002), localisé à 2θ ≈ 8° est considérée représentative de l'espace interfeuillet au sein de la structure des C-S-H, c'est à dire de la distance séparant les plans de calcium [317]. D'après Klur [21], la position de ce pic, caractéristique de l'espace inter-basal (002), dépend du rapport C/S tandis que sa géométrie est fonction des conditions de température et d'humidité relative. La littérature [318] [319] rapporte un décalage du pic (002) vers les petits angles lorsque le rapport C/S diminue, en lien avec l'augmentation de la distance interfoliaire. Dans le cas du C-S-H de rapport C/S = 0,8, un premier pic est identifié autour de 2θ ≈ 6°. Cette valeur est cohérente avec celles d'Alizadeh [318] qui associe les pics détectés à 2θ ≈ 5° et à 2θ ≈ 7° à des C-S-H de rapports C/S respectifs 0,6 et 0,8. Cette tendance n'est cependant pas respectée pour les autres C-S-H de synthèse. L'impact des facteurs extérieurs (HR et température) au moment des mesures peut expliquer ce résultat. Une élévation de la température est, par exemple, connue pour entrainer une augmentation de la distance interfoliaire [319]. Par ailleurs, les C-S-H synthétisés sont des poudres, leur réactivité vis-à-vis de l'environnement extérieur est donc élevée, ce qui maximise l'incertitude quant à l'état d'équilibre des C-S-H (carbonatation et variabilité du rapport C/S).

Au vue de nos résultats, l'évolution de la structure des C-S-H en fonction des conditions d'équilibre (rapport C/S) peut être suivie qualitativement par DRX. Cependant, nous préférons l'utilisation de la RMN [29]Si pour une analyse quantitative fine (Figure 134). Les données relatives à la déconvolution des spectres RMN [29]Si sont fournies dans le Tableau 81.

Les signatures RMN [29]Si montrent que les C-S-H peuvent être classés dans deux familles (en termes de composition et de signature RMN, voir Tableau 81 et Figure 134) :

- celle de faible C/S (inférieur à 1),
- celle de haut C/S (supérieur à 1).

Cette classification est confirmée par Viallis-Terrisse [14] et peut être étendue à l'aspect morphologique des C-S-H. Plusieurs auteurs se sont intéressés au lien entre la morphologie des C-S-H et l'évolution du rapport C/S [220] [267] [320]. Dans ce cadre, He et al. [314] ont récemment établi, au moyen d'analyses MEB, que les C-S-H de rapports C/S inférieurs et supérieurs à 1, étaient respectivement assimilables à des agglomérats de particules de différentes tailles et à des particules réticulées. Ce résultat rejoint la classification établie à partir des spectres RMN [29]Si.

Pour des conditions d'équilibre relatives à un faible rapport C/S, en l'occurrence 0,8 (Figure 134 et Tableau 81), les chaînes de silicates sont très longues, résultat conforme à ceux de Cong et Kirkpatrick [258]. Lorsque ce dernier augmente, les tétraèdres pontant (Q_2^P) disparaissent progressivement et la longueur moyenne des chaînes silicates diminue. De manière concomitante, l'intensité du pic Q_1 est d'autant plus forte et, l'intensité du pic Q_2 d'autant plus faible, que le rapport C/S est haut. Par analogie avec une pâte de ciment où la concentration en hydroxyde de calcium est initialement élevée (type CEM I), les chaînes de silicates des C-S-H sont essentiellement des dimères (Q_1) et non des chaines infinies comme dans un cristal modèle type tobermorite (C/S $\approx$ 0,83) [258] [321].

Précisions qu'à l'avenir, des C-S-H de rapports C/S 0,9 et 1,0 seront synthétisés afin de compléter les données acquises.

Tableau 81 : Déconvolution des spectres RMN ^{29}Si des C-S-H de synthèse de rapports C/S 0,8 ; 1,2 ; 1,5 et 1,7.

	Q_1	Q_2^P	Q_2	Q_3	Longueur des chaines $\left(2 + 2\frac{Q_2}{Q_1}\right)$
C-S-H 0,8	9%	19%	69%	3%	21,6
C-S-H 1,2	62%	13%	22%	2%	3,1
C-S-H 1,5	69%	8%	20%	4%	2,8
C-S-H 1,7	86%	/	14%	/	2,3

Un objectif sous-jacent aux essais de RMN ^{29}Si menés consiste à réutiliser des données acquises en tant que spectres de références (étalons) pour l'évaluation du rapport C/S dans les matériaux cimentaires. Dans ce cadre, la correspondance entre le rapport C/S des C-S-H et le rapport Q_1/Q_2 mesuré par RMN ^{29}Si est établie. Les données acquises sont comparées celles issues de la littérature [258] [270] [294] [322] [323] [324] [325] [326] (Figure 135).

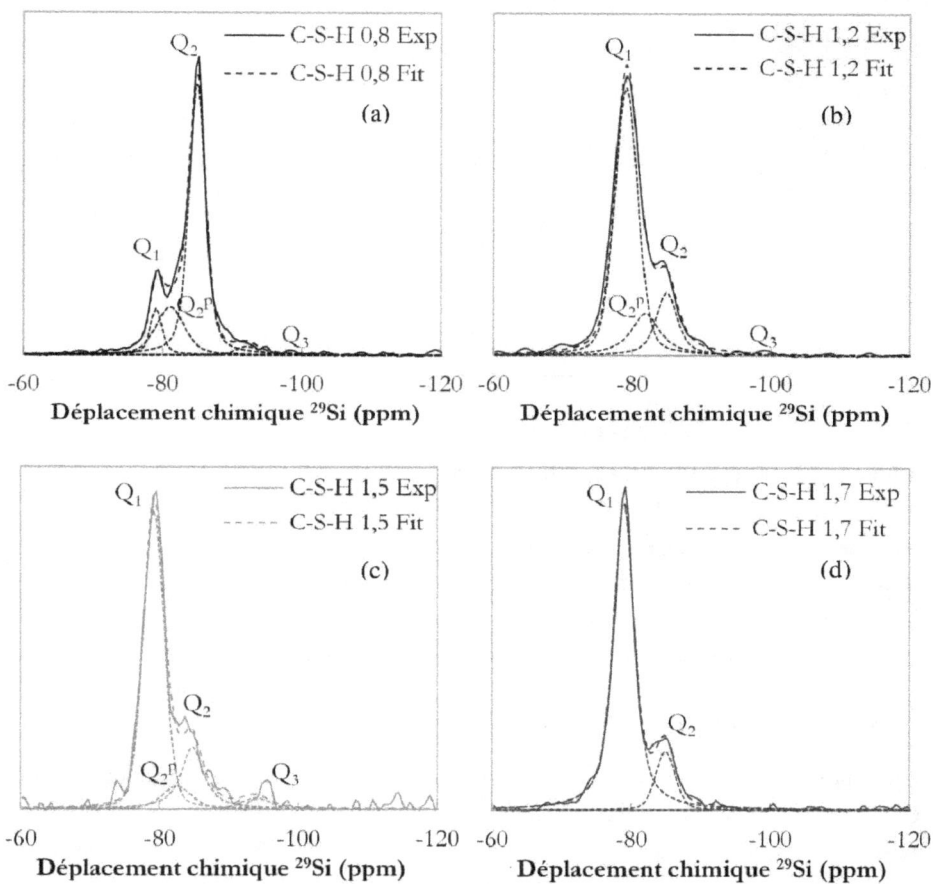

Figure 134 : Spectres RMN ^{29}Si des C-S-H de synthèse de C/S 0,8 (a), 1,2 (b), 1,5 (c) et 1,7 (d) (état sain).

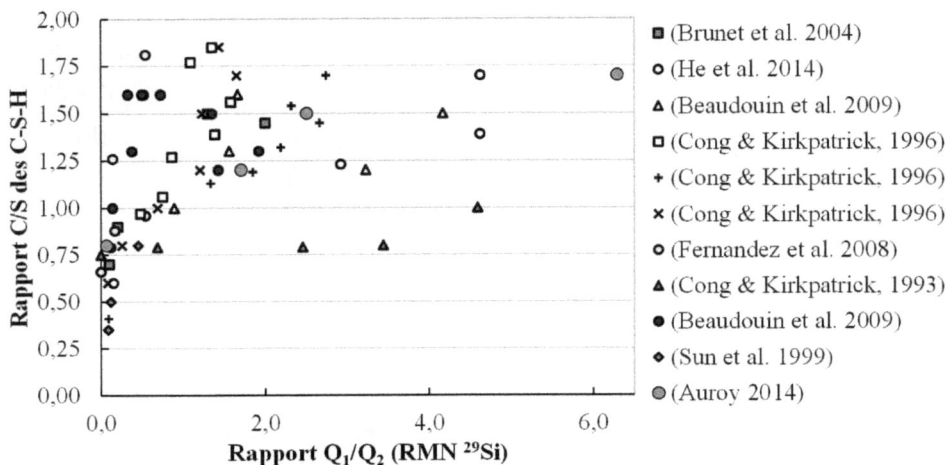

Figure 135 : Evolution du rapport C/S en fonction du rapport Q_1/Q_2 déduit de la déconvolution de spectres RMN ^{29}Si.

Aucune tendance franche ne se dégage de la Figure 135. L'écart observé peut être imputé à la nature des échantillons pouvant varier d'une étude à l'autre. Par exemple, les C-S-H sur lesquels ont travaillé Fernandez et al. [325] (cercles jaunes) ont été synthétisés en présence de magnésium tandis que ceux de Beaudouin et al. [270] (cercles rouges) sont des C-S-H purs contenant des polluants organiques. La présence d'impuretés modifie la réponse du signal RMN.

Au-delà de ces différences de composition notables, le lien entre le rapport C/S des C-S-H et le rapport Q_1/Q_2 ne peut être facilement établi. Ce constat tient à la simple raison que la façon de déconvoluer les spectres RMN détermine directement la proportion d'espèces Q_n. Or, les essais de RMN haute-résolution en Rotation à l'angle magique (RMN MAS ^{29}Si) classiquement menées ne donnent pas accès à l'ensemble des interactions entre les différentes espèces de silicium voisines. L'emploi d'une méthode double quanta de recouplage dipolaire homonucléaire ^{29}Si-^{29}Si, tel que conduit par Brunet et al. [322], est intéressante pour une description plus aboutie de la connectivité des silicates. D'autres expériences complémentaires telles que la polarisation croisée ou encore la méthode double quanta de corrélation hétéronucléaire ^{1}H - ^{29}Si renseignent sur les siliciums à l'intérieur des nanocristaux de C-S-H et, sur l'environnement des protons. Les principes physiques associés à ce type d'expériences RMN sont décrits avec précision dans la thèse de Klur [21]. Le choix de l'expérience de RMN impacte directement la déconvolution des spectres.

Les disparités induites par le choix spécifique de l'expérience de RMN et, le mode de dépouillement des spectres, sont telles qu'on ne peut établir une tendance générale universelle d'évolution du C/S en fonction du rapport Q_1/Q_2. Dans ce cadre, la méthode proposée, au *Chapitre 4 Matériaux carbonatés* (§2.5), pour l'évaluation du taux de décalcification des C-S-H, à partir de la quantité de gel de silice formée, est prise comme référence.

Les C-S-H (de rapports C/S initiaux : 0,8 ; 1,2 ; 1,5 et 1,7) sont analysés par DRX après carbonatation naturelle et accélérée (Figure 136, Figure 137, Figure 138 et Figure 139). L'abondance polymorphique des carbonates de calcium est traitée simultanément.

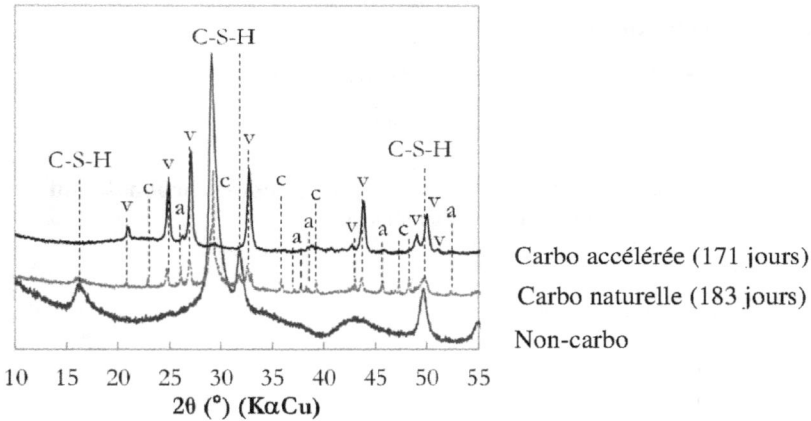

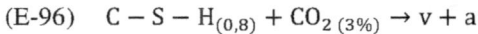

Carbo accélérée (171 jours)
Carbo naturelle (183 jours)
Non-carbo

$$(E\text{-}95) \quad C - S - H_{(0,8)} + CO_{2\,(0,04\%)} \rightarrow c + v + a$$

$$(E\text{-}96) \quad C - S - H_{(0,8)} + CO_{2\,(3\%)} \rightarrow v + a$$

Figure 136 : Diffractogrammes des C-S-H (C/S 0,8) après carbonatation naturelle et accélérée.

297

$$(E-97) \quad C-S-H_{(1,2)} + CO_{2\,(0,04\%)} \rightarrow c + v$$

$$(E-98) \quad C-S-H_{(1,2)} + CO_{2\,(3\%)} \rightarrow v$$

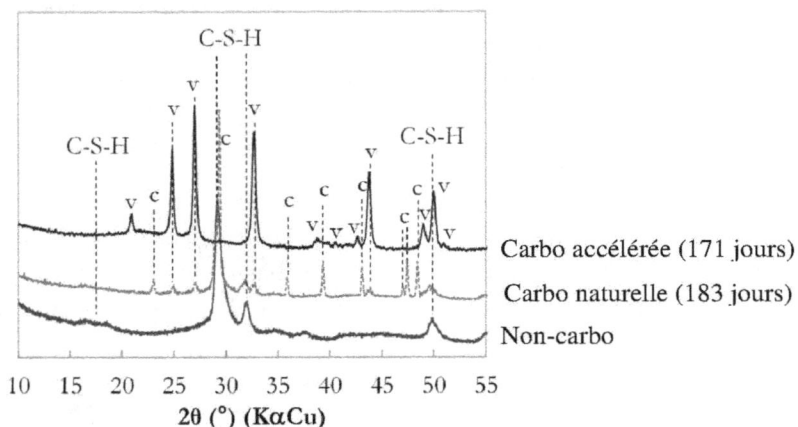

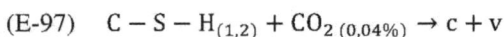

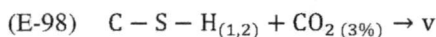

Figure 137 : Diffractogrammes des C-S-H (C/S 1,2) après carbonatation naturelle et accélérée.

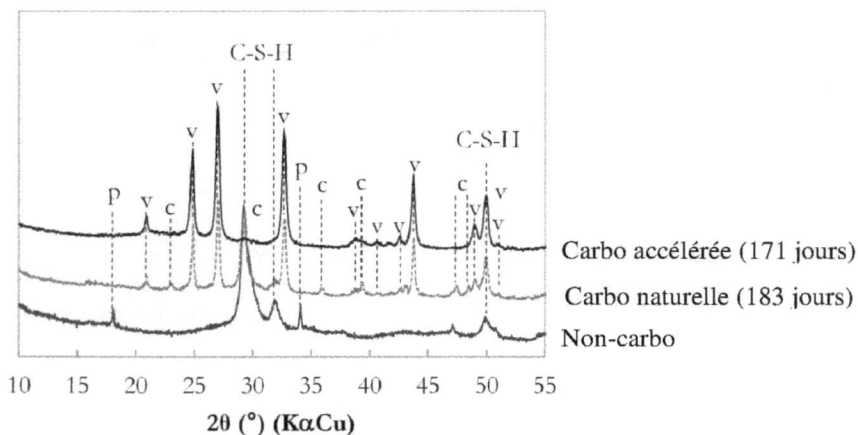

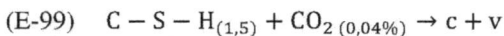

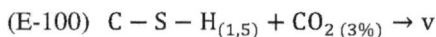

$$(E-99) \quad C-S-H_{(1,5)} + CO_{2\,(0,04\%)} \rightarrow c + v$$

$$(E-100) \quad C-S-H_{(1,5)} + CO_{2\,(3\%)} \rightarrow v$$

Figure 138 : Diffractogrammes des C-S-H (C/S 1,5) après carbonatation naturelle et accélérée.

298

$$(E\text{-}101) \quad C - S - H_{(1,7)} + CO_{2\,(0,04\%)} \rightarrow c + v + a$$

$$(E\text{-}102) \quad C - S - H_{(1,7)} + CO_{2\,(3\%)} \rightarrow v + a$$

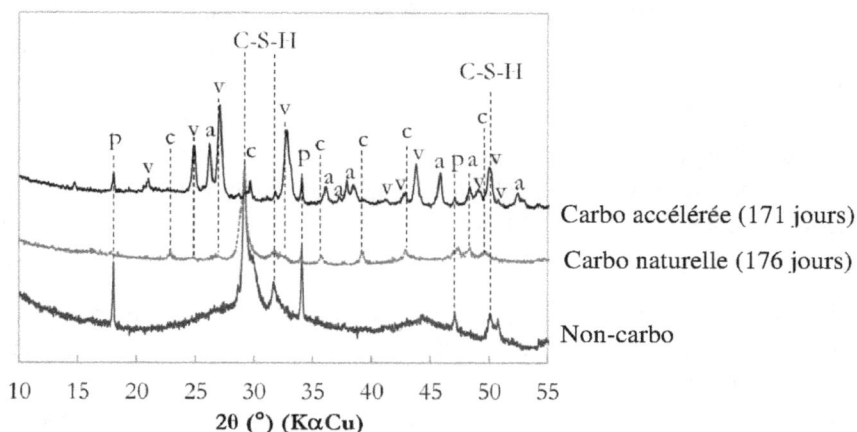

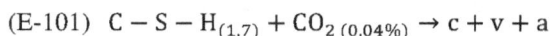

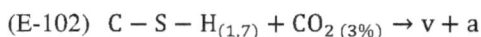

Figure 139 : Diffractogrammes des C-S-H (C/S 1,7) après carbonatation naturelle et accélérée.

La carbonatation des C-S-H mène bien à la formation des polymorphes de carbonate de calcium (calcite, aragonite et vatérite). En carbonatation accélérée, l'aragonite et la calcite sont visibles sous la forme de traces contrairement à la vatérite dont l'intensité du pic DRX est bien plus élevée. Ce résultat tend à montrer que la présence de polymorphes est favorisée par l'accélération de la carbonatation.

La carbonatation des C-S-H de rapport C/S = 0,8 (Figure 136) est directement comparable aux analyses DRX de Sauman [59] réalisées sur des échantillons de tobermorite (C/S ≈ 0,83) carbonatés à différentes P_{CO2} (1, 10 et 30%). Le mécanisme réactionnel résultant tend vers la décomposition du C-S-H en vatérite et aragonite, ce qui corrobore notre analyse. Ce résultat peut être étendu à l'ensemble des C-S-H carbonatés de manière accélérée, confirmant les observations de la littérature [38] [59]. A l'issue de la carbonatation naturelle, le même constat est établi à la différence près que de la calcite est détectée. Cette observation est contraire à celles faites par Anstice [55] pour qui l'augmentation de la P_{CO2} mènerait préférentiellement à la formation de calcite. L'hypothèse selon laquelle la formation de vatérite serait inversement proportionnelle à la teneur en CO_2 [59] est ici contredite. La vatérite est détectée avec une intensité élevée à l'issue des essais accélérée en comparaison aux essais naturels. Cette observation laisse à penser que la quantité de vatérite formée est d'autant plus importante que la teneur en CO_2 est élevée, constat d'autant plus vrai que les essais sont réalisés à HR = 55%. Plusieurs auteurs [76] [77] rapportent, en effet, que la vatérite se formerait préférentiellement aux HR intermédiaires (autour de 65%) lorsqu'un film d'eau très fin est présent à la surface des hydrates. De la même manière, plusieurs auteurs [79] [74] désignent l'aragonite comme le produit majoritaire de carbonatation des C-S-H, ce qui n'apparait pas de manière évidente sur nos diffractogrammes.

Des C-S-H de rapports C/S égaux à 0,67 et 1,8 (enrichis en ^{29}Si à 50%), fournis par le LSDRM (CEA Saclay) et synthétisés par Nonat (Université de Bourgogne), ont été caractérisés par RMN ^{29}Si avant et après carbonatation accélérée à $P_{CO2} \approx 3\%$ durant 135 jours (Figure 140 et Figure 141). Le C-S-H de rapport C/S 0,67 a été analysé classiquement par RMN MAS ^{29}Si mais, également par une méthode double quanta de recouplage dipolaire homonucléaire ^{29}Si - ^{29}Si (CPMAS) permettant une description plus complète de la structure du C-S-H. Ce point n'est pas approfondi ici faute de temps. En outre, cette brève analyse fournit des pistes quant à l'étude plus poussée de la structure complexe des C-S-H. La nomenclature correspondante (Figure 140) est la même que celle utilisée par Brunet et al. [322].

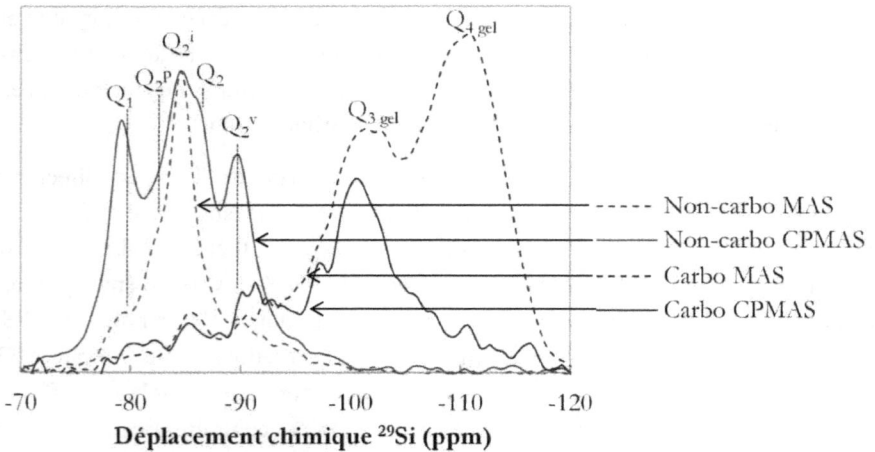

Figure 140 : Spectres RMN ^{29}Si d'un C-S-H de synthèse de C/S 0,67 carbonaté durant 135 jours à $P_{CO2} \approx 3\%$.

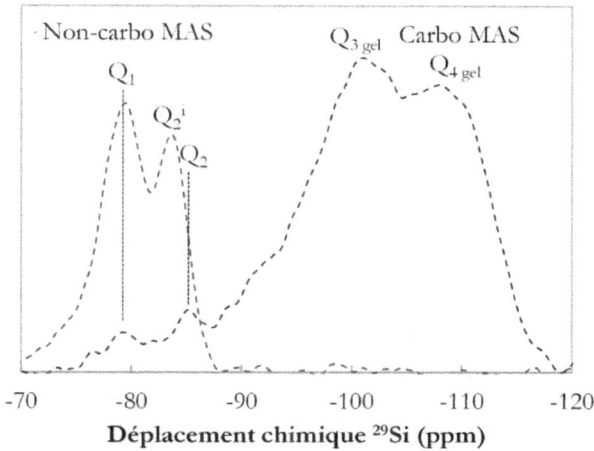

Figure 141 : Spectres RMN ^{29}Si d'un C-S-H de synthèse de C/S 1,8 carbonaté durant 135 jours à P$_{CO2}$ ≈ 3%.

Il est intéressant de remarquer que la carbonatation des C-S-H, peu importe le rapport C/S initial, mène à la formation de gel de silice sous la forme de pics $Q_{3\ gel}$ et $Q_{4\ gel}$ bien décorrélés les uns des autres. En comparaison, la carbonatation de pâtes de ciment mène également à la formation d'un gel de silice s'étendant sur les plages de déplacement chimique relatives aux espèces $Q_{3\ gel}$ et $Q_{4\ gel}$ mais, sans que l'on ne puisse distinguer l'une de l'autre (i.e. un seul massif). Ce résultat est attribué à l'aluminium initialement présent dans les pâtes de ciment. Skibsted & Andersen. [266] rapportent que les alcalins, initialement présents dans le ciment Portland, favoriseraient l'incorporation d'aluminium au sein des chaines de silicates. Il est alors plausible que la carbonatation d'un tel système mène à la formation d'un gel aluminosilicaté plutôt qu'à un gel de silice coexistant avec un gel d'alumine.

L'impact du rapport C/S dans le processus de carbonatation de C-S-H de synthèse a récemment été étudié par Black et al. [327]. Ces derniers montrent que les C-S-H de rapport C/S initial élevé (≈ 1,30) se décalcifient au profit de la formation de gel de silice, tandis que les C-S-H de rapport C/S plus faible (≈ 0,75 et ≈ 0,60) se décalcifient mais de manière incomplète. Une quantité non négligeable d'espèces Q_2 subsiste après carbonatation, ce qui est attribué à la structure spécifique des C-S-H de faible C/S (pas de calcium dans l'interfeuillet). L'acquisition future de spectres RMN

301

^{29}Si relatifs à nos C-S-H de synthèse carbonatés permettra de vérifier ou non cette tendance.

A titre informatif, des spectres RMN ^{29}Si relatifs à nos C-S-H de synthèse carbonatés, naturellement et de manière accélérée, seront prochainement acquis.

2.2 Portlandite

Les analyses DRX et ATG de la portlandite saine sont fournies en Figure 142 et Figure 143. La faible quantité de carbonates de calcium détectée initialement est conforme aux spécifications fournies par VWR concernant la pureté du produit.

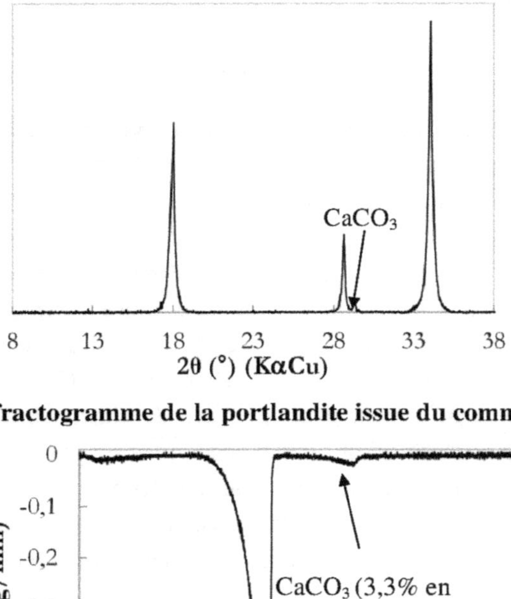

Figure 142 : Diffractogramme de la portlandite issue du commerce (état sain).

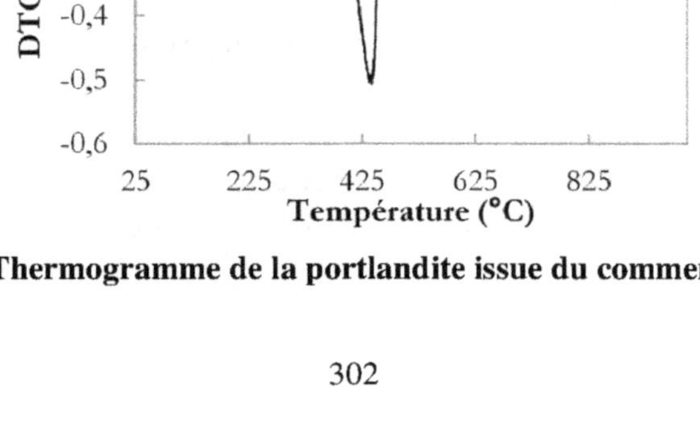

Figure 143 : Thermogramme de la portlandite issue du commerce (état sain).

La portlandite est analysée par DRX après carbonatation naturelle et accélérée (Figure 144). Dans ce cadre, la carbonatation de la portlandite mène à la formation de calcite conformément à la littérature [29] [68] [78]. Par ailleurs, la persistance de portlandite à échéance de carbonatation avancée (naturelle et accélérée) est cohérente avec la présence d'une gangue protectrice de carbonate de calcium formée à la surface des cristaux de portlandite [35] [95].

La P_{CO2} ne semble pas avoir d'influence sur la carbonatation de la portlandite, assurant, de fait à un niveau supplémentaire, la représentativité de la carbonatation accélérée.

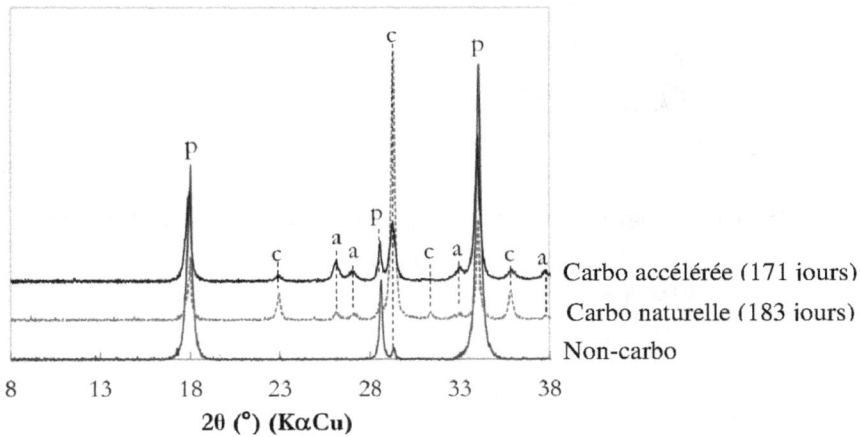

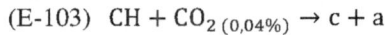

$$(E-103) \quad CH + CO_{2\,(0,04\%)} \rightarrow c + a$$

$$(E-104) \quad CH + CO_{2\,(3\%)} \rightarrow c + a$$

Figure 144 : Diffractogrammes de la portlandite après carbonatation naturelle et accélérée.

2.3 Ettringite

L'ettringite synthétisée au laboratoire est caractérisée par DRX (Figure 145) et ATG (Figure 146). Le diffractogramme obtenu est en accord avec les identifications faites dans la littérature [204] [328] [329]. Le thermogramme relatif à l'ettringite laisse cependant entrevoir une très faible quantité de carbonates de calcium. Les carbonates n'étant pas détectées par DRX, il se peut que ces derniers se soient formés au contact de l'air environnant durant la période séparant la sortie de la boite à gants et le lancement de l'analyse thermique. Il est également possible que la faible quantité de carbonate de calcium mesurée par ATG ne soit pas détectable par DRX (2% < limite de détection DRX).

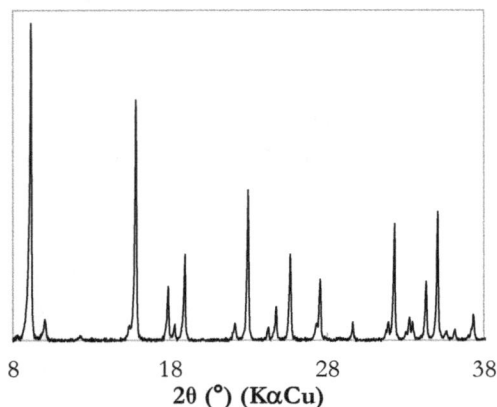

Figure 145 : Diffractogramme de l'ettringite synthétisée au laboratoire (état sain).

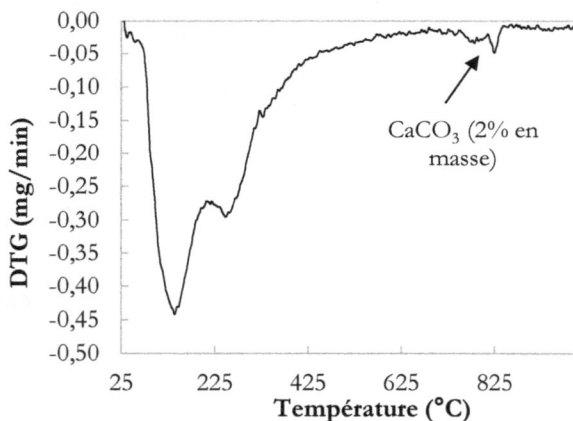

Figure 146 : Thermogramme de l'ettringite synthétisée au laboratoire (état sain).

L'ettringite est analysée par DRX après carbonatation naturelle et accélérée (Figure 147). La carbonatation naturelle d'ettringite tend vers la formation de gypse et de carbonate de calcium sous forme d'aragonite et vatérite conformément à la littérature

[328]. La carbonatation accélérée mène quant à elle à la formation d'aragonite et de sulfate de calcium sous la forme de bassanite ($CaSO_4.0,5H_2O$), fait parfois rapporté [330] [331]. Nishikawa et al. [328] stipulent que, lors de sa carbonatation, l'ettringite relargue énormément d'eau et forme de la vatérite qui évolue à long terme en aragonite. Ce résultat semble ici vérifié. Cette observation va à l'encontre de la thèse de formation et de persistance de la vatérite aux faibles HR [4]. L'HR ne serait alors pas le facteur dominant l'abondance polymorphique ; il faudrait plutôt se tourner vers les précurseurs de cristallisation et la forme cristallographique.

La littérature rapporte également la formation de gel d'alumine suite à la carbonatation de l'ettringite [43]. Il n'est cependant pas détecté par DRX, du fait principalement de sa morphologie (produit mal ou peu cristallisé). Des analyses futures en ATG/ATD permettront de mettre en évidence la présence éventuelle de ce gel [328].

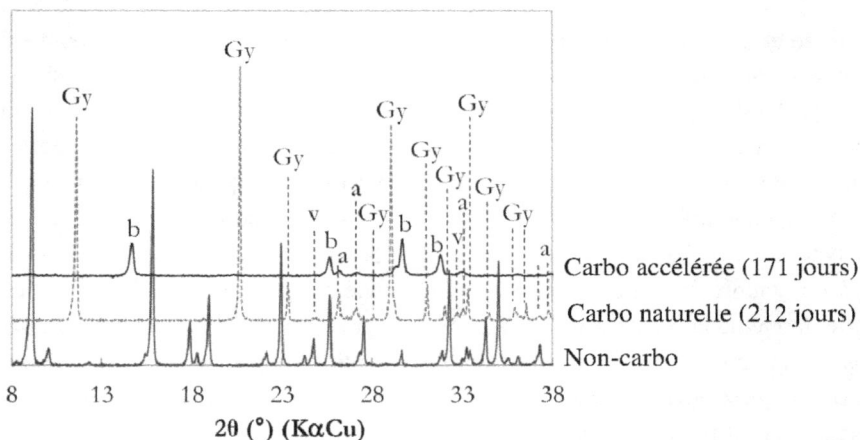

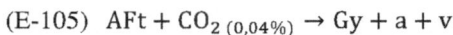

$$(E\text{-}105) \quad AFt + CO_{2\,(0,04\%)} \rightarrow Gy + a + v$$

$$(E\text{-}106) \quad AFt + CO_{2\,(3\%)} \rightarrow b + a$$

Figure 147 : Diffractogrammes de l'ettringite après carbonatation naturelle et accélérée.

La correspondance entres les signatures DRX de l'ettringite carbonatée naturellement et de manière accélérée est satisfaisante. Ce résultat tend, encore une fois, vers l'assurance d'un bon niveau de représentativité des essais accélérée vis-à-vis de la carbonatation naturelle.

2.4 Conclusion

Le comportement de phases minéralogiques pures (C-S-H, portlandite et ettringite) face à la carbonatation a été étudié. Les signatures minéralogiques obtenues après carbonatation accélérée (P_{CO2} ≈ 3%, 25°C et 55% d'HR) et naturelle (25°C et 55% d'HR) ont été comparées.

L'analyse RMN ^{29}Si des C-S-H de synthèse, où le rapport C/S varie entre 0,8 et 1,7, montre que les C-S-H se distinguent à travers deux classes majeures :

- celle de C/S < 1, où les chaines de silicates sont quasi-infinies (intensités élevée de l'espèce Q_2 et faible pour Q_1),
- celle de C/S > 1, où les chaines de silicates sont courtes et constituées essentiellement de dimères (Q_1).

L'exploitation des spectres a permis d'établir le lien entre le rapport C/S des C-S-H de synthèse et le rapport Q_1/Q_2 mesurée par RMN ^{29}Si. Les données acquises ont été directement comparées aux résultats de la littérature. Dans ce cadre, nous avons montré qu'il est impossible d'établir une tendance « universelle » d'évolution du rapport C/S en fonction du signal RMN. Ce constat tient à la simple raison que les auteurs n'identifient et ne quantifient pas les espèces Q_n en présence de la même manière (déconvolution différente). L'utilisation systématique d'une expérience de RMN type double quanta de corrélation hétéronucléaire ^{29}Si - ^{29}Si pourrait donner accès à l'ensemble des espèces, permettant alors une quantification réaliste. Dans ce contexte, la méthode d'évaluation du rapport C/S proposée au *Chapitre 4 Matériaux carbonatés* (§2.5), à partir de l'évaluation des quantités de gel de silice formée par carbonatation, est jugée réaliste et adaptée à notre problématique. De nouvelles expériences de RMN seront conduites:

- en ^{43}Ca, afin d'identifier l'éventuelle présence de calcium dans le gel de silice,
- en ^{13}C, pour savoir si un gel de carbonate de calcium se forme et, coexiste avec le gel de silice.

Nous avons pu montrer que, sous l'effet de la carbonatation accélérée, les C-S-H se décomposent en vatérite et aragonite. Ce constat est étendu en carbonatation naturelle avec, en plus, la présence de calcite. L'hypothèse selon laquelle une augmentation de la P_{CO2} mènerait préférentiellement à la précipitation de calcite est contredite. De même, l'idée selon laquelle la formation de vatérite serait inversement proportionnelle à la P_{CO2} n'est pas confirmée. Au contraire, la vatérite est détectée, en carbonatation naturelle, avec une intensité des pics DRX élevée. L'hypothèse la plus probable pour expliquer ce phénomène est que la vatérite se formerait préférentiellement aux HR intermédiaires lorsqu'un film d'eau fin se forme autour des hydrates. A l'avenir, il sera nécessaire d'étudier la question de la cinétique d'évolution de la vatérite en calcite et de l'aragonite en calcite. Par ailleurs, la réalisation d'une expérience RMN double quanta de corrélation hétéronucléaire ^{29}Si - ^{29}Si sur des C-S-H a permis de décoreller finement les espèces $Q_{3\,gel}$ et $Q_{4\,gel}$ les unes des autres après carbonatation. Ce n'est pas le cas pour les spectres obtenues sur pâte de ciment où les espèces $Q_{3\,gel}$ et $Q_{4\,gel}$ sont confondues sous la forme d'un pic unique. Ce résultat nous laisse à penser que la carbonatation d'une pâte de ciment mènerait à la formation d'un gel aluminosilicaté plutôt qu'à un gel de silice coexistant avec un gel d'alumine.

Conformément à la littérature, la carbonatation, accélérée et naturelle, de la portlandite mène à la formation de calcite, mais également d'aragonite.

Dans le cas de l'ettringite, les diffractogrammes obtenus sont en accord avec les résultats de la littérature. En effet, lors de sa réaction avec le CO_2 (à 0,04% ou 3%) l'ettringite se décompose sous la forme de sulfate de calcium (gypse et bassanite), d'aragonite et de vatérite.

En carbonatation naturelle ou accéléré, l'espèce carbonatée influence directement le polymorphisme du carbonate de calcium. Par ailleurs, la carbonatation accélérée semble jouer sur le polymorphisme (quantité de vatérite notamment) mais, tout en restant représentative de la carbonatation naturelle.

Conclusion Générale

L'utilisation de béton est envisagée pour constituer la barrière ouvragée des futures alvéoles de stockage profond des déchets MAVL (galeries, puits et colis). En conditions présupposées de fonctionnement, le béton constituant les structures serait soumis simultanément à des phénomènes de séchage et de carbonatation. L'effet de la température (dû à l'exothermie de certains déchets) et du séchage a été étudié par le passé. Cependant, demeure aujourd'hui un manque de données lié à la prise en compte des transferts hydriques simultanés à la carbonatation. La carbonatation est une pathologie des ouvrages relativement bien connue à ce jour. Elle génère une chute du pH de la solution porale, responsable à terme de la dépassivation et de la modification de la cinétique de corrosion généralisée des armatures du béton armé. Elle induit, de plus, des modifications majeures à l'échelle de la minéralogie et de la microstructure des matériaux cimentaires. Les propriétés de transport d'eau sont alors modifiées, ce qui impacte significativement la durabilité des structures. La prédiction de la durabilité des éléments en béton à l'échelle séculaire (phase d'exploitation du stockage) nécessite d'évaluer leur comportement face à la carbonatation. Dans ce cadre, le présent travail consistait en trois objectifs complémentaires :

1. Le principal était de caractériser les conséquences de la carbonatation accélérée (P_{CO2} = 3%, HR = 55% et T = 25°C, 1 an) sur le transport d'eau, décrit selon un cadre théorique simplifié nécessitant la connaissance de 3 paramètres physiques : (i) la porosité totale, (ii) l'isotherme de désorption de la vapeur d'eau et, (iii) la perméabilité.
2. Un autre visait à acquérir un jeu de données complet relatif à l'impact de la carbonatation sur la minéralogie et la microstructure, afin d'enrichir le niveau de connaissance actuel.
3. Un objectif sous-jacent était de vérifier si les données acquises en carbonatation accélérée étaient transposables aux conditions de carbonatation naturelle ; autrement dit, évaluer la représentativité des essais de carbonatation accélérée vis-à-vis des processus naturels.

Pour répondre à ces objectifs, quatre pâtes de ciment durcies, de composition minéralogique différente (CEM I, CEM III/A, CEM V/A et un mélange Bas-pH), ont été étudiées. La caractérisation des matériaux sains a permis de mettre en exergue une minéralogie très proche de celle évaluée par le passé sur des matériaux similaires, justifiant de l'emploi des résultats acquis précédemment (propriétés de transport d'eau notamment) pour nos travaux. La perméabilité à l'eau est apparue plus élevée pour un ciment Portland que pour les ciments avec ajouts, résultat cohérent avec leur distribution de taille de pores significativement différentes. Les réactions pouzzolaniques, à l'origine de la consommation de la portlandite au profit des C-S-H, permettent d'expliquer ces différences entre les ciments. Traditionnellement, la perméabilité intrinsèque à l'eau est déterminée par une analyse inverse, cependant, du fait de la géométrie des échantillons carbonatés (disques de faible épaisseur), cette méthode ne peut être appliquée. C'est pourquoi un dispositif expérimental alternatif dit « à la coupelle » a été mis en place. La concordance entre les valeurs obtenues *via* les deux méthodes (analyse inverse et essais à la coupelle) a permis de conforter l'emploi du dispositif d'essai, validant son emploi sur matériaux carbonatés. Dans ce cadre, les essais à la coupelle menés sur matériaux carbonatés ont mis en évidence une baisse de perméabilité dans le cas du ciment Portland. Le comportement inverse a été observé pour les ciments avec ajouts (CEM III/A, CEM V/A et Bas-pH). La microfissuration, observée à la surface de l'ensemble des échantillons carbonatés, a été jugée cause majeure à l'augmentation de perméabilité évaluée dans les pâtes de ciments avec ajouts. Nous avons défini deux zones distinctes, chacune propre à une famille de ciment (Portland ou avec ajouts), caractéristiques du comportement des matériaux cimentaires où : (i) le colmatage de la porosité, induit par la précipitation de carbonate de calcium, est telle que la perméabilité diminue sous l'effet de la carbonatation et (ii) la microfissuration prédomine devant le colmatage, entrainant une augmentation de la propriété de transport. La teneur en portlandite est, dans les ciments avec ajouts, faible voire nulle (Bas-pH), leur pouvoir tampon est, par conséquent, moindre par rapport au ciment Portland. La chute de porosité dans les ciments avec ajouts n'est pas suffisante pour contrecarrer l'effet de la microfissuration. D'un autre côté, l'augmentation de la perméabilité est apparue d'autant plus forte que l'effet de la microfissuration marqué. Le taux de fissures (évalué à partir d'un logiciel de traitement d'images) développées à la surface des ciments avec ajouts a été jugé environ deux fois plus élevé que dans le cas du ciment Portland (avec des ouvertures de fissures oscillant de quelques µm à plusieurs dizaines). Ce constat est supposé lié à la teneur initiale en C-S-H élevée des ciments avec ajouts, qui mènerait à un retrait de carbonatation significatif, hypothèse d'autant plus plausible que nous avons mis en exergue l'existence d'un retrait de carbonatation.

D'un point de vue de la minéralogie, la carbonatation engendre des modifications telles que la dissolution de portlandite et d'ettringite, la décalcification des C-S-H, la précipitation de carbonate de calcium et la formation de gypse. Des analyses thermogravimétriques (ATG) ont permis d'identifier la présence de 3 modes de décomposition du carbonate de calcium correspondant à trois plages de températures distinctes. L'attribution d'un polymorphe de carbonate de calcium donné à un mode de décomposition spécifique (I, II ou III), telle que parfois suggérée dans la littérature, s'est cependant avéré difficile. Nos résultats laissent simplement à penser que la carbonatation de la portlandite tendrait vers la précipitation de calcite essentiellement (mode I) tandis que, celle des C-S-H mènerait plutôt à la formation de vatérite et, éventuellement de carbonate de calcium amorphe mais sans pouvoir réellement l'identifier (modes II et III). La synthèse et la carbonatation (accélérée et naturelle) de minéraux modèles (C-S-H, portlandite et ettringite) a permis de compléter ces données. Dans ce sens, les C-S-H se décomposent bien en vatérite et aragonite après carbonatation accélérée, constat étendu en carbonatation naturelle avec, en plus, la présence de calcite. La carbonatation de la portlandite mène à la formation de calcite telle que classiquement observé mais, également d'aragonite. De manière concomitante, lors de sa réaction avec le CO_2, l'ettringite se décompose en sulfate de calcium, aragonite et vatérite.

Les matériaux peuvent être classés par ordre croissant de porosité totale suivant : CEM I < CEM V/A < CEM III/A < Bas-pH, classement inchangé de l'état sain à l'état carbonaté. La carbonatation d'une pâte avec une teneur en portlandite élevée (type CEM I) mène à la précipitation d'une quantité importante de carbonate de calcium (principalement sous forme de calcite) et, par conséquent, à un fort colmatage des pores. Ce colmatage est à l'origine de la modification de l'isotherme (abaissement de la teneur en eau à l'équilibre). La morphologie de l'isotherme est également fortement impactée par la carbonatation : aplatissement du palier de saturation, en lien avec les évolutions du réseau poreux. Pour un état de carbonatation avancé, l'ensemble des matériaux présentent une morphologie d'isotherme commune. La hauteur du genou des isothermes (caractéristique de la teneur en C-S-H) est quasi-identique après carbonatation, résultat cohérent avec les valeurs de surface spécifique et de teneur en C-S-H (sensiblement identiques entre les matériaux). Une hypothèse probable est que, quel que soit le matériau, l'état de carbonatation des C-S-H est tel que ces derniers sont directement comparables, indépendamment de leur minéralogie initiale. Ce point est supporté par les spectres RMN qui témoignent d'un niveau de décalcification des C-S-H comparable entre les matériaux (état ultime de décalcification).

Au-delà de ces résultats, la décalcification des C-S-H a été avancée comme cause principale à l'augmentation de perméabilité des ciments avec ajouts. Dans ce cadre et sur la base d'une description simplifiée de l'assemblage minéralogique l'évolution du rapport C/S apparent[42] des matériaux a été évaluée. Les rapports C/S des matériaux CEM I, CEM III/A, CEM V/A et Bas-pH tendraient respectivement vers les valeurs 0,48 ; 0,83 ; 0,79 et 0,38, témoignant d'un état de décalcification très avancé. Par ailleurs, il est généralement relevé dans la littérature que le rapport C/S des C-S-H ne peut atteindre une valeur inférieure à 0,66. Dans ce sens, les résultats obtenus doivent être appréhendés comme borne inférieure du rapport C/S. Cette approche trouve sa limite dans la non prise en compte des phases aluminates, initialement présentes dans les pâtes de ciment en plus ou moins grandes quantités. Or, celles-ci (AFt et AFm notamment) se carbonatent et contribuent à la fixation du CO_2. Aussi, ce modèle simplifié vise uniquement à fournir un ordre de grandeur des valeurs vers lesquelles pouvaient tendre les rapports C/S apparents des matériaux cimentaires. Des essais de RMN du silicium (^{29}Si) et de l'aluminium (^{27}Al) ont permis de confirmer la décalcification forte des C-S-H et de mettre en évidence la polymérisation des chaines silicatées ainsi que la formation de gels de silice et d'alumine (ou gel aluminosilicaté). La déconvolution des spectres RMN ^{29}Si a permis d'évaluer l'évolution du C/S par quantification directe de la quantité de gel de silice formée. Les données récoltées concordent vis-à-vis du suivi thermogravimétrique, confortant l'approche théorique proposée. D'autre part, une chute de teneur en eau liée des pâtes de ciment a été relevée suite à leur carbonatation : d'autant plus marquée que les teneurs initiales en portlandite et C-S-H sont respectivement élevée et faible. Il semblerait que l'eau liée aux C-S-H ne soit pas relarguée durant le processus de carbonatation et soit impliquée dans la formation de gel de silice.

La représentativité des essais de carbonatation accélérée vis-à-vis des processus naturels constituait le dernier objectif de ce travail. Elle a été évaluée à partir d'une approche comparative multi-techniques des signatures minéralogiques et microstructurales. Il s'est avéré que l'accélération n'induisait pas d'artefact significatif vis-à-vis de la minéralogie. La persistance des phases métastables de carbonate de calcium (vatérite et aragonite) a été observée, à long terme, en

---

[42] Ensemble [C-S-H + Gel de silice].

carbonatation accélérée et naturelle. Seules les intensités des raies de diffraction relatives à la vatérite et à l'aragonite sont apparues différentes entre les deux modes de carbonatation. L'hypothèse la plus probable est que vatérite et aragonite seraient plus abondantes aux faibles HR plutôt qu'aux hautes (inhibition des transformations polymorphiques de la vatérite et de l'aragonite vers la calcite à faible HR). Comme en carbonatation accélérée, la présence des trois polymorphes de carbonate de calcium (calcite, vatérite et aragonite) a été mise en évidence par ATG, à travers les 3 modes de décomposition. La seule différence notable que l'on a pu relever entre les deux types de carbonatation provient de la teneur en portlandite résiduelle, estimée (par ATG) deux fois supérieure après carbonatation naturelle à celle après carbonatation accélérée. Dans ce cadre, il a été supposé que la variation de P_{CO2} pouvait impacter la cinétique de formation d'une gangue de carbonate de calcium à la surface des cristaux de portlandite, inhibant plus ou moins leur dissolution. En conditions de carbonatation naturelle ou accélérée, le niveau de décalcification des C-S-H, évalué à partir de la déconvolution des spectres RMN ^{29}Si, corrobore le jeu de données acquis. De plus, que ce soit, après carbonatation accélérée ou naturelle, un réseau de microfissures directement comparable a été observé. Il ressort qu'en carbonatation naturelle ou accélérée, l'espèce carbonatée influence le polymorphisme du carbonate de calcium. Par ailleurs, la carbonatation accélérée semble affecter le polymorphisme (quantité de vatérite notamment) mais, tout en restant représentative de la carbonatation naturelle. A la vue des données récoltées, les essais de carbonatation accélérée ($P_{CO2} \approx 3\%$) ont été jugé représentatifs des conditions de carbonatation naturelle ($P_{CO2} \approx 0,04\%$). Par conséquent, c'est avec un bon niveau de confiance que sont considérées les propriétés de transport d'eau acquises au cours de ces travaux.

Perspectives

L'acquisition des propriétés de transport d'eau des matériaux présupposés pour le stockage a permis de répondre à l'objectif majeur formulé. La perspective immédiate de ce travail vise à évaluer le transport d'eau à l'échelle de bétons provenant d'ouvrages anciens (carottage). Au niveau de la minéralogie et de la microstructure, la représentativité des résultats obtenus en carbonatation accélérée a été étendue à des pâtes de ciments carbonatées naturellement pendant plusieurs années. Un travail similaire, focalisé sur l'évaluation de la perméabilité de bétons issus d'ouvrages datant des années 70 (épaisseurs carbonatées de quelques cm), a récemment débuté. Ces données permettront de fiabiliser les résultats acquis au cours du présent travail et, d'étendre le jeu de données actuellement disponible sur pâtes de ciment à l'échelle de bétons.

Dans cette optique, la détermination d'une fonction mathématique de passage des propriétés de transport d'eau du matériau sain à celles du matériau carbonaté, permettrait de valoriser les données acquises. D'un point de vue industriel, ce type d'outil serait pertinent. Il permettrait, par exemple, d'anticiper le comportement des matériaux cimentaires et, à plus forte raison, d'optimiser le choix des matériaux selon leur fonction.

La décalcification forte des C-S-H a été supposée cause majeure à l'apparition d'un retrait de carbonatation, lui-même à l'origine d'une microfissuration importante et par conséquent d'une modification des propriétés de transport. L'existence d'un retrait de carbonatation a été mise en évidence mais les résultats restent, à ce jour, peu aboutis du fait de la durée nécessaire d'acquisition des données extrêmement longue. Les essais se poursuivent et apporteront, à l'avenir, des éléments de réponse quant à l'effet du retrait sur la décalcification des C-S-H. Affiner notre protocole de traitement d'image permettra également de relier plus finement l'effet de la microfissuration aux propriétés de transport. Il serait aussi pertinent de compléter notre analyse par des expériences de microtomographie X, permettant de visualiser la microfissuration des matériaux en 3D. On pourrait notamment réaliser des cartographies de la fissuration et de son évolution (dans la mesure où les ouvertures de fissures sont supérieures à la résolution de l'acquisition microtomographique). De manière concomitante, la corrélation fine de la baisse du rapport C/S à l'évolution de la perméabilité serait représentative de l'avancement du processus de carbonatation.

L'enrichissement de notre modèle actuel d'évaluation du rapport C/S apparent, par analyse thermogravimétrique (ATG), nécessiterait d'ajouter les phases AFt et AFm en tant que constituant initial de la pâte de ciment. Pour cela, l'utilisation d'un modèle d'hydratation couplé à un suivi par diffraction des rayons X (*via* l'utilisation d'un étalon interne) permettrait d'estimer la quantité initiale d'AFt et de quantifier les quantités de composés formés par carbonatation. La combinaison de ce modèle avec les résultats issus des différentes techniques permettrait une corrélation multi-approche des données telle que :

- la RMN du silicium (^{29}Si) permettrait d'évaluer le taux de décalcification des C-S-H à partir de la quantité de gel de silice formé par carbonatation des C-S-H,
- la RMN de l'aluminium (^{27}Al) permettrait de déterminer les rapports entre tétraèdres d'AlO$_4$ et de SiO$_4$ dans les chaînes de silicates (à partir de la quantification des hydrates déduit des spectres RMN ^{29}Si) et, de les relier aux longueurs moyennes des chaines,
- l'ATG donnerait accès aux teneurs en portlandite et en carbonate de calcium (quantification fine du CO$_2$ par couplage avec de la spectroscopie gaz par exemple) et au rapport C/S,
- l'exploitation des courbes de sorption d'eau permettrait d'évaluer la teneur en C-S-H.

Le lien entre minéralogie et transport d'eau pourrait être investigué par ce biais. Par ailleurs, il serait pertinent d'établir une loi modélisant l'augmentation de perméabilité en fonction du rapport C/S et, à plus large échelle, en fonction du degré de fissuration (ouverture et fraction surfacique de fissures). Le jeu de données acquis pourrait également être utilisé à des fins d'enrichissement et d'affinement de modèles de carbonatation préexistant, en prenant, par exemple, en compte : des taux de conversion de la portlandite et des C-S-H en carbonate de calcium, une teneur en portlandite résiduelle, la baisse du rapport C/S combinée à la formation de gel de silice, …

Références bibliographiques

[1]   Andra, Inventaire national des matières et déchets radioactifs. Catalogue descriptif des familles, (2009).

[2]   FNME-CGT, Focus sur les déchets nucléaires, (2011).

[3]   Andra, Evaluation de la faisabilité du stockage géologique en formation argileuse. Dossier 2005 Argile, 2005.

[4]   E. Drouet, Impact de la température sur la carbonatation des matériaux cimentaires - prise en compte des transferts hydriques, Thèse de Doctorat. ENS Cachan, 2010.

[5]   K. Tuutti, Corrosion of steel in concrete, Swedish cement and concrete research institute, 1982.

[6]   Collection Technique CIMBETON, Les constituants des bétons et mortiers. Tome 1, (2005).

[7]   V. Baroghel-Bouny, Caractérisation microstructurale et hydrique des pâtes de ciment et des bétons ordinaires et à très hautes performances, Thèse de Doctorat. Ecole Nationale des Ponts et Chaussées, 1994.

[8]   European Committee for Standardization, EN-197-1. Cement. Part 1: Composition, specifications and conformity criteria for common cements, (2001).

[9]   European Committee for Standardization, EN 206-1. Concrete. Part 1: Specification, performance, production and conformity, (2004).

[10] N. Hyvert, Application de l'approche probabiliste à la durabilité des produits préfabriqués en béton, Thèse de Doctorat. Université Paul Sabatier Toulouse III, 2009.

[11] H. Le Chatelier, Recherches expérimentales sur la constitution des mortiers hydrauliques, Dunod, 1904.

[12] M. Codina, Les bétons bas pH. Formulation, caractérisation et étude à long terme, Thèse de Doctorat. Institut National des Sciences Appliquées, 2007.

[13] A. Nonat, L'hydratation des ciments, in: La Durabilité Des Bétons, Presses de l'école nationale des Ponts et Chaussées (ENPC), 2008: pp. 25–50.

[14] H.F.W. Taylor, Cement chemistry, Thomas Telford Publishing, 1997.

[15] J.P. Ollivier, A. Vichot, Collectif Presses de l'Ecole Nationale des Ponts et chaussées (ENPC), La durabilité des bétons, Presses de l'école nationale des Ponts et Chaussées (ENPC), 2008.

[16] S.A. Hamid, The cristal structure of the 11A natural tobermorite $Ca_{2.25}[Si_3O_{7.5}(OH)_{1.5}]$ $1H_2O$, Zeitshrift Für Kristallographie. (1981) 154, 189.

[17] A. Nonat, The structure and stoichiometry of C-S-H, Cement and Concrete Research. 34 (2004) 1521–1528.

[18] H.F.W. Taylor, Proposed structure for calcium silicate hydrate gel, Journal of American Ceramic Society. 69 (1986) 464–467.

[19] S. Gauffinet, E. Finot, E. Lesniewska, A. Nonat, Observationdirecte de la croissance d'hydrosilicate de calcium sur des surfaces d'alite et de silicepar microscopie à force atomique, C.R. de l'Académie Des Sciences. 327 (1998) 231–236.

[20] M. Regourd, H. Hornain, Applications de la microscopie électronique à balayage, Revue Des Matériaux de Construction. (1975) 73–87.

[21] I. Klur, Etude par RMN de la Structure des Silicates de Calcium Hydratés, Thèse de Doctorat. Université Paris VI, 1996.

[22] H. Viallis-Terrisse, Interaction des Silicates de Calcium Hydratés, principaux constituants du ciment, avec les chlorures d'alcalins. Analogie avec les argiles, Thèse de Doctorat. Université de Bourgogne, 2000.

[23] G. Engelhardt, D. Michel, High resolution ^{29}Si NMR of silicates and zeolites, (1987) 485.

[24] F. Meducin, Etudes des phases silicatées du ciment hydraté sous haute pression et haute température, Université Paris 6, 2001.

[25] I. Pointeau, Etude mécanistique et modélisation de la rétention de radionucléides par les silicates de calcium hydratés (CSH) des ciments, Université de Reims, 2000.

[26] R. Idir, Mécanismes d'action des fines et des granulats de verre sur la réaction alcali-silice et la réaction pouzzolanique, Thèse de Doctorat. INSA Toulouse en cotutelle avec l'Université de Sherbrooke (Canada), 2009.

[27] E. Guillon, Durabilité des matériaux cimentaires - Modélisation de l'influence des équilibres physico-chimiques sur la microstructure et les propriétés mécaniques résiduelles, Thèse de Doctorat. ENS Cachan, 2004.

[28] E. Breval, C_3A Hydratation, Cement and Concrete Research. 6 (1976) 129–137.

[29]   M. Thiery, Modélisation de la carbonatation atmosphérique des matériaux cimentaires - Prise en compte des effets cinétiques et des modifications microstructurales et hydriques, Thèse de Doctorat. Ecole Nationale des Ponts et Chaussées, 2005.

[30]   Y.F. Houst, Diffusion de gaz, carbonatation et retrait de la pâte de ciment durcie, Thèse de Doctorat. Ecole Polytechnique Fédérale de Lausanne, 1992.

[31]   H.S. Harned, H. Davis, The ionization constant of carbonic acid in water and the solubility of carbon dioxide in water and aqueous salt solutions from 0 to 50 °C, J. Am. Chem. Soc. 65 (1943) 2030–2037.

[32]   B. Pironin, L'eau et le gaz carbonique, (2004).

[33]   J. Cowie, F.P. Glasser, The reaction between cement and natural waters containing dissolved carbon dioxide, Advances in Cement Research. 4 (1992) 119–134.

[34]   E.G. Swenson, P.J. Sereda, Mechanism of the carbonation shrinkage of lime and hydrated cement, J. Appl. Chem. 18 (1968) 111–117.

[35]   G.W. Groves, D.I. Rodway, I.G. Richardson, The carbonation of hardened cement pastes, Advances in Cement Research. 3 (1990) 117–125.

[36]   K. Suzuki, T. Nishikawa, S. Ito, Formation and carbonation of C-S-H in water, Cement and Concrete Research. 15 (1985) 213–224.

[37]   A.M. Dunster, An investigation of the carbonation of cement paste using trimethylsilylation, Advances in Cement Research. 2 (1989) 99–106.

[38]   P.A. Slegers, P.G. Rouxhet, Carbonation of the hydration products of tricalcium silicate, Cement and Concrete Research. 6 (1976) 381–388.

[39]   W.F. Cole, B. Kroone, Carbonate minerals in hydrated portland cement, Nature. 57 (1959).

[40]   T. Baird, A.G. Cairns-Smith, D.S. Snell, Morphology and CO_2 uptake in tobermorite gel, Journal of Colloid and Interface Science. 50 (1975) 387–391.

[41]   C.W. Lentz, Effect of carbon dioxide on silicate structure in Portland cement paste. 30th Cong. Industrial Chemistry, Brussels,, in: Compte Rendu II Gr, Brussels, 1965: p. 455.

[42]   Z. Sauman, Long term carbonization of the phases $3CaO.Al_2O_3.6H_2O$ and $3CaO.Al_2O_3.SiO_2.4H_2O$, Cement and Concrete Research. 2 (1972) 435–446.

[43]   T. Nishikawa, K. Suzuki, S. Ito, K. Sato, T. Takebe, Decomposition of synthesized ettringite by carbonation, Cement and Concrete Research. 22 (1992) 6–14.

[44] M. Saillio, Interactions physico-chimiques ions-matrice dans les bétons sains ou carbonatés : influence sur le transport ionique, Thèse de Doctorat. Université Paris-Est, 2012.

[45] P. Faucon, T. Charpentier, A. Nonat, J.C. Petit, Triple-Quantum Two-Dimensional [27]Al Magic Angle Nuclear Magnetic Resonance Study of the Aluminum Incorporation in Calcium Silicate Hydrates, Journal of the American Chemical Society. 120 (1998) 12075–12082.

[46] X. Chen, Influence des ions aluminates sur la composition, la structure et les propriétés cohésives des hydrosilicates de calcium, constituants principaux de la pâte de ciment Portland hydratée, Thèse de Doctorat. Université de Bourgogne, 2007.

[47] T.T.H. Bach, Evolution physico-chimique des liants bas PH hydrates: Influence de la température et mécanisme de rétention des alcalins, 2010.

[48] J. Skibsted, H.J. Jakobsen, C. Hall, Direct Observation of Aluminium Guest Ions in the Silicate Phases of Cement Minerals by ^{27}Al MAS NMR Spectroscopy, J. Chem. Soc. Faraday Trans. 90 (1994) 2095–2098.

[49] J. Skibsted, E. Henderson, H.J. Jakobsen, Characterization of calcium aluminate phases in cement by ^{27}Al MAS NMR spectroscopy, Inorg. Chem. 32 (1993) 1013–1027.

[50] G.K. Sun, J.F. Young, R.J. Kirkpatrick, The Role of Al in C-S-H : NMR, XRD, and Compositional Results for Precipitated Samples, Cement and Concrete Research. 36 (2006) 18–29.

[51] H. He, J. Guo, J. Zhu, P. Yuan, C. Hu, ^{29}Si and ^{27}Al MAS NMR Spectra of Mullites from Different, Spectrochimica Acta Part A: Molecular and Biomolecular Spectroscopy. 60 (2004) 1061–1064.

[52] P. Pena, J.M. Rivas Mercury, A.H. de Aza, X. Turrillas, I. Sobrados, J. Sanz, Solid-state ^{27}Al and ^{29}Si NMR characterization of hydrates formed in calcium aluminate–silica fume mixtures, Journal of Solid State Chemistry. 181 (2008) 1744–1752.

[53] M.D. Andersen, H.J. Jakobsen, J. Skibsted, A new aluminium-hydrate species in hydrated Portland cements characterized by ^{27}Al and ^{29}Si MAS NMR spectroscopy, Cement and Concrete Research. 36 (2006) 3–17.

[54] C.Y. Tai, F.B. Chen, Polymorphism of $CaCO_3$, precipitated in a constant-composition environment, AIChE Journal. 44 (1998) 1790–1798.

[55] D.J. Anstice, C.L. Page, M.M. Page, The pore solution phase of carbonated cement pastes, Cement and Concrete Research. 35 (2005) 377–383.

[56] J. Peric, M. Vucak, R. Krstulovic, L. Brecevic, D. Kralj, Phase transformation of calcium carbonate polymorphs, Thermochimica Acta. 277 (1996) 175–186.

[57] L.N. Plummer, T.M.L. Wigley, D.L. Parkhurst, The kinetics of calcite dissolution in CO_2-water systems at 5° to 60°C and 0.0 to 1.0 atm CO_2, American Journal of Science. 278 (1978) 179–216.

[58] H. Elfil, Contribution à l'étude des Eaux Géothermales du Sud tunisien : Etude des mécanismes et de la prévention des phénomènes d'entartrage, Thèse de Doctorat. INSA Toulouse, 1999.

[59] Z. Sauman, Carbonization of porous concrete and its main binding components, Cement and Concrete Research. 1 (1971) 645–662.

[60] F. Matsushita, Y. Aono, S. Shibata, Microstructure changes in autoclaved aerated concrete during carbonation under working and accelerated conditions, Journal of Advanced Concrete Technology. 2 (2004) 121–129.

[61] J.-Y. Gal, J.-C. Bollinger, H. Tolosa, N. Gache, Calcium carbonate solubility: a reappraisal of scale formation and inhibition, Talanta. 43 (1996) 1497–1509.

[62] H. Elfil, H. Roques, Role of hydrate phases of calcium carbonate on the scaling phenomenon, Desalination. 137 (2001) 177–186.

[63] J.-Y. Gal, Y. Fovet, N. Gache, Mechanisms of scale formation and carbon dioxide partial pressure influence. Part I. Elaboration of an experimental method and a scaling model, Water Research. 36 (2002) 755–763.

[64] J.L. Bischoff, J.A. Fitzpatrick, R.J. Rosenbauer, The solubility and stabilization of Ikaïte ($CaCO_3 6H_2O$) from 0 to 25 °C: Environmental and paleoclimatic implications for thinolite Tufa, The Journal of Geology. 101 (1993) 21.

[65] T. Ogino, K. Suzuki, K. Sawada, The formation and transformation mechanism of calcium carbonate in water, Geochimica et Cosmochimica Acta. 51 (1987) 2757–2767.

[66] C.Y. Tai, P.C. Chen, Nucleation, agglomeration and crystal morphology of calcium carbonate, AIChE Journal. 41 (1995) 68–77.

[67] P.C. Chen, C.Y. Tai, K.C. Lee, Morphology and growth rate of calcium carbonate crystals in a gas-liquid-solid reactive crystallizer, Chemical Engineering Science. 52 (1997) 4171–4177.

[68] G. Villain, M. Thiery, G. Platret, Measurement methods of carbonation profiles in concrete: Thermogravimetry, chemical analysis and gammadensimetry, Cement and Concrete Research. 37 (2007) 1182–1192.

[69] A. Xu, Structure of hardened cement-fly ash systems and their related properties, PhD Thesis. Chalmers University of Technology, 1992.

[70] G. Platret, F.-X. Deloye, Thermogravimétrie et carbonatation des ciments et des bétons, Actes Des Journées Des Sciences de l'Ingénieur. 1 (1994) 237–243.

[71] A. Loukili, A. Khelidj, P. Richard, Hydration kinetics, change of relative humidity, and autogenous shrinkage of ultra-high-strength concrete, Cement and Concrete Research. 29 (1999) 577–584.

[72] N. Rafai, H. Hornain, G. Villain, V. Baroghel-Bouny, G. Platret, T. Chaussadent, Comparaison et validité des méthodes de mesure de la carbonatation, Revue Française de Génie Civil. 6 (2002) 251–274.

[73] N.C. Collier, N.B. Milestone, The encapsulation of $Mg(OH)_2$ sludge in composite cement, Cement and Concrete Research. 40 (2010) 452–459.

[74] P.H.R. Borges, J.O. Costa, N.B. Milestone, C.J. Lynsdale, R.E. Streatfield, Carbonation of CH and C-S-H in composite cement pastes containing high amounts of BFS, Cement and Concrete Research. 40 (2010) 284–292.

[75] P.H.R. Borges, N.B. Milestone, J.O. Costa, C.J. Lynsdale, T.H. Panzera, A.L. Christophoro, Carbonation durability of blended cement pastes used for waste encapsulation, Materials and Structures. (2011) 1–16.

[76] J. Bensted, A discussion of the paper "Decomposition of synthesized ettringite by carbonation" by T. Nishikawa, K. Suzuki, S. Ito, K. Sato, T. Takebe, Cement and Concrete Research. 22 (1992) 719–720.

[77] N.T. VU, Contribution à l'étude de la corrosion par carbonatation du béton armé: approche expérimentale et probabiliste, Thèse de Doctorat. Université de Toulouse, 2011.

[78] J. Grandet, Contribution à l'étude de la prise et de la carbonatation des mortiers au contact des matériaux poreux, Thèse de Doctorat. Université Paul Sabatier, 1975.

[79] L. Black, C. Breen, J. Yarwood,, K. Garbev,, P. Stemmermann,, B. Gasharova,, Structural features of C-S-H (I) and its carbonation in air – A Raman spectroscopic study. Part II: Carbonated Phases, Journal of American Ceramic Society. 90 (2007) 900–907.

[80] S. Goni, A. Guerrero, Accelerated carbonation of Friedel's salt in calcium aluminate cement paste, Cement and Concrete Research. 33 (2003) 21–26.

[81] L. Fernández Carrasco, D. Torrens Martín, L.M. Morales Martínez, S. Martínez Ramírez, P. Fernández, Evolution to carbonated compounds of phases

developed on ternary systems materials, in: Instituto de Ciencias de la Construcción Eduardo Torroja (ICCET), Madrid, 2011: pp. 345–352.

[82] Q. Zhou, F.P. Glasser, Thermal stability and decomposition mechanisms of ettringite at <120°C, 2001.

[83] F.P. Glasser, The stability of ettringite, in: Villars-sur-Ollon, Switzerland, 2002.

[84] Y. F Houst, F.H. Wittmann, Influence of porosity and water conten t on the diffusivity of CO_2 and O_2 through hydrated cement paste, Cement and Concrete Research. 24 (1994) 1165–1176.

[85] V.T. Ngala, C.L. Page, Effects of carbonation on pore structure and diffusional properties of hydrated cement pastes, Cement and Concrete Research. 27 (1997) 995–1007.

[86] M. Vénuat, Relation entre la carbonatation du béton et les phénomènes de corrosion des armatures du béton, Annales ITBTP. 364 (1978).

[87] T.A. Bier, Influence of the type of cement and curing on carbonation progress and pore structure of hydrated cement pastes, Materials Research Society Symposium Proceedings. (1987) 85–123.

[88] Y.F. Houst, F.H. Wittmann, Retrait de carbonatation, in: Durabilities of Structures IABSE, Lisbonne, 1989: pp. 255–260.

[89] M. Fernandez Bertos, S. Simons, C. Hills, P. Carey, A review of accelerated carbonation technology in the treatment of cement-based materials and sequestration of CO_2, Journal of Hazardous Materials. 112 (2004) 193–205.

[90] O. Omikrine Metalssi, A. Aït-Mokhtar, P. Turcry, B. Ruot, Consequences of carbonation on microstructure and drying shrinkage of a mortar with cellulose ether, Construction and Building Materials. 34 (2012) 218–225.

[91] S.E. Pihlajavaara, Some results of the effect of carbonation on the porosity and pore size distribution of cement paste, Materials and Structures. 1 (1968) 521–527.

[92] Y.F. Houst, F.H. Wittmann, Influence of porosity and water content on the diffusivity of CO_2 and O_2 through hydrated cement paste, Cement and Concrete Research. 24 (1994) 1165–1176.

[93] R. Miragliotta, Modélisation des processus physico-chimiques de la carbonatation des bétons préfabriqués - Prise en compte des effets de parois, Thèse de Doctorat. Université de La Rochelle, 2000.

322

[94]   A. Morandeau, Carbonatation atmosphérique des systèmes cimentaires à faible teneur en portlandite, Thèse de Doctorat. Université Paris-Est, 2013.

[95]   E.G. Swenson, P.J. Sereda, Mechanism of the carbonatation shrinkage of lime and hydrated cement, Journal of Applied Chemistry. 18 (1968) 111–117.

[96]   J.J. Chen, J.J. Thomas, H.M. Jennings, Decalcification shrinkage of cement paste, Cement and Concrete Research. 36 (2006) 801–809.

[97]   B. Johannesson, P. Utgenannt, Microstructural changes caused by carbonation of cement mortar, Cement and Concrete Research. 31 (2001) 925–931.

[98]   V.G. Papadakis, C.G. Vayenas, M.G. Fardis, Fundamental Modeling and Experimental Investigation of Concrete Carbonation, Materials Journal. 88 (1991) 363–373.

[99]   M. Thiery, G. Villain, G. Platret, Effect of carbonation on density, microstructure and liquid water saturation of concrete, in: Advances in Cement and Concrete, USA (Copper Mountain), 2003: pp. 481–490.

[100] H. Ranaivomanana, Transferts dans les milieux poreux réactifs non saturés : application à la cicatrisation de fissure dans les matériaux cimentaires par carbonatation, Thèse de Doctorat. Université de Toulouse, 2010.

[101] T.C. Powers, A Hypothesis on Carbonation Shrinkage, Journal of the Portland Cement Association Research & Development Laboratories. (1962) 40–50.

[102] C.M. Hunt, L.A. Tomes, Reaction of blended portland cement paste with carbon dioxyde, Journal of Research of the National Bureau of Standards. 66A (1962) 473–481.

[103] G. Villain, M. Thiery, Impact of carbonation on microstructure and transport properties of concrete, in: Lyon, France, 2005.

[104] A. Meyer, Investigations on the carbonatation of concrete, in: The cement Association of Japan, 1968: pp. 394–401.

[105] M. Thiéry, V. Baroghel-Bouny, A. Morandeau, P. Dangla, Impact of carbonation on the microstructure and transfer properties of cement-based materials, Transfert, Lille. (2012).

[106] P. Nisher, Effect of environment and concrete quality on carbonation, Betonwerk Fertigteil-Technik. (1984) 752–757.

[107] L.J. Parrott, A review of carbonation in reinforced concrete, Cement and Concrete Association. (1987) 41 pages.

[108] I.-S. Yoon, O. Çopuroğlu, K.-B. Park, Effect of global climatic change on carbonation progress of concrete, Atmospheric Environment. 41 (2007) 7274–7285.

[109] N. Hyvert, A. Sellier, F. Duprat, P. Rougeau, P. Francisco, Dependency of C-S-H carbonation rate on CO_2 pressure to explain transition from accelerated tests to natural carbonation, Cement and Concrete Research. 40 (2010) 1582–1589.

[110] L.J. Parrott, D.C. Killoh, Carbonation in a 36 year old, insitu concrete, Cement and Concrete Research. 19 (1989) 649–656.

[111] M. Castellote, L. Fernandez, C. Andrade, C. Alonso, Chemical changes and phase analysis of OPC pastes carbonated at different CO_2 concentrations, Materials and Structures. 42 (2009) 515–525.

[112] I. Galan, C. Andrade, M. Castellote, Natural and accelerated CO_2 binding kinetics in cement paste at different relative humidities, Cement and Concrete Research. 49 (2013) 21–28.

[113] K. Kobayashi, K. Suzuki, Y. Uno, Carbonation of concrete structures and decomposition of C-S-H, Cement and Concrete Research. 24 (1994) 55–61.

[114] G.J. Verbeck, Carbonation of hydrated Portland Cement., ASTM Special Publication. 205 (1958) 17–36.

[115] S.K. Roy, Durability of concrete-accelerated carbonation and weathering studies, Building and Environment. 34 (1999) 597–606.

[116] T. Chaussadent, Etat des lieux et réflexions sur la carbonatation du béton armé, Paris, 1999.

[117] R. Dheilly, J. Tudo, Etude du système CaO - H_2O - CO_2 - CaO - H_2O - CO_2 pour un stockage optimal de la chaux, Ciments, Bétons, Plâtres, Chaux. 820 (1996) 161–164.

[118] N.L. Hancox, The role of moisture diffusion in the drying of cement paste under the influence of temperatures gradients, Ritish Journal of Applied Physics. 1 (1968) 1769–1770.

[119] A.A. Rahman, F.P. Glasser, Comparative studies of the carbonation of hydrated cements, Advances in Cement Research. 2 (1989) 49–54.

[120] S.F. Wong, T.H. Wee, S. Swaddiwudhipong, S.L. Lee, Study of water movement in concrete, Magazine of Concrete Research. 53 (2001) 205–220.

[121] S. Poyet, S. Charles, Temperature dependence of the sorption isotherms of cement-based materials: Heat of sorption and Clausius–Clapeyron formula, Cement and Concrete Research. 39 (2009) 1060–1067.

[122] R. Duval, La durabilité des armatures et du béton d'enrobage, in: La Durabilité Des Bétons, Paris, 1992: p. 492.

[123] Y.F. Houst, Carbonatation du béton et corrosion des armatures, Chantiers/Suisse. 15 (1989) 569–574.

[124] M.I. Khan, C.J. Lynsdale, Strength, permeability, and carbonation of high-performance concrete, Cement and Concrete Research. 32 (2002) 123–131.

[125] L.J. Parrott, Some effects of cement and curing upon carbonation and reinforcement corrosion in concrete, Materials and Structures. 29 (1996) 164–173.

[126] C.D. Ati, Accelerated carbonation and testing of concrete made with fly ash, Cement and Concrete Research. 17 (2003) 147–152.

[127] K. Sisomphon, L. Franke, Carbonation rates of concretes containing high volume of pozzolanic materials, Cement and Concrete Research. 37 (2007) 1647–1653.

[128] I.G. Richardson, G.W. Groves, A.R. Brough, C.M. Dobson, The carbonation of OPC and OPC/silica fume hardened cement phases in air under conditions of fixed humidity, Advances in Cement Research. 5 (1993) 81–86.

[129] P.A. Claisse, J.G. Cabrera, D.N. Hunt, Measurement of porosity as a predictor of the durability performance of concrete, Advances in Cement Research. 13 (2001) 165–174.

[130] T. Yamato, M. Soeda, Y. Emoto, Chemical resistance of concrete containing condensed silica fume. Fly ash, silica fume, slag and natural pozzolans in concrete, American Concrete Institute SP 114. 9 (1989) 897–914.

[131] A. Bouikni, R.. Swamy, A. Bali, Durability properties of concrete containing 50% and 65% slag, Construction and Building Materials. 23 (2009) 2836–2845.

[132] G.G. Litvan, A. Meyer, Carbonation of granulated blast furnace slag cement concrete during twenty years of field exposure, in: Madrid, Spain, 1986.

[133] M. Venuat, J. Alexandre, De la carbonatation du béton – Partie II, Revue Des Matériaux de Construction. 639 (1968) 469–481.

[134] V.G. Papadakis, M.N. Fardis, C.G. Vayenas, Effect of composition, environmental factors and cement-lime mortar coating on concrete carbonation, Materials and Structures. 25 (1992) 293–304.

[135] Y.H. Loo, M.S. Chin, C.T. Tam, K.C.G. Ong, A carbonation prediction model for accelerated carbonation testing of concrete, Magazine of Concrete Research. 46 (1994) 191–200.

[136] P. Sulapha, S.F. Wong, T.H. Wee, S. Swaddiwudhipong, Carbonation of Concrete Containing Mineral Admixtures, Journal of Materials in Civil Engineering. 15 (2003) 134–143.

[137] H.-W. Song, S.-J. Kwon, K.-J. Byun, C.-K. Park, Predicting carbonation in early-aged cracked concrete, Cement and Concrete Research. 36 (2006) 979–989.

[138] N.I. Fattuhi, Carbonation of concrete as affected by mix constituents and initial water curing period, Materials and Structures. 19 (1986) 131–136.

[139] N.I. Fattuhi, Concrete carbonation as influenced by curing regime, Cement and Concrete Research. 18 (1988) 426–430.

[140] J.P. Balayssac, C.H. Detriche, J. Grandet, Effects of curing upon carbonation of concrete, Construction and Building Materials. 9 (1995) 91–95.

[141] Y. Lo, H.M. Lee, Curing efects on carbonation of concrete using a phenolphthalein indicator and Fourier-transform infrared spectroscopy, Building and Environment. 37 (2002) 507–514.

[142] D. Burden, The durability of concrete containing high levels of fly ash, PhD Thesis. University of New Brunswick, 2006.

[143] E. Gruyaert, P. Van den Heede, N. De Belie, Carbonation of slag concrete: Effect of the cement replacement level and curing on the carbonation coefficient - Effect of carbonation on the pore structure, Cement and Concrete Composites. (2012).

[144] N. Gowripalan, J.G. Cabrera, A.R. Cursens, P.J. Wainwright, Effect of curing on durability. Concr. Intern. : Des. Constr. 1990 12(2) 47-54, 12 (1990) 47–54.

[145] M.N. Haque, Some concretes need 7 days initial curing. Concr. Intern. Des. Constr. 1990, 12(2) 42-46, Concrete International: Design and Construction. 12 (1990) 42–46.

[146] T.C. Powers, T.L. Brownyard, Studies of the physical properties of hardened Portland cement paste, Research Laboratories of the Portland Cement Association. Bulletin 22 (1948) 356.

[147] P.J. Sereda, R.F. Feldman, V.S. Ramachandran, Formation of Cementitious Bonds, National Research Council Canada, Division of Building Research, 1981.

[148] D. Gawin, B.. Schrefler, Thermo-hydro-mechanical analysis of partially saturated porous materials, Engineering Computations. 13 (1996) 113–143.

[149] J. Selih, A.C.M. Sousa, T.W. Bremner, Moisture transport in initially fully saturated concrete during drying, Transport in Porous Media. 24 (1996) 81–106.

[150] M. Mainguy, Modèles de diffusion non linéaires en milieux poreux. Application à la dissolution et au séchage des matériaux cimentaires, Thèse de Doctorat. Ecole Nationale des Ponts et Chaussées, 1999.

[151] F. Meftah, S. Dal Pont, Staggered Finite Volume Modeling of Transport Phenomena in Porous Materials with Convective Boundary Conditions, Transport in Porous Media. 82 (2010) 275–298.

[152] Z.P. Bazant, L.J. Najjar, Nonlinear water diffusion in nonsaturated concrete.pdf, Matériaux et Constructions. 5 (1972) 3–20.

[153] B. Kari, B. Perrin, J.C. Foures, Modélisation macroscopique des transferts de chaleur et d'humidité dans des matériaux du bâtiment. Les données nécessaires, Materials and Structures. 25 (1992) 482–489.

[154] O. Coussy, R. Eymard, T. Lassabatère, Constitutive Modeling of Unsaturated Drying Deformable Materials, Journal of Engineering Mechanics. 124 (1998) 658–667.

[155] O. Coussy, Poromechanics, John Wiley & Sons Ltd, 2004.

[156] M. Thiery, V. Baroghel-Bouny, N. Bourneton, G. Villain, C. Stéfani, Modélisation du séchage des bétons - Analyse des différents modes de transfert hydrique, Revue Européenne de Génie Civil. 11 (2007) 541–577.

[157] L.A. Richards, Capillary conduction of liquids through porous mediums, Physics. 1 (1931) 318–333.

[158] V. Baroghel-Bouny, M. Mainguy, T. Lassabatère, O. Coussy, Characterization and identification of equilibrium and transfer moisture properties for ordinary and high-performance cementitious materials, Cement and Concrete Research. 29 (1999) 1225–1238.

[159] M.T. Van Genuchten, A closed-form equation for predicting the hydraulic conductivity of unsaturated soils, Soil Science Society of America Journal. 44 (1980) 892–898.

[160] V. Baroghel-Bouny, B. Perrin, L. Chemloul, Détermination expérimentale des propriétés hydriques des pâtes de ciment durcies—Mise en évidence des phénomènes d'hystérésis, Materials and Structures. 30 (1997) 340–348.

[161] K.K. Aligizaki, Pore Structure of Cement-Based Materials: Testing Interpretation and Requirements, Taylor & Francis Group, 2006.

[162] J.W. McBain, An explanation of hysteresis in the hydration and dehydration of gels, J. Am. Chem. Soc. 57 (1935) 699–700.

[163] R.M. Espinosa, L. Franke, Influence of the age and drying process on pore structure and sorption isotherms of hardened cement paste, Cement and Concrete Research. 36 (2006) 1969–1984.

[164] S. Brunauer, P.H. Emmett, E. Teller, Adsorption of gases in multimolecular layers, Journal of the American Chemical Society. 60 (1938) 309–319.

[165] R.A. Pierotti, J. Rouquerol, K.S.W. Sing, D.H. Everett, R. A. W Haul, L. Moscou, et al., Reporting physisorption data for gas/solid systems with special reference to the determination of surface area and porosity, Pure Appl Chem. 57 (1985) 603–619.

[166] M.-R. Babaa, Contribution à l'étude de l'adsorption physique de gaz sur les nanotubes de carbone mono- et multiparois, Thèse de Doctorat. Université Henri Poincaré, Nancy I, 2004.

[167] Y. Jannot, Isothermes de sorption : modèles et détermination, (2008).

[168] F. Brue, C.A. Davy, F. Skoczylas, N. Burlion, X. Bourbon, Effect of temperature on the water retention properties of two high performance concretes, Cement and Concrete Research. 42 (2012) 384–396. doi:10.1016/j.cemconres.2011.11.005.

[169] W. Chen, J. Liu, F. Brue, F. Skoczylas, C.A. Davy, X. Bourbon, et al., Water retention and gas relative permeability of two industrial concretes, Cement and Concrete Research. 42 (2012) 1001–1013. doi:10.1016/j.cemconres.2012.04.003.

[170] E.P. Barrett, L.G. Joyner, P.P. Halenda, The determination of pore volume and area distributions in porous substances. I. Computations from nitrogen isotherms, Journal of the American Chemical Society. 73 (1951) 373–380.

[171] C.T. Kiranoudis, Z.B. Maroulis, E. Tsami, D. Marinos-Kouris, Equilibrium moisture content and heat of desorption of some vegetables, Journal of Food Engineering. 20 (1993) 55–74.

[172] G.L. Aranovitch, New polymolecular adsorption isotherm, Journal of Colloid and Interface Science. 141 (1991) 30–43.

[173] H.B. Pfost, S.G. Maurer, D.S. Chung, G.A. Milliken, Summarizing and reporting equilibrium moisture data for grains, American Society of Agricultural Engineers. 76-3520 (1976).

[174] E. Tsami, M.K. Krokida, A.E. Drouzas, Effect of drying method on the sorption characteristics of model fruit powders, Journal of Food Engineering. 38 (1999) 381–92.

[175] L. Ait Mohamed, M. Kouhila, S. Lahsasni, A. Jamali, A. Idlimam, A. Rhazi, et al., Equilibrium moisture content and heat of sorption of Gelidium sesquipedale, Journal of Stored Products Research. 41 (2005) 199–209.

[176] S.J. Gregg, K.S.W. Sing, Adsorption, surface area and porosity, (1982).

[177] G. Pickett, Modification of the Brunauer Emmett Teller Theory of Multimolecular Adsorption, Journal of the American Chemical Society. 67 (1945) 1958–1962.

[178] B. Savage, J. Janssen, Soil physics principles validated for use in predicting unsaturated moisture mivement in portland cement concrete, ACI Materials Journal. 94 (1997) 63–70.

[179] Y. Mualem, A new model for predicting the hydraulic conductivity of unsaturated porous media, Water Resources Research. 12 (1976) 513–522.

[180] I. Langmuir, The constitution and fundamental properties of solids and liquids. part I. solids, Journal of American Chemical Society. 38 (1916) 2221–2295.

[181] E.A. Guggenheim, Application of Statistical Mechanics (Chapter 11), Clarendon Press. (1966).

[182] R.B. Anderson, Modifications of the Brunauer, Emmett and Teller equation, Journal of the American Chemical Society. 68 (1946) 686–691.

[183] J.H. De Boer, The Dynamical Character of Adsorption, Clarendon Press. (1953) 57.

[184] Y. Mualem, A new model for predicting the hydraulic conductivity of unsaturated porous media, Water Resources Research. 12 (1976) 513–522.

[185] K. Kosugi, General model for unsaturated hydraulic conductivity for soils with lognormal pore-size distribution, Soil Science Society of America Journal. 63 (1999) 270–277.

[186] J.H. Wosten, M.T. Van Genuchten, Division S-6-soil and water mangament and conservation. Using texture and other soil properties to predict the unsaturated soil hydraulic functions, Soil Science Society of America Journal. 52 (1988) 1762–1770.

[187] G. Wardeh, B. Perrin, Relative permeabilityies of cement-based materials: influence of the tortuosity function, Journal of Building Physics. 30 (2006) 39–57.

[188] S. Poyet, Assessment of the unsaturated water transport properties of an old concrete: Determination of the pore-interaction factor, Cement and Concrete Research. 41 (2011) 1015–1023.

[189] C. Leech, D. Lockington, R.D. Hooton, G. Galloway, G. Cowin, P. Dux, Validation of Mualem's Conductivity Model and rediction of Saturated Permeability from Sorptivity, ACI Materials Journal. 105 (2008) 44–51.

[190] P.A.M. Basheer, Permeation analysis, In: Ramachandran, Beaudouin (eds.) Handbook of Analytical Techniques in Concrete Science and Technology. Noyes Publications. (2001) 658–737.

[191] V. Baroghel-Bouny, Water vapour sorption experiments on hardened cementitious materials. Part II: Essential tool for assessment of transport properties and for durability prediction, Cement and Concrete Research. 37 (2007) 438–454.

[192] O. Coussy, V. Baroghel-Bouny, P. Dangla, M. Mainguy, Evaluation de la perméabilité à l'eau liquide des bétons à partir de leur perte de masse durant le séchage, Revue Française de Génie Civil. 5 (2001).

[193] V. Baroghel-Bouny, Water vapour sorption experiments on hardened cementitious materials Part I: Essential tool for analysis of hygral behaviour and its relation to pore structure, Cement and Concrete Research. 37 (2007) 414–437.

[194] C. Cau Dit Coumes, S. Courtois, D. Nectoux, S. Leclercq, X. Bourbon, Formulating a low-alkalinity, high-resistance and low-heat concrete for radioactive waste repositories, Cement and Concrete Research. 36 (2006) 2152–2163.

[195] R.S. Barneyback, S. Diamond, Expression and analysis of pore fluids from hardened cement pastes and mortars, Cement and Concrete Research. 11 (1981) 279–285.

[196] M. Cyr, A. Daidié, Optimization of a high-pressure pore water extraction device, Review of Scientific Instruments. 78 (2007) 023906.

[197] M. Codina, C. Cau-dit-Coumes, P. Le Bescop, J. Verdier, J.-P. Ollivier, Design and characterization of low-heat and low-alkalinity cements, Cement and Concrete Research. 38 (2008) 437–448.

[198] R.S. Barneyback, S. Diamond, Expression and analysis of pore fluid from hardened cement pastes and mortars, Cement and Concrete Research. 11 (1981) 279–285.

[199] P.C. Kreijger, The skin of concrete composition and properties, Materials and Structures. 17 (1984) 275–283.

[200] W. Dridi, N. Trepy, Modélisation du transport des gaz dans les matériaux cimentaires insaturés : synthèse des travaux 2011, 2011.

[201] C. Gallé, M. Pin, Relation entre la microstructure, le degré de saturation en eau et l'aptitude au transfert dynamique des gaz dans les matériaux cimentaires. Etude comparative des porosités à l'eau, à l'hélium et au mercure de pâtes de ciment CPA (CEM I) et CLC (CEM V) ; perméabilité au gaz des pâtes de ciment CPA, 1996.

[202] F. Frizon, Etude bibliographique des Hydrosilicates de calcium du ciment. Partie I. Structure et équilibres chimiques des C-S-H purs, (2005).

[203] F. Adenot, Durabilité du béton : caractérisation et modélisation des processus physiques et chimiques de dégradation du ciment, Thèse de Doctorat. Université d'Orléans, 1992.

[204] G. Renaudin, R. Segni, D. Mentel, J.-M. Nedelec, F. Leroux, C. Taviot-Gueho, A Raman study of the sulfated cement hydrates: ettringite and monosulfoaluminate, Journal of Advanced Concrete Technology. 5 (2007) 299–312.

[205] AFPC-AFREM, Accelerated carbonation test-measurement of the carbonated concrete thickness. Durabilité des bétons, LMDC, INSA-UPS Toulouse, France, Toulouse, 1997.

[206] V. Baroghel-Bouny, T. Chaussadent, G. Croquette, L. Divet, J. Gawsewitch, J. Godin, et al., Méthode d'essai n°58 : Caractéristiques microstructurales et propriétés relatives à la durabilité des bétons, Laboratoire Centrale des Ponts et Chaussées, 2002.

[207] G. Arliguie, H. Hornain, GranDuBé - Grandeurs associées à la Durabilité des Béton, Presses de l'école nationale des ponts et chaussées, 2007.

[208] C.A. Reiss, The RTMS technology: dream or reality?, Panalytical Communication CPD Newsletter. 27 (2002).

[209] V.S. Ramachandran, M.P. Ralph, J.J. Baudoin, A.H. Delgado, Handbook of Thermal Analysis of Construction Materials, Noyes Publications, 2002.

[210] J.M. Rivas-Mercury, P. Pena, A.H. de Aza, X. Turrillas, Dehydration of $Ca_3Al_2(SiO_4)y(OH)_4(3-y)$ $(0<y<0.176)$ studied by neutron thermodiffractometry, Journal of the European Ceramic Society. 28 (2008) 1737–1748.

[211] A. Hidalgo, C. Domingo, C. Garcia, S. Petit, C. Andrade, C. Alonso, Microstructural changes induced in Portland cement-based materials due to natural and supercritical carbonation, Journal of Materials Science. 43 (2008) 3101–3111.

[212] S. Maitra, A. Choudhury, H.S. Das, M.J. Pramanik, Effect of compaction on the kinetics of thermal decomposition of dolomite under non-isothermal condition, Journal of Materials Science. 40 (2005) 4749–4751.

[213] R. Olson, H. Jennings, Estimation of C-S-H content in a blended cement paste using water adsorption, Cement and Concrete Research. 31 (2001) 351–356.

[214] A. Dauzères, Etude expérimentale et modélisation des mécanismes physico-chimiques des interactions béton-argile dans le contexte du stockage géologique des déchets radioactifs, Thèse de Doctorat. Université de Poitiers, 2010.

[215] L.E. Copeland, D.L. Kantro, G.J. Verbeck, Chemistry of hydration of Portland cement, Portland Cement Association, Research and Development Laboratories, 1960.

[216] L.J. Parrott,, M. Geiker, A. Gutteridge, D. Killoh, Monitoring Porland cement hydration : comparison of methods, Cement and Concrete Research. 20 (1990) 919–926.

[217] P. Mounanga, Étude expérimentale du comportement de pâtes de ciment au très jeune âge : hydratation, retraits, propriétés thermophysiques, Thèse de Doctorat. Université de Nantes, 2004.

[218] K.O. Kjellsen, R.J. Detwiler, O.E. Gjørv, Development of microstructures in plain cement pastes hydrated at different temperatures, Cement and Concrete Research. 21 (1991) 179–189.

[219] AFPC-AFREM, Détermination de la masse volumique apparente et de la porosité accessible à l'eau : Mode opératoire recommandé, dans "Méthodes recommandées pour la mesure des grandeurs associées à la durabilité," Toulouse, France (LMDC), 1997.

[220] P.D. Tennis, H.M. Jennings, A model for two types of calcium silicate hydrate in the microstructure of Portland cement pastes, Cement and Concrete Research. 30 (2000) 855–863.

[221] I.G. Richardson, G.W. Groves, Microstructure and microanalysis of hardened ordinary Portland cement pastes, Journal of Materials Science. 28 (1993) 265–277.

[222] I.G. Richardson, A.R. Brough, R. Brydson, G.W. Groves, C.M. Dobson, Location of Aluminum in Substituted Calcium Silicate Hydrate (C-S-H) Gels as Determined by ^{29}Si and ^{27}Al NMR and EELS, Journal of the American Ceramic Society. 76 (1993) 2285–2288.

[223] M.D. Andersen, H.J. Jakobsen, J. Skibsted, Incorporation of Aluminum in the Calcium Silicate Hydrate (C–S–H) of Hydrated Portland Cements: A High-

Field ^{27}Al and ^{29}Si MAS NMR Investigation, Inorganic Chemistry. 42 (2003) 2280–2287.

[224] J. Magat, Apport de l'Imagerie par Résonance Magnétique dans l'étude des mécanismes de structuration des matériaux cimentaires : Application au suivi des modifications engendrées par le séchage, Thèse de Doctorat. Ecole Nationale des Ponts et Chaussées, 2008.

[225] F. Brunet, T. Charpentier, C.N. Chao, H. Peycelon, A. Nonat, Characterization by solid-state NMR and selective dissolution techniques of anhydrous and hydrated CEM V cement pastes, Cement and Concrete Research. 40 (2010) 208–219.

[226] X. Pardal, F. Brunet, T. Charpentier, I. Pochard, A. Nonat, ^{27}Al and ^{29}Si Solid-State NMR Characterization of Calcium-Aluminosilicate-Hydrate, Inorganic Chemistry. 51 (2012) 1827–1836.

[227] I. Galan, C. Andrade, M. Castellote, Thermogravimetrical analysis for monitoring carbonation of cementitious materials: Uptake of CO_2 and deepening in C–S–H knowledge, Journal of Thermal Analysis and Calorimetry. 110 (2012) 309–319.

[228] T. Charpentier, Résonance magnétique nucléaire haute-résolution sur les noyaux quadrupolaires dans les solides, Thèse de Doctorat. Université Paris XI Orsay, 1998.

[229] E.W. Washburn, The dynamics of capillary flows, Physical Review. 17 (1921) 273–83.

[230] R.L. Day, B.K. Marsh, Measurement of porosity in blended cement pastes, Cement and Concrete Research. 18 (1988) 63–73.

[231] C. Gallé, Effect of drying on cement-based materials pore structure as identified by mercury intrusion porosimetry : A comparative study between oven-, vacuum-, and freeze-drying, Cement and Concrete Research. 31 (2001) 1467–1477.

[232] A. Korpa, R. Trettin, The influence of different drying methods on cement paste microstructures as reflected by gas adsorption: Comparison between freeze-drying (F-drying), D-drying, P-drying and oven-drying methods, Cement and Concrete Research. 36 (2006) 634–649.

[233] V.G. Mata, J.C.B. Lopes, M.M. Dias, Porous Media Characterization Using Mercury Porosimetry Simulation. 1. Description of the Simulator and Its Sensitivity to Model Parameters, Industrial & Engineering Chemistry Research. 40 (2001) 3511–3522.

[234] V.G. Mata, J.C.B. Lopes, M.M. Dias, Porous Media Characterization Using Mercury Porosimetry Simulation. 2. An Iterative Method for the Determination of the Real Pore Size Distribution and the Mean Coordination Number, Industrial & Engineering Chemistry Research. 40 (2001) 4836–4843.

[235] J.-F. Daïan, Evaluation des propriétés de transfert dans les matériaux cimentaires: Etude critique des modèles, Revue Française de Génie Civil. 5 (2001) 179–202.

[236] A.J. Katz, A.H. Thompson, Prediction of rock electrical conductivity from mercury injection measurements, Journal of Geophysical Research. 92 (1987) 599–607.

[237] J.J. Thomas, H.M. Jennings, A.J. Allen, The surface area of hardened cement paste as measured by various techniques, Concrete Science and Engineering. 1 (1999) 45–64.

[238] H.M. Jennings, P.D. Tennis, Model for the developing microstructure in Portland cement pastes, Journal of the American Ceramic Society. 77 (1994) 3161–3172.

[239] R.S. Mikhail, L.E. Copeland, S. Brunauer, Pore structures and surface areas of hardened Portland cement pastes by nitrogen adsorption, Canadian Journal of Chemistry. 42 (1964) 426–438.

[240] J.B. Condon, Surface area and porosity determinations by physisorption - measurements and theory, 1st ed. - Amsterdam ; Boston : Elsevier, 2006.

[241] J. Hagymassy, S. Brunauer, R.S. Mikhail, Pore structure analysis by water vapor sorption I t-curves for water, Journal of Colloid and Interface Science. 29 (1969) 485–491.

[242] R. Badmann, N. Stockhausen, M.J. Setzer, The statistical thickness and the chemical potential of adsorbed water films, Journal of Colloid and Interface Science. 82 (1981) 534–542.

[243] S. Yamanaka, P.B. Mala, S. Komarneni, Water Adsorption Properties of Alumina Pillared Clay, Journal of Colloid and Interface Science. 134 (1990) 51–58.

[244] J.-F. Daïan, Processus de condensation et de transfert d'eau dans un matériau méso et macroporeux. Etude expérimentale du mortier de ciment, Thèse de Doctorat. Université Scientifique, Technologique et médicale et Institut National Polytechnique de Grenoble, 1986.

[245] S. M'jahad, Impact de la fissuration sur les propriétés de rétention d'eau et de transport de gaz des géomatériaux: Application au stockage géologique des déchets radioactifs, Thèse de Doctorat. Ecole Centrale de Lille, 2012.

[246] J. Han, W. Sun, G. Pan, Analysis of different contents of blast-furnace slag effect on carbonation properties of hardened binder paste using micro-xct technique, in: Amsterdam, The Netherlands, 2012.

[247] L. Greenspan, Humidity fixed points of binary saturated aqueous solutions, Journal of Research of the National Bureau of Standards. 81 (1977) 89–96.

[248] P. Arlabosse, E. Rodier, J.H. Ferrasse, S. Chavez, D. Lecomte, Comparison between static and dynamic methods for sorption isotherm measurements, Drying Technology. 21 (2003) 479–497.

[249] B. Johannesson, M. Janz, Test of four different experimental methods to determine sorption isotherms, Journal of Materials in Civil Engineering (ASCE). 14 (2002) 471–477.

[250] K. Trentin, Comportement T-H-M des bétons: influence de la température sur les isothermes d'adsorption des matériaux cimentaires, 2010.

[251] A.J. Katz, A.H. Thompson, Quantitative prediction of permeability in porous rock, Physical Review B. 34 (1986) 8179–8181.

[252] E.J. Garboczi, Permeability, Diffusivity, and Microstructural parameters: a critical review, Cement and Concrete Research. 20 (1990) 591–601.

[253] L. Pel, K. Kopinga, Moisture transport in porous building materials, HERON. 41 (1996) 95–105.

[254] L. Cui, J.H. Cahyadi, Permeability and pore structure of OPC paste, Cement and Concrete Research. 31 (2001) 277–282.

[255] J.J. Zheng, X.Z. Zhou, Analytical method for prediction of water permeability of cement paste, ACI Materials Journal. 105 (2008) 200–206.

[256] M. Thiery, G. Villain, W. Jaafar, Estimation de la perméabilité des matériaux cimentaires par porosimétrie au mercure, in: Bulletin du GFHN, Dijon, 2003.

[257] C. Richet, Etude de la migration des radioéléments dans les liants hydrauliques : influence du vieillissement des liants sur les mécanismes et les cinétiques de transferts, Thèse de Doctorat. Université Paris XI Orsay, 1992.

[258] X. Cong, R.J. Kirkpatrick, ^{29}Si MAS NMR study of the structure of calcium silicate hydrate, Advanced Cement Based Materials. 3 (1996) 144–156.

[259] A. Nonat, The structure and stoichiometry of C-S-H, Cement and Concrete Research. 34 (2004) 1521–1528.

[260] K.L. Scrivener, Development of Microstructure during the Hydration of Portland cement, PhD Thesis. University of London, 1984.

[261] T.S. Nguyen, Influence de la nature du liant et de la température sur le transport des chlorures dans les matériaux cimentaires, Thèse de Doctorat. INSA Toulouse, 2006.

[262] C.-N. Chao, Etude sur l'hydratation des ciments composés CEM V. Application au comportement à long terme des bétons, Thèse de Doctorat. Université de Bourgogne, 2007.

[263] M.D. Andersen, H.J. Jakobsen, J. Skibsted, Characterization of white Portland cement hydration and the C-S-H structure in the presence of sodium aluminate by ^{27}Al and ^{29}Si MAS NMR spectroscopy, Cement and Concrete Research. 34 (2004) 857–868.

[264] C.A. Love, I.G. Richardson, A.R. Brough, Composition and structure of C–S–H in white Portland cement–20% metakaolin pastes hydrated at 25 °C, Cement and Concrete Research. 37 (2007) 109–117.

[265] I. García-Lodeiro, A. Fernández-Jiménez, I. Sobrados, J. Sanz, A. Palomo, C-S-H Gels: Interpretation of ^{29}Si MAS-NMR Spectra, Journal of the American Ceramic Society. 95 (2012) 1440–1446.

[266] J. Skibsted, M.D. Andersen, The Effect of Alkali Ions on the Incorporation of Aluminum in the Calcium Silicate Hydrate (C–S–H) Phase Resulting from Portland Cement Hydration Studied by ^{29}Si MAS NMR, Journal of the American Ceramic Society. (2012).

[267] I.G. Richardson, The nature of CSH in hardened cements, Cement and Concrete Research. 29 (1999) 1131–1147.

[268] M.M. Al-Zahrani, A.-H. Al-Tayyib, S.U. Al-Dulaijan, E. Osei-Twum, ^{29}Si MAS-NMR study of hydrated cement paste and mortar with varying content of fly ash, Advances in Cement Research. 18 (2006) 27–34.

[269] I. García-Lodeiro, A. Fernández-Jiménez, I. Sobrados, J. Sanz, A. Palomo, C-S-H Gels: Interpretation of ^{29}Si MAS-NMR Spectra, Journal of the American Ceramic Society. 95 (2012) 1440–1446.

[270] J.J. Beaudoin, L. Raki, R. Alizadeh, A ^{29}Si MAS NMR study of modified C–S–H nanostructures, Cement and Concrete Composites. 31 (2009) 585–590.

[271] R. Taylor, I.G. Richardson, R.M.D. Brydson, Composition and microstructure of 20-year-old ordinary Portland cement–ground granulated blast-furnace slag blends containing 0 to 100% slag, Cement and Concrete Research. 40 (2010) 971–983.

[272] P.K. Mehta, Studies on blended Portland cements containing Santorin earth, Cement and Concrete Research. 11 (1981) 507–18.

[273] R.F. Feldman, Significance of porosity measurements on blended cement performance. 1st conference on the use of fly ash, silica fume, slag and other mineral by-products in concrete, ACI (Special Publication). 79 (1983) 415–433.

[274] Y. Xi, D.D. Siemer, B.E. Scheetz, Strength development, hydration reaction and pore structure of autoclaved slag cement with added silica fume, Cement and Concrete Research. 27 (1997) 75–82.

[275] P. Chindaprasirt, Cement paste characteristics and porous concrete properties, Construction and Building Materials. 22 (2008) 894–901.

[276] A. Ben Fraj, Transfert dans les bétons non saturés : influence des laitiers et de l'endommagement mécanique, Thèse de Doctorat. Université de Nantes, 2009.

[277] B. Kolani, Comportement au jeune âge des structures en béton armé à base de ciments aux laitiers, in: Prix Jeunes Chercheurs « René Houpert », Chambéry, 2012.

[278] X. Wang, Modélisation du transport multi-espèces dans les matériaux cimentaires saturés ou non saturés et éventuellement carbonatés, Université Paris-Est, 2012.

[279] E. Roziere, Etude de la durabilité des bétons par une approche performantielle, Thèse de Doctorat. Ecole Centrale de Nantes et Université de Nantes, 2007.

[280] G.J. Verbeck, R. Helmuth, Structure and physical properties of cement paste, Fifth International Symposium on the Chemistry of Cement, Tokyo, Part III. (1968) 1–32.

[281] S. Poyet, Experimental investigation of the effect of temperature on the first desorption isotherm of concrete, Cement and Concrete Research. 39 (2009) 1052–1059.

[282] J.J. Völkl, R.E. Beddoe, M.J. Setzer, The specific surface of hardened cement paste by small angle X-ray scattering effect of moisture content and chlorides, Cement and Concrete Research. 17 (1987) 81–88.

[283] D.N. Winslow, S. Diamond, Specific Surface of Hardened Portland Cement Paste as Determined by Small-Angle X-Ray Scattering, Journal of The American Ceramic Society. 57 (1974) 193–197.

[284] I. Odler, The BET-specific surface area of hydrated Portland cement and related materials, Cement and Concrete Research. 33 (2003) 2049–2056.

[285] F.H. Wittmann, Etude de la force d'adhésion en fonction du mouillage, in: Colloqie RILEM, Toulouse, France, 1972: pp. 174–184.

[286] F.H. Wittmann, The structure of hardened cement paste - A basis for better understanding of the material properties, in: Cement and Concrete Association, Sheffield, UK, 1976: pp. 96–117.

[287] V.G. Papadakis, M.N. Fardis, C.G. Vayenas, Hydration and Carbonation of Pozzolanic Cements, ACI Materials Journal. 89 (1992) 119–130.

[288] K.L. Scrivener, H.F.W. Taylor, Delayed ettringite formation: a microstructural and microanalytical study, Advances in Cement Research. 5 (1993) 139–146.

[289] V. Baroghel-Bouny, A. Ammouche, H. Hornain, Matrices cimentaires : Analyse de la microstructure et des propriétés de tranfert, Revue Française de Génie Civil. 5 (2001) 149–177.

[290] W. Jaafar, Influence de la carbonatation sur la porosité et la perméabilité des bétons, Laboratoire des Ponts et Chaussées, Marne la Vallée, 2003.

[291] M. Mainguy, O. Coussy, V. Baroghel-Bouny, Role of air pressure in drying of weakly permeable materials, Journal of Engineering Mechanics. (2001) 582–592.

[292] P.E. Stutzman, Pattern fitting for quantitative X-ray powder diffraction analysis of Portland cement and clinker, in: International Cement Microscopy Association, Houston, TX, 1996.

[293] E.G. Swenson, P.J. Sereda, Some ageing characteristics of lime, Journal of Applied Chemistry. 17 (1967) 198–202.

[294] Y. He, L. Lu, L.J. Struble, J.L. Rapp, P. Mondal, S. Hu, Effect of calcium–silicon ratio on microstructure and nanostructure of calcium silicate hydrate synthesized by reaction of fumed silica and calcium oxide at room temperature, Materials and Structures. 47 (2014) 311–322.

[295] W. Eitel, Silicate Science: Ceramics and Hydraulic Binders, Ceramics and hydraulic binders Academic Press, New York, 1966.

[296] F.A.L. Dullien, Porous media, fluid transport and pore structure, Academic Press, San Diego, 1992.

[297] B.G. Kutchko, B.R. Strazisar, G.V. Lowry, D.A. Dzombak, N. Thaulow, Rate of CO_2 Attack on Hydrated Class H Well Cement under Geologic Sequestration Conditions, Environmental Science & Technology. 42 (2008) 6237–6242.

[298] Y.F. Houst, The role of moisture in the carbonation of cementitious materials, Internationale Zeitschrift Für Bauinstandsetzen. 2 (1996) 49–66.

[299] R.L. Rarick, J.I. Bhatty, H.M. Jennings, Surface Area Measurement using Gas Sorption: Application to Cement Paste, Materials Science of Concrete, American Ceramic Society. 4 (1994) 1–36.

[300] Comité Euro-International du Béton, CEB-FIP MODEL CODE, (1990).

[301] V.G. Papadakis, C.G. Vayenas, M.N. Fardis, A reaction engineering approach to the problem of concrete carbonation, AIChE Journal. 35 (1989) 1639–1650.

[302] M. Thiery, G. Villain, Effect of carbonation on density, microstructure and liquid water saturation of concrete, in: Advances in Cement and Concrete, Copper Mountain, Colorado, U.S.A., 2003: pp. 481–490.

[303] J. Poiseuille, Recherches expérimentales sur le mouvement des liquides dans les tubes de très petit diamètres; i : Influence de la pression sur la quantité de liquide qui traverse les tubes de très petits diamètres, Compte Rendu de l'Académie Des Sciences. 11 (1840) 961–967.

[304] D. Snow, A Parallel Plate Model of Permeable Fractured Media, PhD Thesis. University of California, 1969.

[305] C. Edvardsen, Water permeability and autogenous healing of cracks in concrete, ACI Materials Journal. 96 (1999).

[306] R.W. Zimmerman, G.S. Bodvarsson, Hydraulic conductivity of rock fractures, Transport in Porous Media. 23 (1996) 1–30.

[307] G. Rastiello, Influence de la fissuration sur le transfert de fluides dans les structures en béton: stratégies de modélisation probabiliste et étude expérimentale, Thèse de Doctorat. Université Paris-Est, 2013.

[308] P.A. Witherspoon, J.S.Y. Wang, K. Iwai, J.E. Gale, Validity of Cubic Law for fluid flow in a deformable rock fracture, Water Resources Research. 16 (1980) 1016–1024.

[309] C. Zhou, K. Li, X. Pang, Geometry of crack network and its impact on transport properties of concrete, Cement and Concrete Research. 42 (2012) 1261–1272.

[310] P.C. Carman, Fluid flow through granular beds, Transactions of the Institution of Chemical Engineers. 15 (1937) 150–166.

[311] V.G. Papadakis, C.G. Vayenas, M.N. Fardis, Physical and chemical characteristics affecting the durability of concrete, ACI Materials Journal. 88 (1991) 182–196.

[312] S. Grangeon, F. Claret, Y. Linard, C. Chiaberge, X-ray diffraction: a powerful tool to probe and understand the structure of nanocrystalline calcium silicate

hydrates, Acta Crystallographica Section B Structural Science Crystal Engineering and Materials. 69 (2013) 465–473.

[313] E. Drouet, S. Poyet, P. Le Bescop, J.-M. Torrenti, Chemical changes and carbonation profiles of carbonated cement pastes at 80°C for different relative humidities, in: Sixth International Conference on Concrete under Severe Conditions: Environment and Loading, Concrete Under Severe Conditions - Castro-Borges et al. (eds), Mexico, 2010: pp. 321–328.

[314] Y. He, L. Lu, L.J. Struble, J.L. Rapp, P. Mondal, S. Hu, Effect of calcium–silicon ratio on microstructure and nanostructure of calcium silicate hydrate synthesized by reaction of fumed silica and calcium oxide at room temperature, Materials and Structures. 47 (2014) 311–322.

[315] J. Minet, Synthèse et caractérisation de silicates de calcium hydratés hybrides, Thèse de Doctorat. Université de Paris-Sud, U.F.R Scientifique d'Orsay, 2003.

[316] S. Grangeon, F. Claret, C. Lerouge, F. Warmont, T. Sato, S. Anraku, et al., On the nature of structural disorder in calcium silicate hydrates with a calcium/silicon ratio similar to tobermorite, Cement and Concrete Research. 52 (2013) 31–37.

[317] P. Hennock, Modélisation des interactions ioniques à la surface des silicates de calcium hydratés, Thèse de Doctorat. Université Laval Québec, 2005.

[318] R. Alizadeh, Nanostructure and Engineering Properties of Basic and Modified Calcium-Silicate-Hydrate Systems, PhD Thesis. University of Otawa, Department of Civil Engineering, 2009.

[319] R. Barbarulo, Comportement des matériaux cimentaires : actions des sulfates et de la température, Thèse de Doctorat. ENS Cachan, 2002.

[320] S. Diamond, Cement paste microstructure: an overview at several levels, in: Wexham Springs, Cement and Concrete Association, Sheffield, 1976: p. 2.

[321] P. Colombet, H. Zanni, A.-R. Grimmer, P. Sozzani, eds., Nuclear Magnetic Resonance Spectroscopy of Cement-Based Materials, Springer Berlin Heidelberg, Berlin, Heidelberg, 1998.

[322] F. Brunet, P. Bertani, T. Charpentier, A. Nonat, J. Virlet, Application of ^{29}Si Homonuclear and ^{1}H– ^{29}Si Heteronuclear NMR Correlation to Structural Studies of Calcium Silicate Hydrates, The Journal of Physical Chemistry B. 108 (2004) 15494–15502.

[323] X. Cong, R.J. Kirkpatrick, ^{29}Si and ^{17}O NMR investigation of the structure of some crystallin calcium silicate hydrate, Advanced Cement Based Materials. 3 (1996) 133–143.

[324] X. Cong, R. James Kirkpatrick, ^{17}O and ^{29}Si MAS NMR study of β–C_2S hydration and the structure of calcium-silicate hydrates, Cement and Concrete Research. 23 (1993) 1065–1077.

[325] L. Fernandez, C. Alonso, C. Andrade, A. Hidalgo, The interaction of magnesium in hydration of C_3S and CSH formation using ^{29}Si MAS-NMR, Journal of Materials Science. 43 (2008) 5772–5783.

[326] G. Sun, A.R. Brough, J.F. Young, ^{29}Si NMR Study of the Hydration of Ca_3SiO_5 and β-Ca_2SiO_4 in the Presence of Silica Fume, Journal of the American Ceramic Society. 82 (1999) 3225–3230.

[327] L. Black, K. Garbev, I. Gee, Surface carbonation of synthetic C-S-H samples: A comparison between fresh and aged C-S-H using X-ray photoelectron spectroscopy, Cement and Concrete Research. 38 (2008) 745–750.

[328] T. Nishikawa, K. Suzuki, S. Ito, Decomposition of synthetized ettringite by carbonation, Cement and Concrete Research. 22 (1992) 6–14.

[329] T. Terai, A. Mikuni, Y. Nakamura, K. Ikeda, Synthesis of ettringite from portlandite suspensions at various Ca/Al ratios, Inorganic Materials. 43 (2007) 786–792.

[330] M. Liira, K. Kirsimäe, R. Kuusik, R. Mõtlep, Transformation of calcareous oil-shale circulating fluidized-bed combustion boiler ashes under wet conditions, Fuel. 88 (2009) 712–718.

[331] T. Hanzlicek, I. Perna, Alumina-silicates in stabilisation processes on fluidised-bed ash, Ceramics-Silikaty. 55 (2011) 94–99.

[332] S.A. Greenberg, T.N. Chang, Investigation of the Colloidal Hydrated Calcium Silicates. Solubility Relationships in the Calcium Oxide-Silica-Water System at 25°, The Journal of Physical Chemistry. 69 (1964) 182–188.

Annexes

Annexe 1 : Les ciments de la norme EN 197-1 (ciments courants) - Extrait de la norme EN 197-1, article 6, tableau 1)

EN 197-1:2000
Table 1- The 27 products in the family of common cements

Main types	Notation of the 27 products (types of common cement)		Composition [proportion by mass [1]] Main constituents										Minor additional constituents
			Clinker	Blastfurnace slag	Silica fume	Pozzolana natural	Pozzolana calcined	Fly ash siliceous	Fly ash calcareous	Burnt shale	Limestone*	Limestone*	
			K	S	D [2]	P	Q	V	W	T	L	LL	
CEM I	Portland cement	CEM I	95-100	-	-	-	-	-	-	-	-	-	0-5
CEM II	Portland-slag cement	CEM II/A-S	80-94	6-20	-	-	-	-	-	-	-	-	0-5
		CEM II/B-S	65-79	21-35	-	-	-	-	-	-	-	-	0-5
	Portland-silica fume cement	CEM II/A-D	90-94	-	6-10	-	-	-	-	-	-	-	0-5
	Portland-pozzolana cement	CEM II/A-P	80-94	-	-	6-20	-	-	-	-	-	-	0-5
		CEM II/B-P	65-79	-	-	21-35	-	-	-	-	-	-	0-5
		CEM II/A-Q	80-94	-	-	-	6-20	-	-	-	-	-	0-5
		CEM II/B-Q	65-79	-	-	-	21-35	-	-	-	-	-	0-5
	Portland-fly ash cement	CEM II/A-V	80-94	-	-	-	-	6-20	-	-	-	-	0-5
		CEM II/B-V	65-79	-	-	-	-	21-35	-	-	-	-	0-5
		CEM II/A-W	80-94	-	-	-	-	-	6-20	-	-	-	0-5
		CEM II/B-W	65-79	-	-	-	-	-	21-35	-	-	-	0-5
	Portland-burnt shale cement	CEM II/A-T	80-94	-	-	-	-	-	-	6-20	-	-	0-5
		CEM II/B-T	65-79	-	-	-	-	-	-	21-35	-	-	0-5
	Portland-limestone cement	CEM II/A-L	80-94	-	-	-	-	-	-	-	6-20	-	0-5
		CEM II/B-L	65-79	-	-	-	-	-	-	-	21-35	-	0-5
		CEM II/A-LL	80-94	-	-	-	-	-	-	-	-	6-20	0-5
		CEM II/B-LL	65-79	-	-	-	-	-	-	-	-	21-35	0-5
	Portland-composite cement [2]	CEM II/A-M	80-94	<---------------------------------- 6-20 ---------------------------------->										0-5
		CEM II/B-M	65-79	<---------------------------------- 21-35 ---------------------------------->										0-5
CEM III	Blastfurnace cement	CEM III/A	35-64	36-65	-	-	-	-	-	-	-	-	0-5
		CEM III/B	20-34	66-80	-	-	-	-	-	-	-	-	0-5
		CEM III/C	5-19	81-95	-	-	-	-	-	-	-	-	0-5
CEM IV	Pozzolanic cement [2]	CEM IV/A	65-89	-	<------------- 11-35 ------------>				-	-	-	0-5
		CEM IV/B	45-64	-	<------------- 36-55 ------------>				-	-	-	0-5
CEM V	Composite cement [2]	CEM V/A	40-64	18-30	<-------- 18-30 -------->				-	-	-	0-5
		CEM V/B	20-38	31-50	<-------- 31-50 -------->				-	-	-	0-5

1) The values in the table refer to the sum of the main and minor additional constituents. 2) The proportion of silica fume is limited to 10%.
3) In Portland-composite cements CEM II/A-M and CEM II/B-M, in Pozzolanic cements CEM IV/A and CEM IV/B and in Composite cements CEM V/A and CEM V/B the main constituents besides clinker shall be declared by designation of the cement.
* L : total organic carbon (TOC) shall not exceed 0.5% by mass; LL: TOC shall not exceed 0.20% by mass.

Annexe 2 : Nomenclature minéralogique

Nom du constituant	Formule chimique	Notation
Silicate tricalcique (alite) (noté an)	$3CaO.SiO_2$	C_3S
Silicate bicalcique (bélite) (noté an)	$2CaO.SiO_2$	C_2S
Aluminate tricalcique	$3CaO.Al_2O_3$	C_3A
Aluminoferrite tétracalcique	$4CaO.Al_2O_3.Fe_2O_3$	C_4AF
Portlandite (notée p)	$Ca(OH)_2$	CH
Silicate de calcium hydraté (noté C-S-H)	$xCaO.SiO_2.nH_2O$	$C-S-H$
Tobermorite (notée t)	$Ca_5Si_6O_{16}(OH)_2.4H_2O$	$C_5-S_6-H_5$
Ettringite ou trisulfoaluminate de calcium hydraté (notée AFt)	$Ca_6Al_2(SO_4)_3(OH)_{12}.26H_2O$	$C_3A.3C\bar{s}H_{32}$
(1) Monocarboaluminate de calcium hydraté (2) Hémicarboaluminate de calcium hydraté (3) Monosulfoaluminate de calcium hydraté (notés AFm)	(1) $Ca_4.Al_2.(CO_3).(OH)_{12}.5H_2O$ (2) $Ca_4.Al_2.(CO_3)_{0,5}.(OH)_{13}.5,5H_2O$ (3) $Ca_4.Al_2.(SO_4).(OH)_{12}.6H_2O$	(1) $C_3A.C\bar{c}H_{11}$ (2) $C_3A.C\bar{c}_{0,5}H_{12}$ (3) $C_3A.3C\bar{s}H_{12}$
Katoïte (silicatée) (notée k)	$Ca_3.Al_2(SiO_4).(OH)8$	$C_3A.SH_4$
Dolomite (notée d)	$Ca.Mg(CO_3)_2$	$MC\bar{c}_2$
Gypse (gy)	$CaSO_4.2H_2O$	$C\bar{s}H_2$
Bassanite (b)	$CaSO_4.0,5H_2O$	$C\bar{s}H_{0,5}$
Carbonates de calcium (1) Calcite (notée c) (2) Aragonite (notée a)	$CaCO_3$	$c\bar{c}$

(3) Vatérite notée v)

Mullite (notée m)	$3Al_2O_3.2SiO_2$	A_3S_2
Quartz (noté q)	SiO_2	S
Hématite (notée h)	Fe_2O_3	F

Annexe 3 : Fiches produits

LAFARGE CIMENTS

Usine de VAL D'AZERGUES

CEM I 52,5 N CE PM-ES-CP2 NF

NF EN 197-1   NF P 15-317   NF P 15-318   NF P 15-319

NF EN 196-10

Fiche produit technique

CE NF

N° de certificat CE : 0333-CPD-4102

• Constituants et composition du ciment

Principaux (%)		Secondaires (%)		Sulfate de calcium (%)		Additifs sur sec (%)		
Clinker	99	Filler (F)	1	Gypse	4	Agent de mouture	ADM 72	0,01
C3S	64,4					Agent réducteur de CR VI	Sulfate de Fer	0,5
C3A	1,4					Agent de mouture	AMA5	0,5
C4AF	15,3							

• Caractéristiques physiques et mécaniques

	Valeur usine moyenne	Limites applicables à chacun des résultats (Réf : NF EN 197-1)		Limites applicables à chacun des résultats (Réf : annexe 1 du règlement de certification NF002)	
		minimum	maximum	minimum	maximum
Résistance à la compression 1 jour (MPa)	21,3				
Résistance à la compression 2 jours (MPa)	34,1	18,0		18	
Résistance à la compression 7 jours (MPa)	49,5				
Résistance à la compression 28 jours (MPa)	63	50,0		50	
Retrait à 28 jours (µm/m)	548				
Début de prise (min)	182	40		60	
Stabilité (mm)	1,2		10		5
Masse volumique (g/cm3)	3,19				
Surface spécifique Blaine (cm²/g)	3583				
Q12h (J/g)	214				
Q41h (J/g)	305				
L*	57				

• Caractéristiques chimiques (%)

MAXI : Valeurs limites applicables à chacun des résultats (Réf : NF EN 197-1, NF P 15-318, NF P 15-317, NF P 15-319)

	Valeur usine moyenne	MAXI		Valeur usine moyenne	MAXI		Valeur usine moyenne	MAXI
SiO2	20,6		S-- <	0,01	0,20	Insolubles	0,41	0,75
Al2O3	3,60		Cl-	0,06	0,10	CO2	0,90	
Fe2O3	5,00		Perte au feu	1,10	3,00	CaO libre	1,60	
CaO	64,3		TiO2	ND			Valeur usine moyenne	Coef var (%)
MgO	0,70	3,00	MnO	ND				
K2O	0,70		P2O5	0,40				
Na2O	0,20		Non dosé	0,63		Na2OEq	0,6	
SO3	2,70	3,00						
			Total :	100				

Ces valeurs, extraites de notre autocontrôle, permettent de vérifier la conformité de notre produit aux spécifications normatives et donnent une indication pour les caractéristiques complémentaires. Elles ne constituent pas un engagement sur les résultats à venir.

■ : Caractéristique modifiée / fiche précédente   ND : non dosé   *Révision du   06/02/2012*

Val d'Azergues : livraison en vrac

Holcim
France

Mise à jour du 07/03/2011

Ciment de haut-fourneau

NF EN 197-1	**CEM III/A 42,5 N-LH**	28/11/2007
	N° de certificat : 0333-CPD-2909	
CE+NF	**CEM III/A 42,5 N-LH CE PM-ES-CP1 NF**	28/11/2007
NF P15-317	Ciments pour travaux à la mer	PM
NF P15-319	Ciments pour travaux en eaux à haute teneur en sulfates	ES
NF P15-318	Ciments à teneur en sulfures limitée pour béton précontraint	CP1
CE	Valeur déclarée maximale en chlorures	0.45%
CE/CE+U	Ciments à faible chaleur d'hydratation	LH

Disponibilités : Vrac

COMPOSITION DÉCLARÉE (en %)

Constituant		Régulateur de prise	
Clinker (K)	37	Gypse	—
Laitier de haut-fourneau (S)	61	Anhydrite	4,0
Schiste calciné (T)	—	Autre sulfate de calcium	—
Sulfate de calcium (Cs)	—		
Pouzzolanes naturelles (P)	—	**Additif**	
Cendres volantes siliceuses (V)	—	Agent de mouture XEU 153	0,047
Cendres volantes calciques (W)	—	Sulfate ferreux	0,20
Calcaires (L ou LL)	—		
Constituants secondaires	2		

RESISTANCES A LA COMPRESSION (en MPa)

1 jour	**6**	2 jours	**15**	7 jours	**37**	28 jours	**57**

CARACTÉRISATION PHYSIQUE

Sur poudre		Sur pâte pure		Sur mortier	
Masse volumique (en g/cm³)	**3,00**	Besoin en eau (en %)	**30,4**	Chal. hydr. 41h (en J/g)	**245**
Surface massique (en cm²/g)	**4250**	Stabilité (en mm)	**0,8**		
Indice de clarté	**71,8**	Début de prise (en min)	**225**		

CARACTÉRISATION CHIMIQUE

PAF	INS	SiO₂	Al₂O₃	Fe₂O₃	CaO	MgO	SO₃	K₂O	Na₂O	S	Cl	CO₂	CaO₃₀	Na₂O éq actif
1.7	0.5	28.4	8.7	1.5	48.5	5.7	3.0	0.97	0.4	0.56	0.2	1.1	1.1	0.92

Composition potentielle du clinker : C3A **7,1** C3S **57,1** C4AF **9,8**

347

Version du : 28/01/2008 N° certificat CE : 0333-CPD-5008	Fiche produit de	Airvault CEM V/A (S-V) 42,5 N CE PM-ES-CP1 NF "PMF3"

Caractéristiques physiques et mécaniques

Compression en MPa				Retrait en µm/m à 28j	eau pâte pure en %	Début de prise en mn	Chaleur en J/g à 41h	Surface Blaine en cm²/g	Masse Volumique en g/cm3	Stabilité en mm	Maniabilité sur mortier CEN en s
1j	2j	7j	28j								
nd	20.5	nd	52.7	490	31.8	300	285	4680	2.88	1.0	4.0

Composition élémentaire (%)

Perte au feu	2.05
SiO2	30.03
Al2O3	11.15
Fe2O3	3.59
TiO2	0.58
MnO	0.12
CaO	46.36
MgO	2.75
SO3	2.80
K2O	1.16
Na2O	0.22
P2O5	0.61
S--	0.17
Cl-	0.01
Insoluble CEN	nd
Na2O éq. actif	0.73
Colorimétrie (L)	59.54

Constituants (%)

Principaux

Clinker (K) de Airvault	56.0
Laitier (S)	22.0
Cendres (V)	22.0
Calcaire (L)	

Secondaires

Calcaire (L)	
Fines de cuisson (F)	
Total	100.0

Sulfate de calcium

Gypse	3.0
Anhydrite	

Additifs

Agent de Mouture	
Cloter F5903 (AXIM)	0.035
Agent réducteur	
Sulfate de fer	0.30

Caractéristiques des constituants

Nature	Caractéristiques	
Clinker (K) Airvault	CaO/SiO2	3.15
	MgO (%)	1.32
	Al2O3 (%)	5.18
	Insoluble (%)	0.17
	C3S (%)	66.7
	C2S (%)	8.6
	C3A (%)	7.3
	C4AF (%)	11.0
Laitier (S)	Laitier vitreux (%)	90.00
	(CAO+MgO)/SiO2	1.46
	CAO+MgO+SiO2 (%)	84.41
Cendres (V)	PF (%)	4.39
	CaO réactive (%)	3.70
	SiO2 réactive (%)	36.64
Calcaire (L)	CaCO3 (%)	
	Adsorption bleu méthylène (g/100g)	
	TOC (%)	
Fumées de silice (D)	SiO2 amorphe (%)	
	PF (%)	
	Aire massique BET (m²/kg)	

Mouture

Broyeur(s)	8

Stockage

Silo(s)	cf plan de silotage

Points de vente	Vrac	Sac
Usine d'Airvault	Oui	Oui

Valeurs moyennes année 2007 données à titre indicatif

LAFARGE CIMENTS

CEM I 52,5 N CE PM-ES-CP2 NF

Usine du TEIL

NF EN 197-1   NF P 15-317   NF P15-319   NF P 15-31i

NF EN 196-10

Fiche produit technique

CE   NF

N° de certificat CE :
0333-CPD-1203

• Constituants et composition du ciment

Principaux (%)		Secondaires (%)	Sulfate de calcium (%)	Additifs sur sec (%)	
Clinker	97	Calcaire (LL) 3	Gypse 2,8	Agent de mouture	AMA 14 0,04
C3S 67,8 C4AF 7,19					
C3A 4 C2S 16,6					

• Caractéristiques physiques et mécaniques

	Valeur usine	Limites applicables à chacun des résultats (Réf : NF EN 197-1)		Limites applicables à chacun des résultats (Réf : annexe 1 du règlement de certification NF002)	
	moyenne	minimum	maximum	minimum	maximum
Résistance à la compression 1 jour (MPa)	19,2				
Résistance à la compression 2 jours (MPa)	33,2	18		18	
Résistance à la compression 28 jours (MPa)	68,1	50		50	
Retrait à 28 jours (µm/m)	624				
Début de prise (min)	185	40		60	
Stabilité (mm)	0,6		5		5
Masse volumique (g/cm3)	3,17				
Surface spécifique Blaine (cm²/g)	3420				
Q12h (J/g)	202				
Q41h (J/g)	305				
L*	61,9				

• Caractéristiques chimiques (%)

MAXI : Valeurs limites applicables à chacun des résultats (Ref : NF EN 197-1, NF P 15-318, NF P 15-317, XP P 15-319)

	Valeur usine	MAXI		Valeur usine	MAXI		Valeur usine	MAXI
	moyenne			moyenne			moyenne	
SIO2	22,5		S-- <	0,10	0,20	Insolubles	0,22	0,75
Al2O3	3,00	8,00	Cl- <	0,10	0,10	CO2	0,75	
Fe2O3	2,26		Perte au feu	1,22	3,00	CaO libre	0,44	
CaO	67,1		TiO2	ND			Valeur usine	
MgO	0,96	3,00	Cr VI <	2 PPM	2 PPM		moyenne	
K2O	0,19		P2O5	0,06		Na2OEq	0,24	
Na2O	0,12		Non dosé	0,28				
SO3	2,18	2,50	IS	< 23,5	23,50			
			Total : 100					

Ces valeurs, extraites de notre autocontrôle, permettent de vérifier la conformité de notre produit aux spécifications normatives et donnent une indication pour les caractéristiques complémentaires. Elles ne constituent pas un engagement sur les résultats à venir.

■ : Caractéristique modifiée / fiche précédente   ND : non dosé   *Révision du   14/04/2012*

Le Teil : livraison en sac et en vrac

CHRYSO®Fluid Optima 175

Superplastifiant - Haut réducteur d'eau

CE NF

Descriptif

CHRYSO®Fluid Optima 175 est un superplastifiant de nouvelle génération à base de polycarboxylate et de phosphonate modifiés.

Il permet d'obtenir des bétons à ouvrabilité importante, tout en ayant une diminution du rapport eau/ciment.

Il permet également de garder dans le temps l'ouvrabilité du béton frais sans retard de prise préjudiciable.

CHRYSO®Fluid Optima 175 est particulièrement adapté pour les bétons prêts à l'emploi et pour la mise au point des bétons fluides demandant des résistances élevées à court et long terme.

Caractéristiques

- Nature : liquide
- Couleur : jaune
- Densité (20° C) : 1,055 ± 0,010
- pH : 6,0 ± 1,0
- Teneur en ions Cl⁻ : ≤ 0,10 %
- Na_2O équivalent : ≤ 1 %
- Extrait sec (halogène) : 30,0 % ± 1,5 %
- Extrait sec (EN 480-8) : 30,5 % ± 1,5 %

Conditionnement

- Vrac
- Tonnelets de 60 L
- Fûts de 215 L

Conformité

CHRYSO®Fluid Optima 175 est un superplastifiant – haut réducteur d'eau qui satisfait aux exigences règlementaires du marquage CE.
La déclaration correspondante est disponible sur notre site internet.
CHRYSO®Fluid Optima est conforme au référentiel de certification NF 085, dont les spécifications techniques sont celles de la partie non harmonisée de la norme NF EN 934-2.

AFNOR – 11 avenue F. de Pressensé – 93571 Saint Denis La Plaine cedex - France

CHRYSO : 19, place de la Résistance - 92446 Issy les Moulineaux cedex France - Tél : 01 41 17 18 19 - Fax : 01 41 17 18 80

350

CHRYSO®Fluid Optima 175
Superplastifiant - Haut réducteur d'eau $\quad$ CE NF

Application

Domaines d'application

- Tous types de ciments
- Bétons avec maintien d'ouvrabilité
- BPE
- Bétons blancs ou clairs
- BHP et BTHP
- Bétons plastiques, très plastiques, fluides
- Bétons pour ouvrages très ferraillés
- Dallages, sols industriels

Mode d'emploi

Plage de dosage : 0,3 à 3 kg pour 100 kg de ciment. Il est courant de doser ce produit à 1 % du poids du ciment.

CHRYSO®Fluid Optima 175 est de préférence employé dans l'eau de gâchage. Il est néanmoins possible de l'employer en différé sur site comme fluidifiant. Dans tous les cas, on mélangera jusqu'à obtention d'un béton homogène.

Précautions

- Eviter l'exposition prolongée du produit à de fortes chaleurs.

- Stocker à l'abri du gel.

- En cas de gel, le produit conserve ses propriétés une fois dégelé et homogénéisé par agitation.

- Durée de vie : 12 mois.

Application

Essais

Ces résultats ont été obtenus selon les modalités définies par la norme ISO 4012 (essais de résistance, graphique A) et la norme EN 12358 (essais de consistance, graphique B).

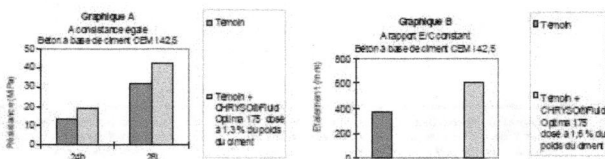

Graphique A
A consistance égale
Béton à base de ciment CEM I 42,5
□ Témoin
□ Témoin + CHRYSO®Fluid Optima 175 dosé à 1,3% du poids du ciment

Graphique B
A rapport E/C constant
Béton à base de ciment CEM I 42,5
□ Témoin
□ Témoin + CHRYSO®Fluid Optima 175 dosé à 1,6 % du poids du ciment

351

CHRYSO

CHRYSO®Fluid Optima 175
Superplastifiant - Haut réducteur d'eau

CE   NF

Références

- Viaduc de Milau
- Viaduc de la Sioule
- Pont Avion Roissy
- Port de la Condamine Monaco
- Port de Tanger

Sécurité

CHRYSO®Fluid Optima 175 est un produit "sans danger". Le port d'équipements de protection individuelle est recommandé.

Pour plus d'informations, consulter la fiche de données de sécurité sur le site internet www.chryso.com.

CHRYSO : 19, place de la Résistance - 92446 Issy les Moulineaux cedex France - Tél : 01 41 17 18 19 - Fax : 01 41 17 18 80

CONDENSIL® S95 DM

Fumée de silice densifiée, addition pour bétons haute durabilité et hautes, très hautes et ultra hautes performances

Conforme à la Norme NF EN 13263-1,2 : 2009, Marquage CE

N° d'enregistrement REACH 01-2119486866-17-0005

Code CAS 69012-64-2

Code EINECS 273-761-1

CARACTERISTIQUES GENERALES	
Présentation	CONDENSIL® S95 DM est une fumée de silice ultrafine obtenue lors de la fabrication du silicium.

Domaines d'application	La fumée de silice CONDENSIL® S95 DM permet de fabriquer des :
	
	■ Bétons à haute durabilité résistants en milieux agressifs :
	  - domaines agricoles : ensilage, stockage d'engrais, aires de stabulation...
	  - milieu industriel : industries chimiques et agro-alimentaires, sucreries, conserveries, laiteries, bacs de rétention...
	  - stations-service : béton en contact d'huiles et de carburants
	  - milieu marin : digue, aménagement portuaire ...
	  - zone de montagne : présence d'eau pure, d'eau séléniteuse + gel dégel ou de sels de déverglaçage
	  - stations d'épuration, égouts, caniveaux...
	■ Bétons à hautes résistances (BHP, BTHP et BUHP)
	■ Bétons pompables
	■ Bétons projetés

Caractères généraux	CONDENSIL® S95 DM confère aux bétons les propriétés suivantes : ■ améliore les performances mécaniques à long terme : résistances en compression, flexion et traction ■ augmente le module d'élasticité ■ réduit le fluage ■ améliore la résistance à l'abrasion et à l'érosion ■ améliore la durabilité en milieux agressifs ■ diminue les risques d'expansion dus aux phénomènes d'alcali-réaction et de la réaction sulfatique interne (RSI) ■ diminue la perméabilité aux gaz et aux liquides ■ facilite le pompage de tous les bétons même peu dosés en ciment ■ réduit le risque de ségrégation du béton
CARACTERISTIQUES TECHNIQUES	
Coloris	Gris
Conditionnement	■ Vrac (toutes quantités jusqu'à 25 tonnes = ≈ 55 m³) ■ Big bag (~ 900 kg)
Stockage	■ Vrac : silo étanche d'un volume suffisant et spécialement équipé (nous contacter). ■ Big bag dans un local à l'abri de l'humidité.
Conservation	En silo ou dans son emballage d'origine intact, le produit se conserve 3 ans.

DONNEES TECHNIQUES

	EN 13263 – 1,2 : 2009*	Valeurs observées**
Densité apparente	0.45 ± 0.1	0.45 ± 0.05
Densité réelle	2.24	
Surface spécifique BET (m²/g)	Entre 15 et 35	22 ± 2
Teneur en SiO₂	≥ 85 %	95 % ± 2
Teneur en Si élémentaire	≤ 0.4 %	0.09 % ± 0.02
Teneur en Na₂O équivalent	≤ 1.0 %	0.50 % ± 0.5
Teneur en SO₃	≤ 2.0 %	0.35 % ± 0.50
Teneur en Cl⁻	≤ 0.1%	0.01 % ± 0.01
Indice d'activité à 28 j	≥ 100	≥ 105
Perte au feu	≤ 4.0 %	2 % ± 0.5
Teneur CaO	≤ 1.0%	0.8 % ± 0.1
Valeurs contractuelles		** *Valeurs non contractuelles*

CONDITIONS D'UTILISATION

Consommation / Dosage	Le dosage peut être compris entre 5 à 10 % du poids du ciment. Le dosage le plus courant est de 8 % du poids du ciment.
Mise en œuvre	■ CONDENSIL® S95 DM doit être pesé dans la bascule a ciment avec le ciment pour le vrac ou introduit avec le ciment. ■ Afin d'obtenir toutes les performances de CONDENSIL® S95 DM, il est indispensable de défloculer complètement les micro-particules de silice. Pour cela, CONDENSIL® S95 DM doit être systématiquement associé avec un superplastifiant, haut réducteur d'eau.
Précautions d'emploi	■ L'emploi d'un masque est obligatoire lors de son utilisation ■ Fiche de données de sécurité fournie sur demande.
Mentions légales	Produit réservé à un usage strictement professionnel, Nos produits bénéficient d'une assurance de responsabilité civile. «Les informations sur la présente notice et, en particulier, les recommandations relatives à l'utilisation finale des produits sont fournies en toute bonne foi et se fondent sur la connaissance et l'expérience que la Société CONDENSIL a acquises à ce jour de ses produits lorsqu'ils ont été convenablement stockés, manipulés et utilisés dans des conditions normales. En pratique, les différences entre matériaux et conditions spécifiques sur site sont telles que ces informations ou toute recommandation écrite ou conseil donné n'impliquent aucune garantie de qualité marchande autre que la garantie légale contre les vices cachés. Nous sommes à votre disposition pour toute précision complémentaire. Notre responsabilité ne saurait d'aucune manière être engagée dans l'hypothèse d'une utilisation non conforme à nos renseignements. Toutes les commandes sont acceptées sous réserve de nos Conditions de Vente et de Livraison en vigueur. Les utilisateurs doivent impérativement consulter la version la plus récente de la fiche technique correspondant au produit concerné, qui leur sera remise sur demande».

CONDENSIL
265 RUE DES EPINETTES
ZONE DES LANDIERS NORD
73000 CHAMBERY

Tel.   00 33 4 79 62 74 03
Fax   00 33 4 79 96 35 94
E-mail   condensil@vicat.fr

Annexe 4 : Protocole de lixiviation sur pâte de ciment durcie

L'essai consiste à dégrader, de manière accélérée, des échantillons de pâtes de ciment en les immergeant dans une solution de nitrate d'ammonium de concentration 6 mol/L. Cette solution est obtenue par dissolution de nitrate d'ammonium RECTAPUR fournie par VWR. L'échantillon est suspendu, au centre du réacteur (*via* du fil de pêche). L'homogénéité en concentration des espèces chimiques agressives comme lixiviées, est un facteur important afin d'obtenir une cinétique d'attaque semblable en tout point des surfaces exposées, néanmoins cela ne nous intéresse pas dans ce cadre ci. Seule la dégradation chimique nous importe ici. L'agitation est assurée par un agitateur magnétique. Pour limiter la carbonatation le réacteur est fermé (étanche). Il n'y a pas de suivi de l'expérimentation. L'essai s'effectue à température ambiance (environ 20°C), durant 1 mois.

L'épaisseur dégradée de l'échantillon est mesurée au bout de 30 jours de lixiviation. A la fin de l'expérimentation, le réacteur est rempli par de l'eau distillée, afin de rincer les échantillons et le réacteur (lavage durant 5 minutes). L'épaisseur dégradée est mesurée après tronçonnage de l'échantillon en deux selon sa hauteur. Une solution de phénolphtaléine est pulvérisée sur la surface sciée, perpendiculaire à la direction de l'attaque chimique. Le dispositif de l'essai est présenté ci-dessous (Figure 148).

Figure 148 : Dispositif de l'essai LECBA - Lixiviation d'une pâte de ciment dans une solution de NH4NO3 (6M) à 25°C.

Les dimensions des échantillons utilisées (PI, PIII, PV et PBP) sont :

- Diamètre = 50 mm,
- Hauteur = 100 mm.

A noter que seule la périphérie de l'échantillon est en contact avec la solution agressive car les faces supérieure et inférieure sont enduites de résine époxy.

Pour cette préparation il faut dissoudre du nitrate d'ammonium dans de l'eau déionisée. Les données nécessaires au calcul de la masse de nitrate d'ammonium à introduire dans le réacteur sont données dans le Tableau 82.

Tableau 82 : Données nécessaires à la préparation de 3L de nitrate d'ammonium 6M.

Masse molaire (NH_4NO_3) (g/mol)	80
Solubilité NH_4NO_3 (g/kg d'eau)	1900
Masse volumique NH_4NO_3 (c = 6 mol/L) (kg/L de solution)	1,178
Volume solution (L)	3
Concentration solution (mol/L)	6
Masse de NH_4NO_3 à dissoudre (g)	1440
Volume d'eau à ajouter (L)	1,22

Annexe 5 : Cinétiques de pertes de masse observées à 20°C lors des essais de désorption des échantillons de pâte de ciment

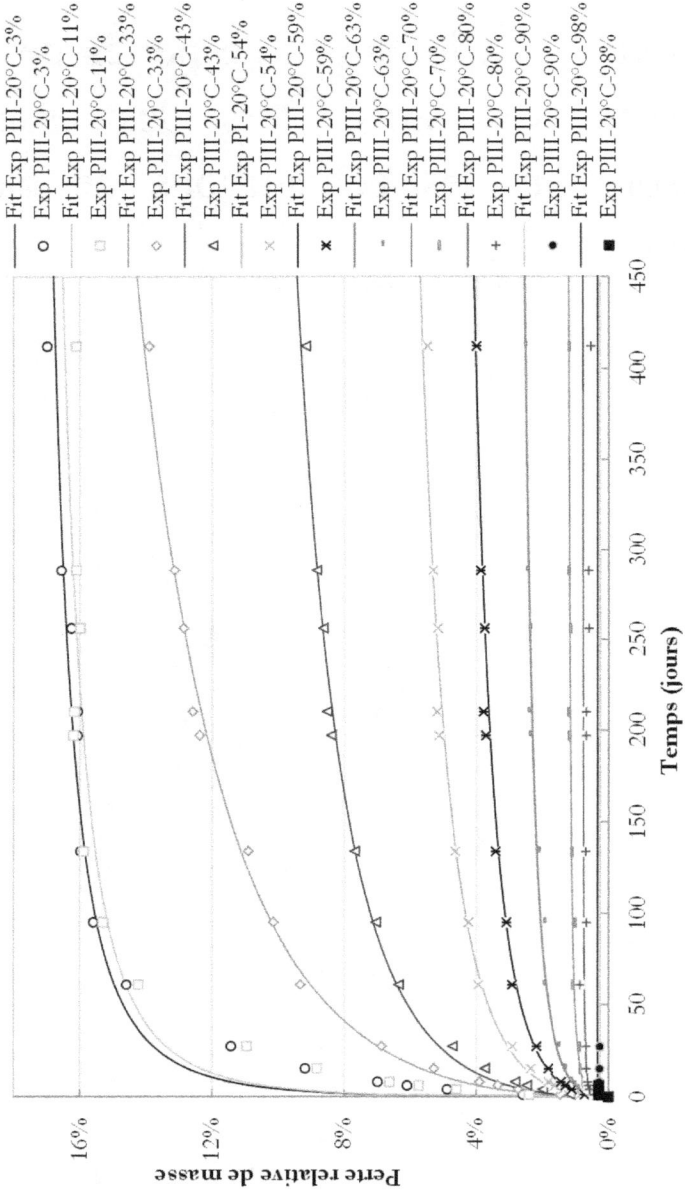

Figure 149 : Cinétique de perte de masse à 20°C des essais de désorption pour l'obtention de l'isotherme relative à PIII (état sain).

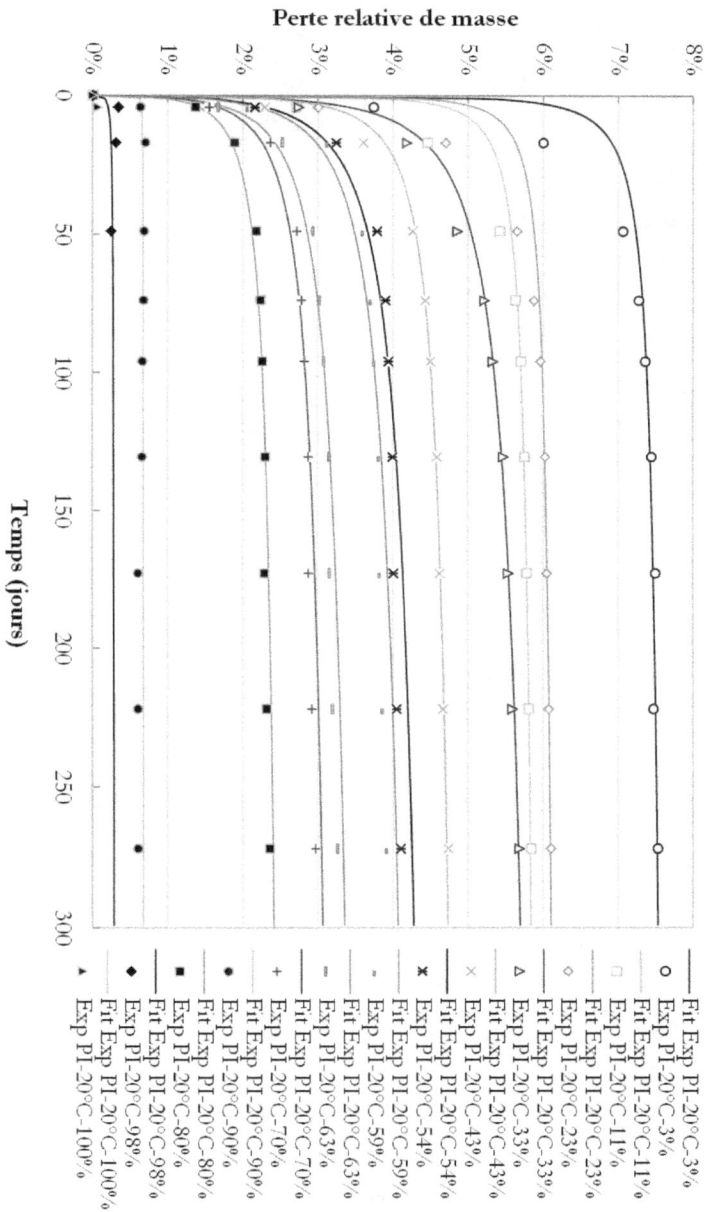

Figure 150 : Cinétique de perte de masse à 20°C des essais de désorption pour l'obtention de l'isotherme relative à PI (état carbonaté).

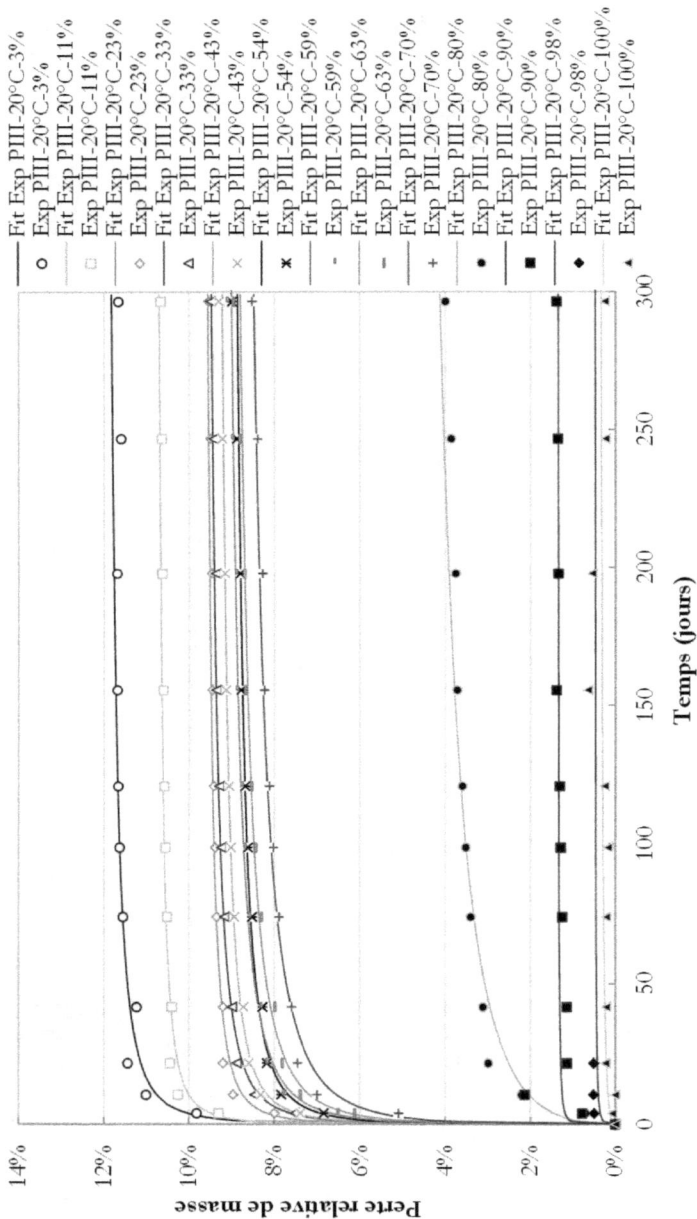

Figure 151 : Cinétique de perte de masse à 20°C des essais de désorption pour l'obtention de l'isotherme relative à PIII (état carbonaté).

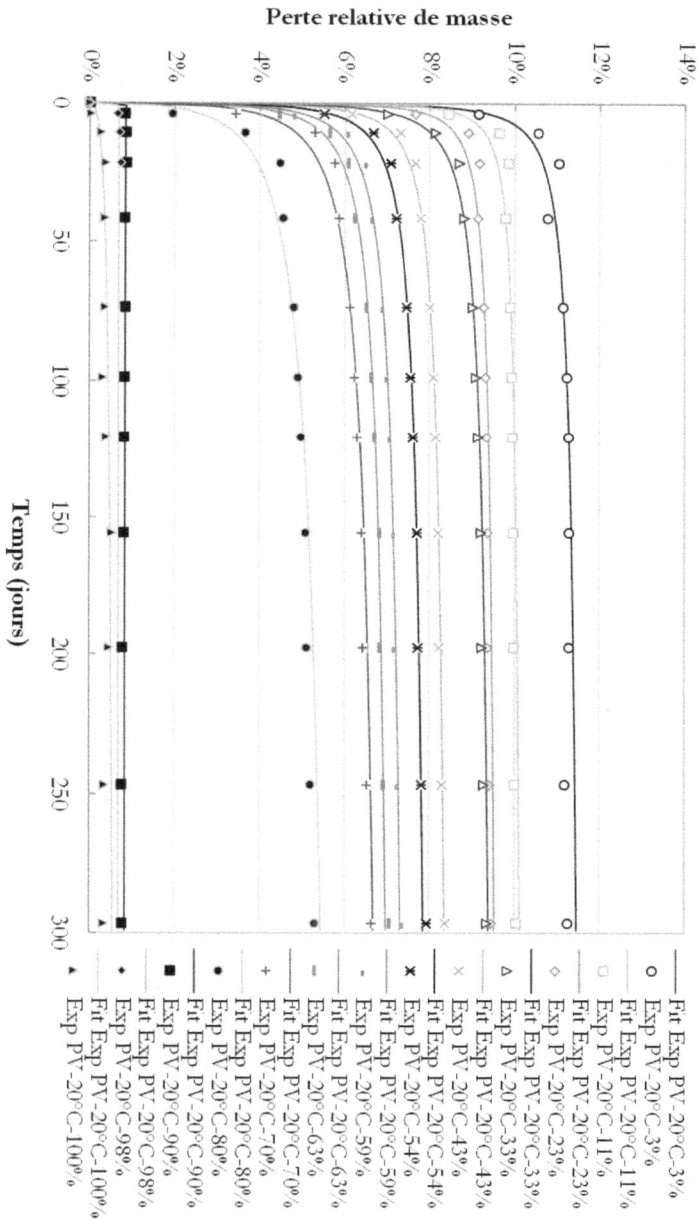

Figure 152 : Cinétique de perte de masse à 20°C des essais de désorption pour l'obtention de l'isotherme relative à PV (état carbonaté).

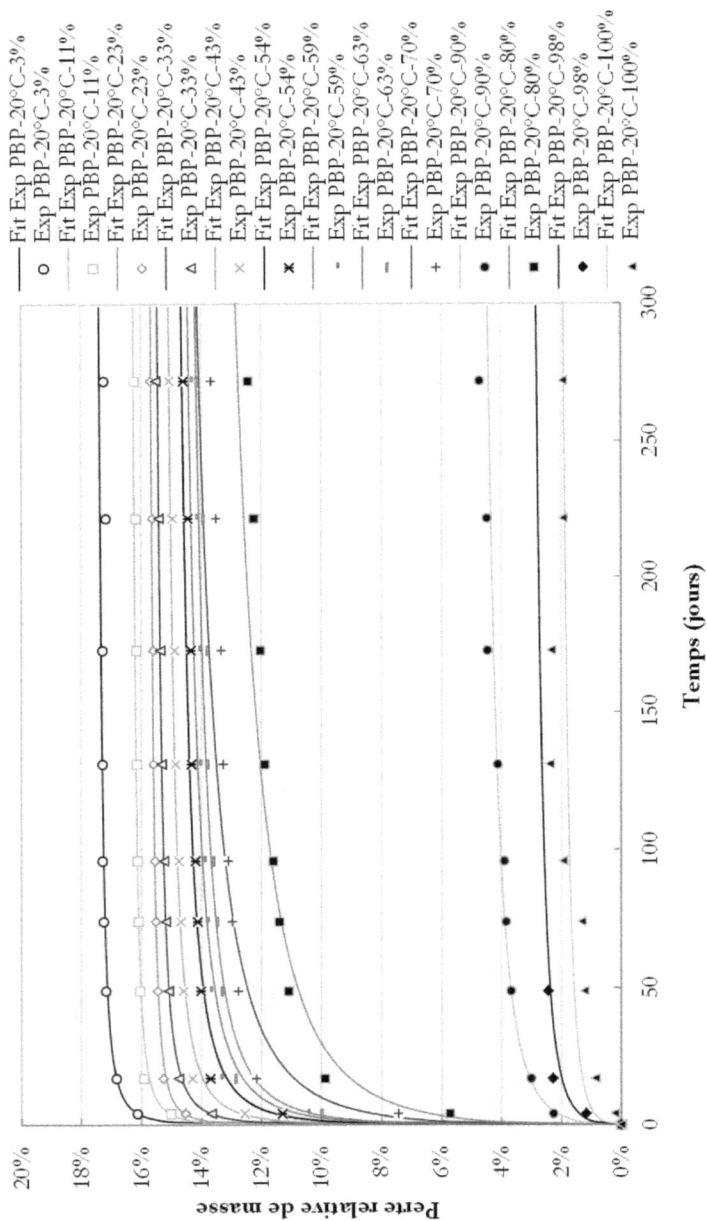

Figure 153 : Cinétique de perte de masse à 20°C des essais de désorption pour l'obtention de l'isotherme relative à PBP (état carbonaté).

Annexe 6 : Description des isothermes de désorption à 20°C

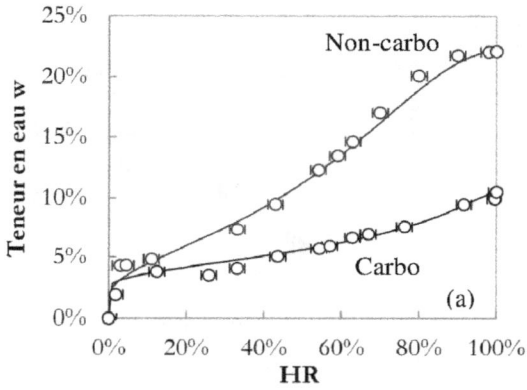

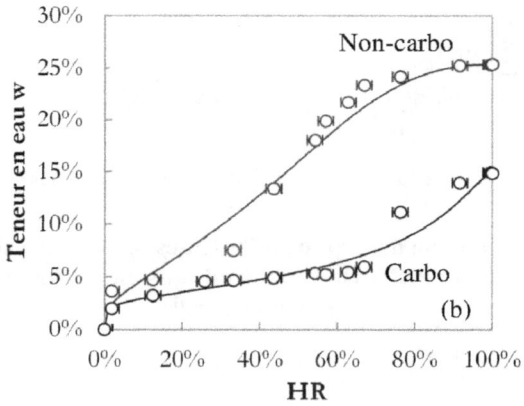

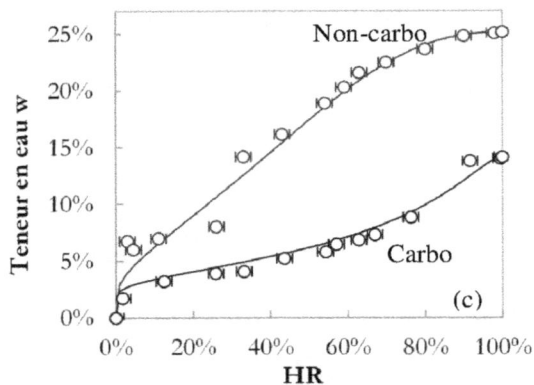

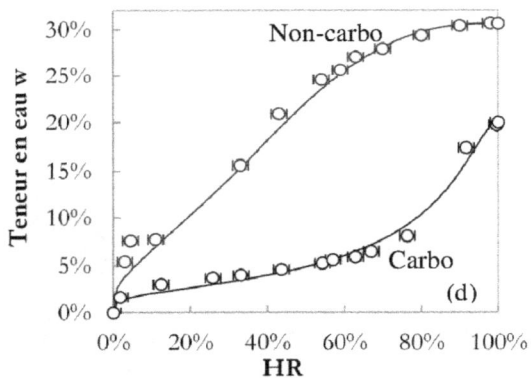

Figure 154 : Isothermes de désorption à 20°C des matériaux sains et carbonatés PI (a), PIII (b), PV (c) et PBP (d) - Courbes d'ajustement selon le modèle de van Genuchten [159].

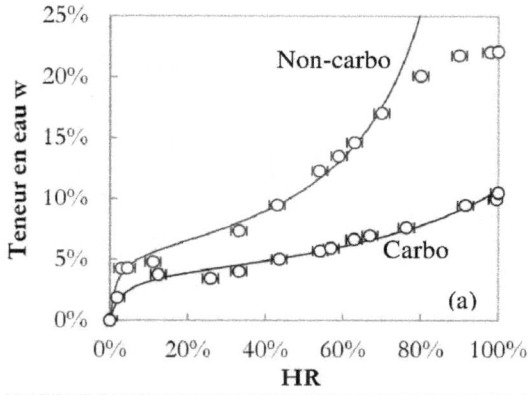

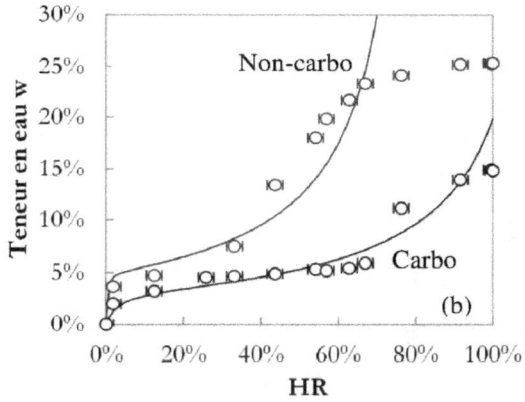

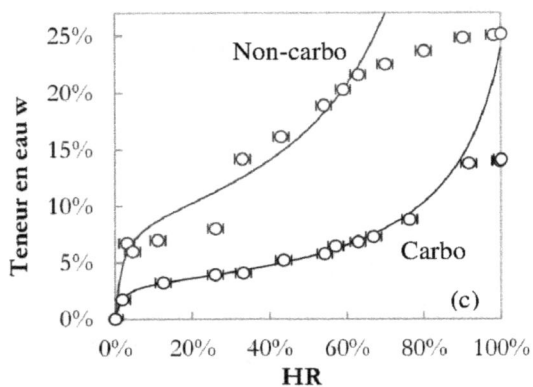

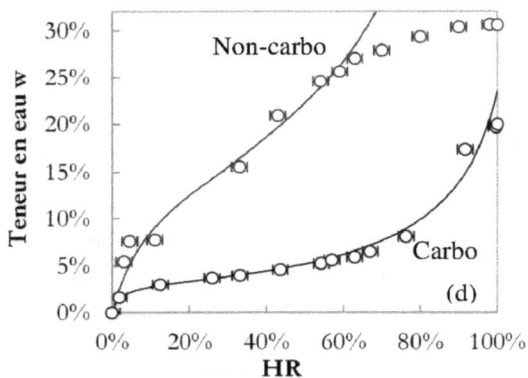

Figure 155 : Isothermes de désorption à 20°C des matériaux sains et carbonatés PI (a), PIII (b), PV (c) et PBP (d) - Courbes d'ajustement selon le modèle de G.A.B. [181] [182] [183].

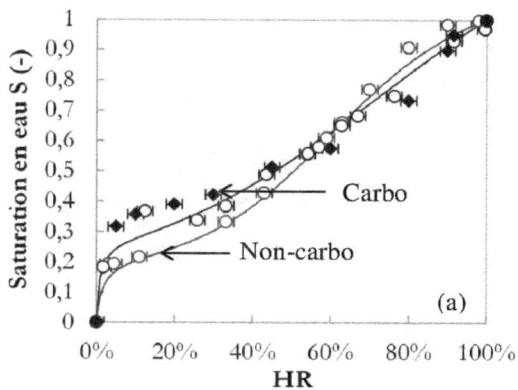

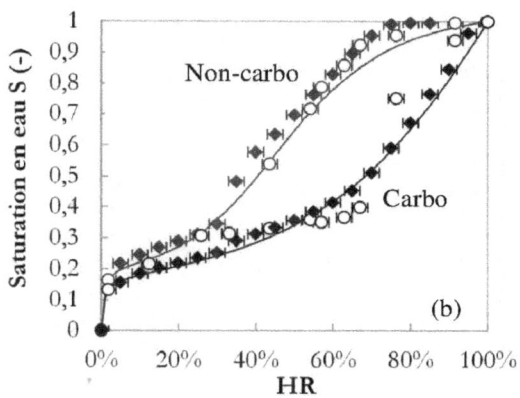

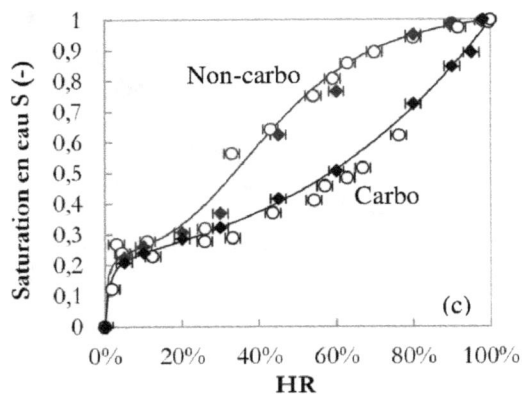

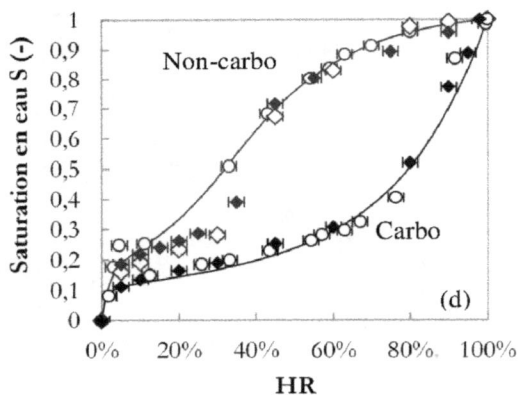

Figure 156 : Isothermes de désorption à 20°C des matériaux sains et carbonatés PI (a), PIII (b), PV (c) et PBP (d) représentées en saturation - Courbes d'ajustement selon le modèle de Pickett [177].

Annexe 7 : Courbes de pression capillaire

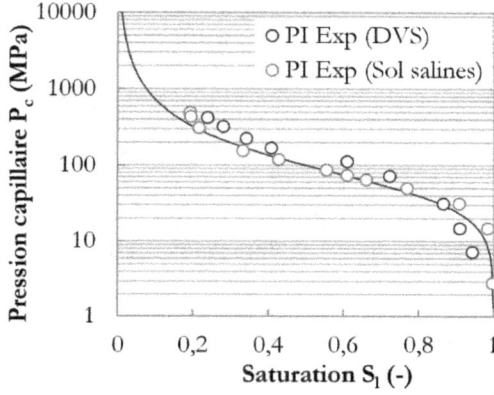

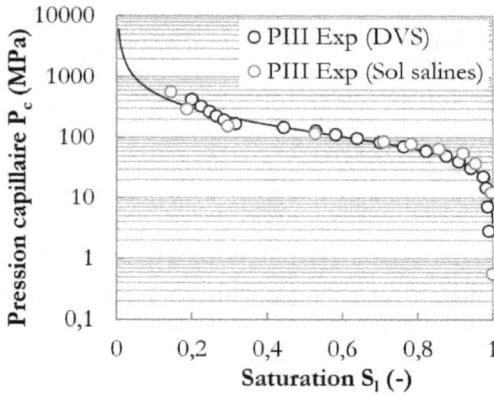

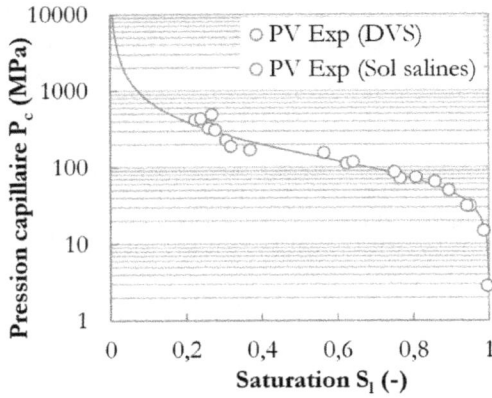

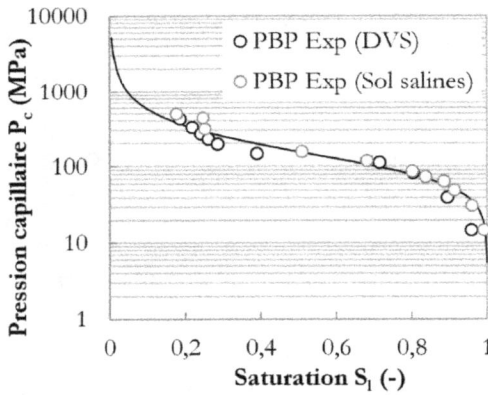

Figure 157 : Courbes de pression capillaire des pâtes PI, PIII, PV et PBP - Courbes d'ajustement selon le modèle de van Genuchten [159].

Annexe 8 : Evaluation des perméabilités intrinsèques à l'eau liquide à 25°C par analyse inverse

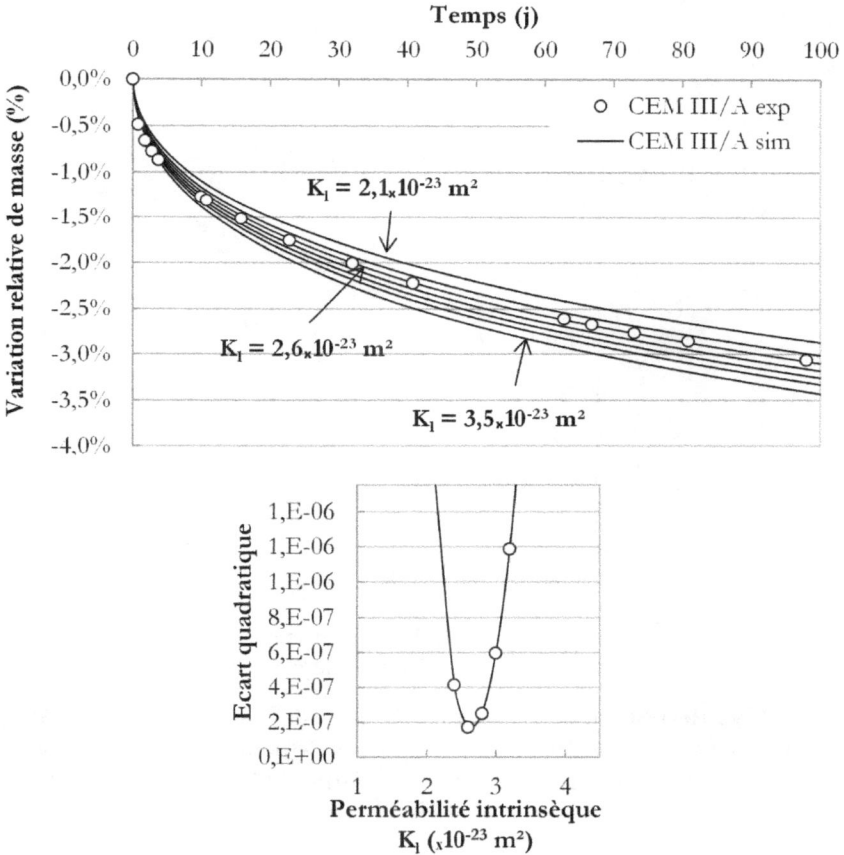

Figure 158 : Restitution de la cinétique de perte de masse (25°C, HR = 55%) obtenue pour PIII à partir de la résolution de l'équation de Richards sous Cast3m - Repérage de la perméabilité intrinsèque par minimisation de l'écart quadratique.

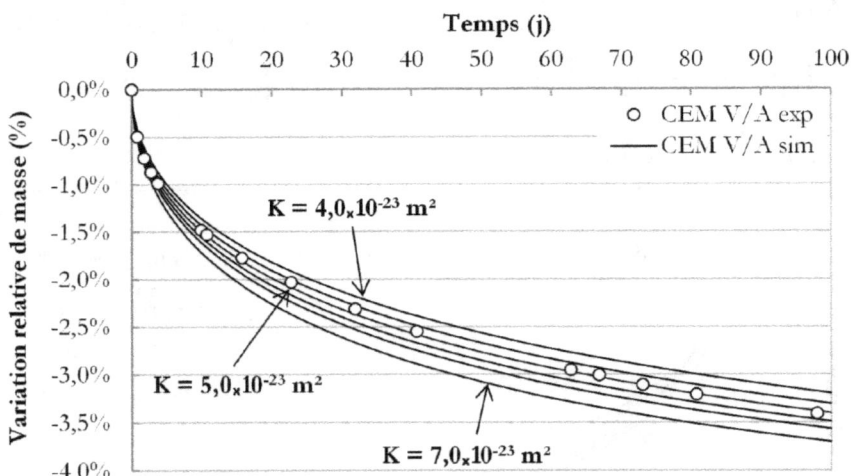

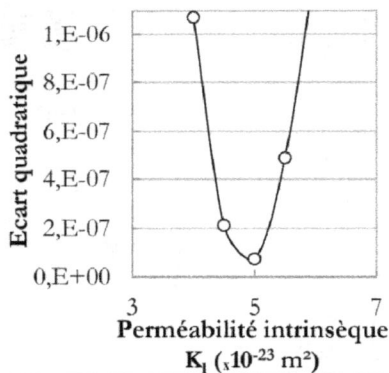

Figure 159 : Restitution de la cinétique de perte de masse (25°C, HR = 55 %) obtenue pour PV à partir de la résolution de l'équation de Richards sous Cast3m - Repérage de la perméabilité intrinsèque par minimisation de l'écart quadratique.

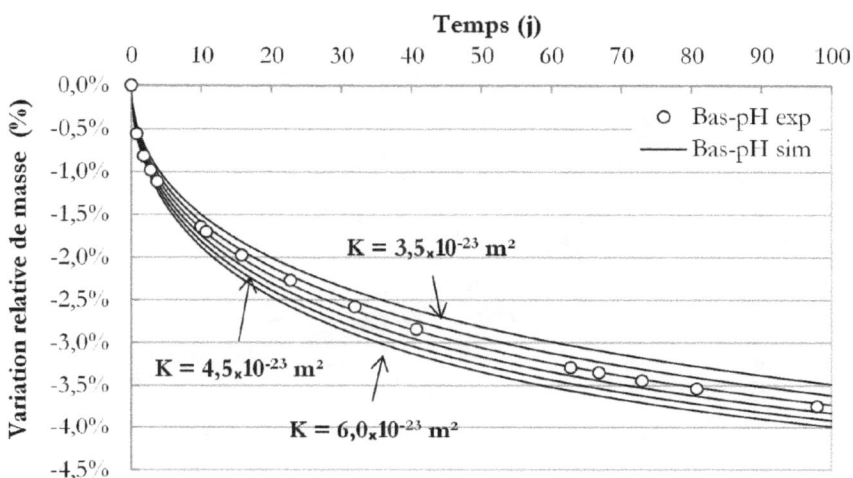

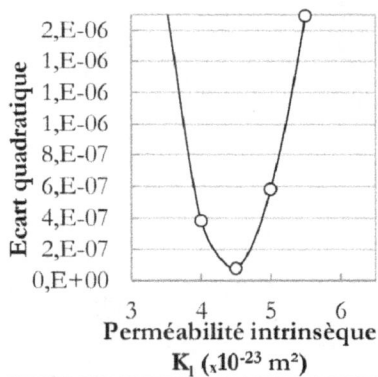

Figure 160 : Restitution de la cinétique de perte de masse (25°C, HR = 55%) obtenue pour PBP à partir de la résolution de l'équation de Richards sous Cast3m - Repérage de la perméabilité intrinsèque par minimisation de l'écart quadratique.

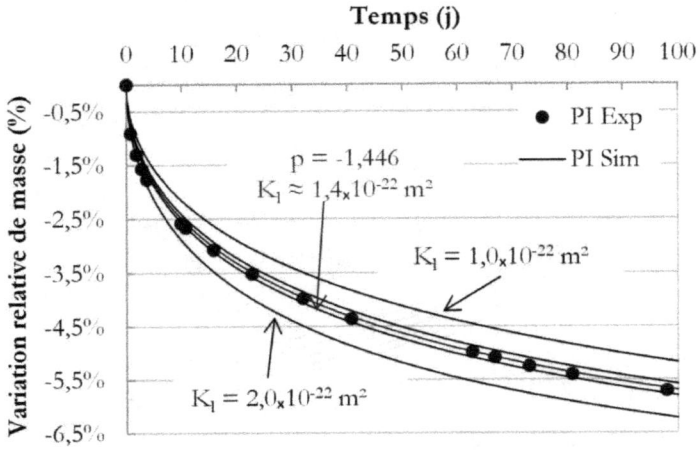

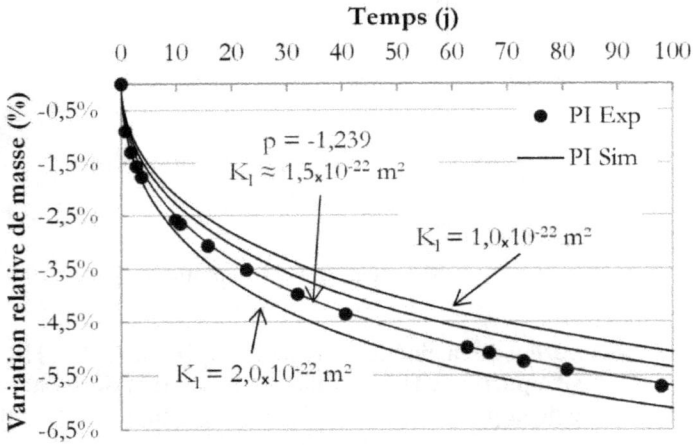

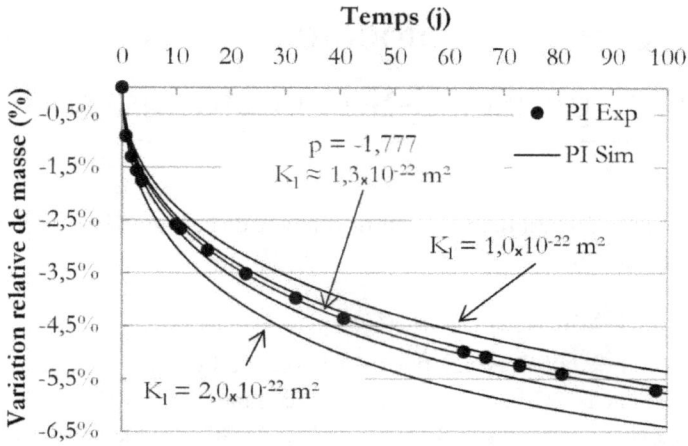

Figure 161 : Restitution de la cinétique de perte de masse (25°C, HR = 55%) obtenue pour PI à partir de la résolution de l'équation (E-72).

Annexe 9 : Protocoles de synthèse des phases pures : C-S-H et ettringite

La synthèse des C-S-H est réalisée à partir d'oxyde de calcium (Prolabo®) et de silice colloïdale (Aerosil 200).

Silice colloïdale (SC) :

La teneur en eau de la SC est relativement faible, de l'ordre de 3 à 4%. La quantité d'eau apportée par la SC peut être considérée comme négligeable devant le volume ajouté lors de la synthèse des C-S-H. Cependant, la SC est préalablement chauffée à 80°C pendant une semaine (au minimum) afin de s'assurer de l'évacuation totale de l'eau qu'elle contient. Notons par ailleurs que la silice utilisée présente une grande surface spécifique (environ 230 m²/g), qui favorise la réactivité de la silice [332].

Le calcium

La source de calcium utilisée pour la synthèse est de l'oxyde de calcium (Prolabo®) dont la pureté est de 99,5%.

L'eau

L'eau de synthèse des C-S-H doit être exempte d'ions. C'est pourquoi l'utilisation d'eau déionisée est indispensable. De manière similaire, afin d'éviter la carbonatation des C-S-H de synthèse, l'eau utilisée doit être dépourvue de dioxyde de carbone. Aussi, avant toute utilisation, l'eau est désaérée *via* une trombe à eau adaptée sur un système de filtration Nalgène®, de contenance 1L.

La synthèse

La synthèse des C-S-H est réalisée à partir de la SC et du calcium (décrits précédemment). Les masses respectives de ces deux composés sont définies à partir du rapport molaire calcium/silicium (noté C/S) souhaité pour le solide. Le rapport massique eau/solide sec sera au maximum pris égal à 50 (donnée empirique déterminée à partir des résultats expérimentaux obtenus). Une fois la silice anhydre pesée, elle est placée dans un récipient de 2L avec un joint en caoutchouc (permettant une bonne étanchéité). La silice et l'eau désaérée sont introduites en boîte à gants.

376

L'atmosphère de la boîte à gants est azotée pour éviter l'apport de CO_2. Pour faciliter la manipulation de la silice colloïdale dans la boîte à gants, il est nécessaire d'ajouter de l'eau désaérée (1L) dans le bocal afin d'obtenir un gel de silice. Le gel de silice est introduit dans un bol de mixeur de contenance 4,2 L. Le mélange est complété avec l'eau totale nécessaire à la synthèse (en 2 fois). Durant 24h le mélange est laissé pour s'équilibrer avec l'azote du milieu ambiant. Le CaO est introduit (dans son contenant d'origine fermé) dans la boîte à gants et est pesé à l'intérieur de celle-ci. Il est ajouté au gel de silice. Le mixeur est ensuite mis en route pour agitation de la synthèse pendant 30 minutes à vitesse 2. Une fois le mélange homogène, l'agitation se poursuit durant 15 minutes toutes les heures *via* un programmateur. Le pH du mélange est pris au bout de 8 jours, durée au bout de laquelle la réaction peut être considérée comme complète [318]. La valeur du pH doit être en accord avec le C/S souhaité [202], pour cela, on peut s'appuyer sur les courbes de la Figure 162. Si ce n'est pas le cas, laisser la synthèse plusieurs jours tout en mesurant quotidiennement le pH. Après constat de la stabilité su pH de la réaction, la synthèse est arrêtée.

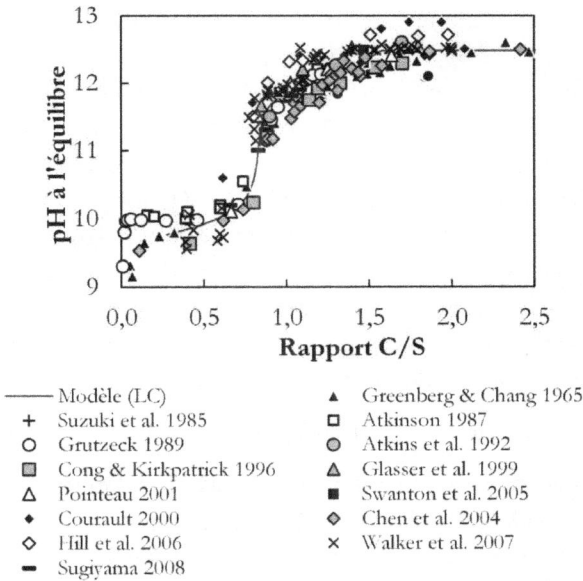

—— Modèle (LC)	▲ Greenberg & Chang 1965
+ Suzuki et al. 1985	□ Atkinson 1987
○ Grutzeck 1989	◉ Atkins et al. 1992
▣ Cong & Kirkpatrick 1996	△ Glasser et al. 1999
△ Pointeau 2001	■ Swanton et al. 2005
◆ Courault 2000	◇ Chen et al. 2004
◇ Hill et al. 2006	× Walker et al. 2007
▬ Sugiyama 2008	

Figure 162 : Représentation de l'évolution du pH de la solution d'équilibre en fonction du rapport C/S.

Figure 163 : système de filtration des C-S-H sur Büchner en boîte à gants.

<u>La filtration</u>

Une fois ces différentes étapes réalisées, le mélange est filtré dans un Büchner *via* une membrane de taille 0,22 µm, et une pompe à vide (Figure 163). La filtration est réalisée en boîte à gants sous environnement azoté. Le solide extrait a la forme d'une pâte très humide que l'on appelle « galette humide ». Le filtrat (solution d'équilibre) est conservé en vue d'utilisations ultérieures telles que la resaturation de pastilles de C-S-H. Le solide (contenu dans le Büchner) est ensuite séché sous l'atmosphère inerte de la boîte à gants (20-30% HR, 20°C) jusqu'à ce qu'il se morcèle[43]. Les morceaux obtenus sont ensuite placés sur un tamis (200 µm) entre un fond de tamis et un autre tamis. L'ensemble est mis sous vide dans un lyophilisateur afin d'en optimiser le séchage. Lors du séchage en lyophilisateur, les C-S-H deviennent une poudre très fine, qui traverse le tamis de 200 µm. La poudre de C-S-H obtenue est de granulométrie homogène (<200 µm). La quantité d'eau contenue dans ces C-S-H est évaluée à partir d'une analyse thermogravimétrique.

Le protocole de synthèse de l'ettringite se fait selon les étapes suivantes :

- Réaliser d'un mélange de solution (10 ml) de chlorure de calcium ($CaCl_2$ 0,66M) et de chlorure d'aluminium ($AlCl_3$ 0,33M).
- Mettre en place le mélange dans un réacteur contenant 250 ml de sulfate de sodium (Na_2SO_4 0,08M).

---

[43] La galette est laissée dans le bucher.

- Ajouter de la soude (NaOH 2M) dans le réacteur jusqu'à atteindre une valeur de pH de l'ordre de 11,5. Au bout de 24 heures, le mélange précipite.
- Filtrer le mélange puis à effectuer un rinçage à l'eau déionisée afin d'éliminer complètement les réactifs de départ (Figure 164).
- Sécher le mélange jusqu'à l'obtention d'une « galette sèche » (environ 15 jours) (Figure 164).
- Broyer puis tamiser (tamis de 200 µm) la galette afin d'obtenir une poudre fine.

Figure 164 : Synthèse d'ettringite en boite à gants.

Annexe 10 : Profils de carbonatation

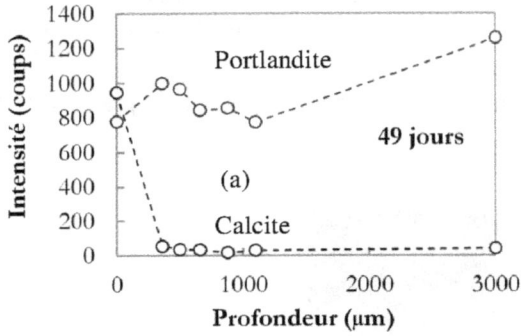

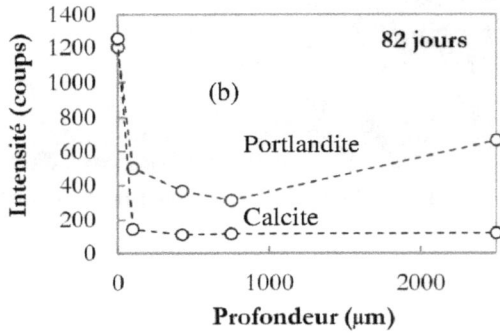

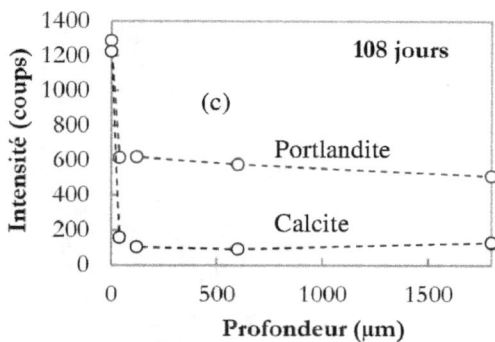

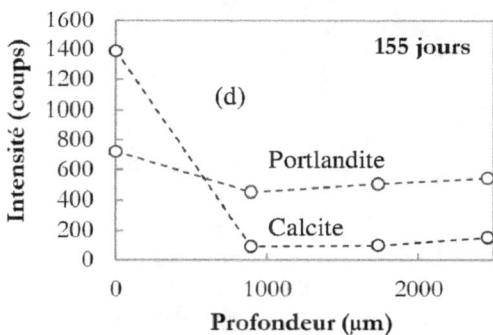

Figure 165 : Profil DRX en fonction de la profondeur pour PI aux échéances de carbonatation 49 (a), 82 (b), 108 (c) et 155 (d) jours.

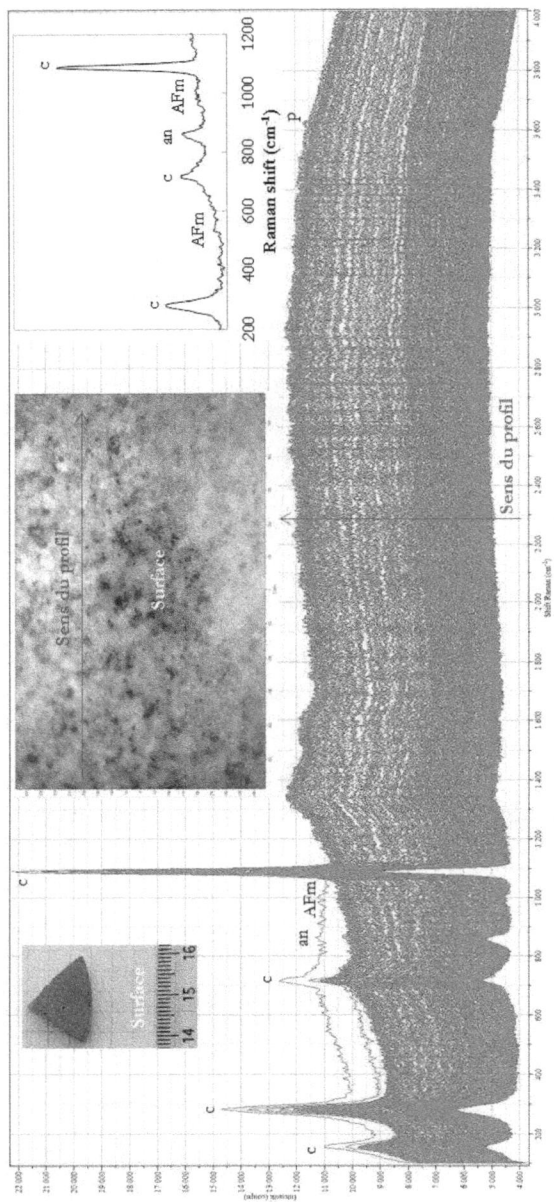

Figure 166 : Profils Raman en surface d'un échantillon PI à l'échéance de carbonatation 349 jours (c : carbonates de calcium et an : C₂S et C₃S).

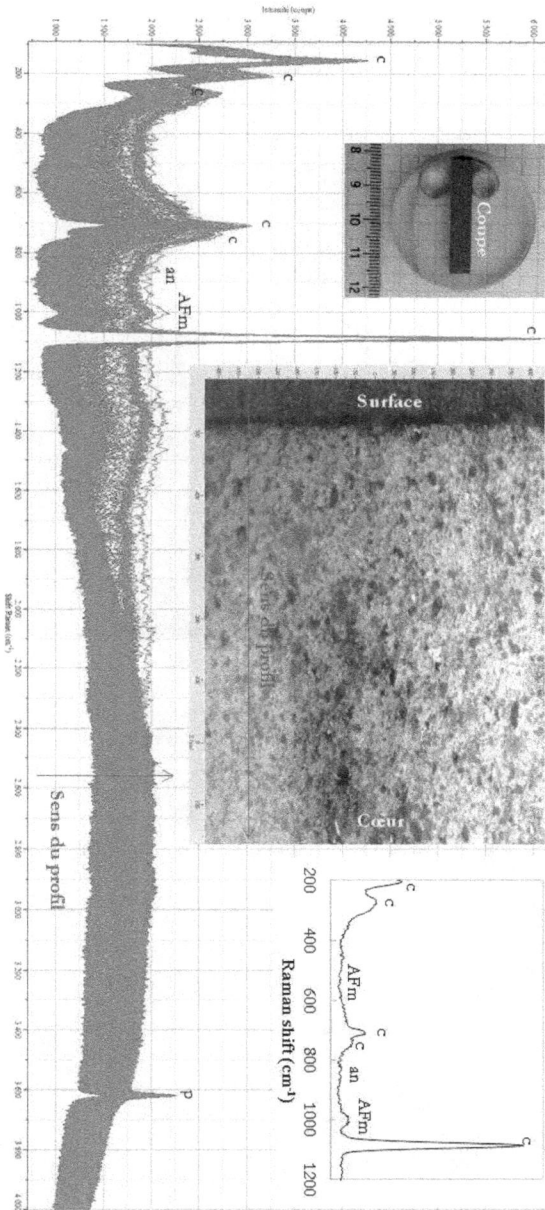

Figure 167 : Profils Raman en coupe d'un échantillon PI à l'échéance de carbonatation 349 jours (c : carbonates de calcium et an : C₂S et C₃S).

Annexe 11 : Micrographies optiques

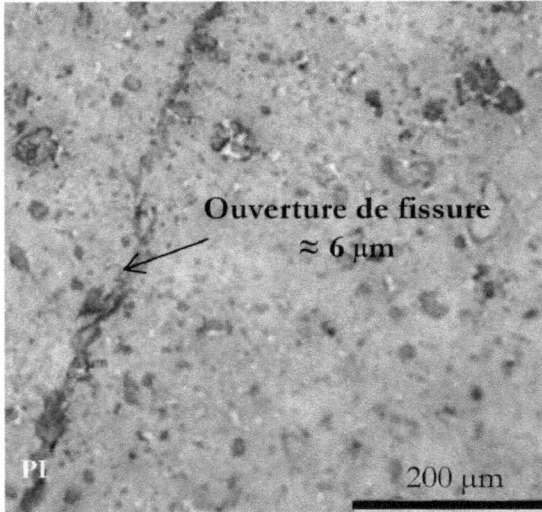

Ouverture de fissure ≈ 6 μm

PI

200 μm

Ouverture de fissure ≈ 23 μm

PIII

200 μm

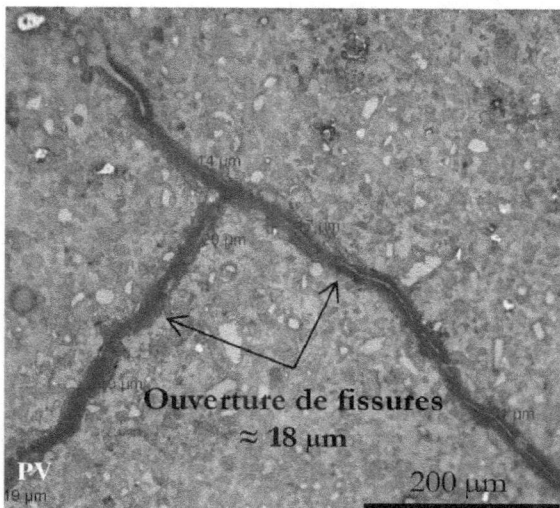

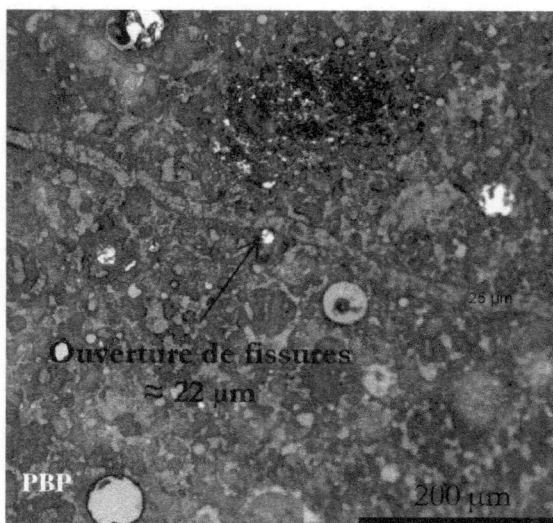

Figure 168 : Ouvertures de fissures des échantillons PI, PIII, PV et PBP carbonatés.

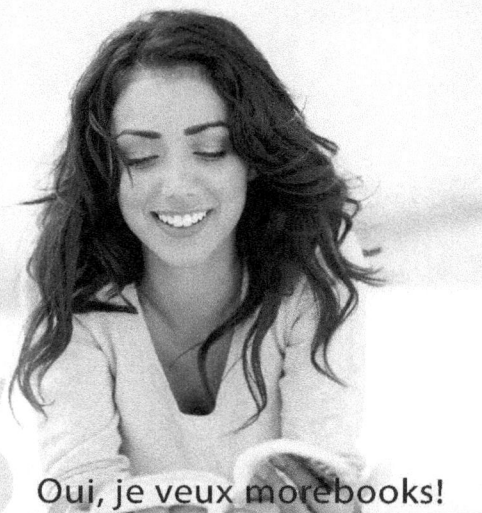

www.ingramcontent.com/pod-product-compliance
Lightning Source LLC
Chambersburg PA
CBHW021026210326
41598CB00016B/924